它们超有戏！

好莱坞大片里的动物世界

安琪 著

学林出版社

你分得清吗?

自然界中的这么多种动物，是不是让你觉得眼花缭乱呢？如果你日常分不清小浣熊和小熊猫，认不出海里那些吨位巨大、名号相似的大家伙谁是谁，在海獭和水獭面前陷入迷惑……这里有一份专治脸盲症的速效指南！

◀绿孔雀

▶蓝孔雀

日常在动物园最多见的蓝孔雀是印度的国鸟，拥有醒目的宝蓝色颈羽，是备受欢迎的观赏禽类。不同于蓝孔雀头顶的"小扇子"，绿孔雀头上戴的是簇状羽冠，颈部有明显的金属绿色鱼鳞纹理。在我国，绿孔雀的数量比大熊猫还要稀少。

小浣熊vs小熊猫

◀小浣熊

◀小熊猫

这两个经常被弄混的家伙其实非常容易区分——

"银护队长"小浣熊：黑眼罩，三角脸，爪爪超灵活，原籍北美；

"功夫大师"小熊猫：红白配，圆圆脸，爪爪毛茸茸，原籍亚洲。

海獭vs水獭

◀海獭

▶水獭

海獭是会揉脸、会在肚子上砸贝壳、会在海里拉手手的超萌"表情帝"，通常采用经典的仰泳姿势泡在海里，不常上岸。水獭则包括了分布在全球的十几个物种，我国有欧亚水獭、小爪水獭和江獭三种。身手敏捷的它们水陆皆能，在水中腹部向下游泳，在地面上行动也很灵活。

蝾螈vs变色龙

◀ 蝾螈

◀ 变色龙

蝾螈属于两栖动物，皮肤柔软湿润，许多物种都带有毒性。变色龙是爬行动物，体表覆盖鳞片，特殊的皮肤细胞赋予了它们随环境或心情改变体色的独门绝技。

◀ 亚洲象

◀ 非洲象

在《疯狂动物城》里身份有些模糊的大象，现实中其实不难区分：亚洲象的耳朵小小圆圆，背部拱起，额头呈现马鞍形，鼻尖只有一个"手指"；非洲象则有着标志性的"非洲大陆形"大耳朵，背部下凹，额头平滑，鼻尖有两个"手指"。

犀鸟vs巨嘴鸟

▲犀鸟

▲ 巨嘴鸟

犀鸟生活在非洲和亚洲，我国西南部就是好几种犀鸟的家园。巨嘴鸟则是南美洲的原住民，颜色鲜艳的鸟喙是它们的标志。有趣的是，《里约大冒险》里一对恩爱的巨嘴鸟其实是跨物种夫妻，分别是橙色的托科巨嘴鸟和彩虹色的厚嘴巨嘴鸟。

企鹅家族小团圆

▲ 帝企鹅一家

▲ 王企鹅宝宝

▲ 小蓝企鹅

▲ 环企鹅

▲ 阿德利企鹅

▲ 跳岩企鹅

▲ 金图企鹅

自序

这是一本关于"电影里的动物"的书，作者是个影迷，也是动物迷。

所以这本书里有很多关于好莱坞大片的吐槽碎碎念：熊猫阿宝的师父怎么长着火箭浣熊的爪？《狮子王》里根本没有土狼！这本书里也有很多看上去没什么用的冷知识：动物城里卖盗版碟的"黄鼠狼"登上过达芬奇的名画，现实版的神奇动物嗅嗅真的有"百宝袋"，还会下蛋。这本书里还有大量异想天开的脑洞：龙有几条腿？现实世界里为什么没有独角兽？"穿高跟鞋跑赢霸王龙"真的能行吗？

不过就是部电影，那么较真干什么呢？

因为多长点知识很有趣啊。银幕上的动物明星太有魅力了，我总想认识它们私下里究竟是谁，想知道电影里没讲的、属于它们的故事。

当然，好莱坞毕竟是好莱坞，美国大片里的动物角色一样有着他们自己的价值观投射，很多科学上的欠妥之处实际是"剧情需要"。咱们在这里不上价值，只讲科普。不少大片都对自己的动物主角态度严谨，但人家毕竟拍的是电影，不是《动物世界》。许多电影都有"导演解说版"，这本书就当作是"动物解说版"好了，就像我自己常常幻想的，银幕上的动物们说着说着台词，忽然跟死侍"小贱贱"一样打破第四面墙，对着镜头开始冲观众叨叨：哎呀虽然导演编剧让我这么演，其实现实中我是这样的……

真能这样该多好。

可惜动物们太忙了，忙着找食，忙着恋爱，忙着各种人们不懂不会、它们自己乐此不疲的事情，才没有工夫管人类把它们拍成什么样呢。

那，就由我暂且替它们代劳吧。

大片里的
动物学

《疯狂动物城》:
居民档案全记录

  犹记得 2016 年, 一部名叫《疯狂动物城》的动画片刷爆了朋友圈。几乎是在一夜之间, 所有人都成了狐尼克和兔朱迪的粉丝。无数影迷被警帽下毛茸茸的兔耳朵萌翻, 被默契十足的狐兔 CP 甜炸。这部口碑票房双丰收的动画片至今还是迪士尼的巅峰之作, 在国内外影评网站上都维持着超高的评分。作为电影迷兼动物迷,《疯狂动物城》带给我的是双倍惊喜: 不光是故事好看、角色讨喜, 片中的动物世界同样极尽精彩。喜欢动物的人看《疯狂动物城》, 简直就是一场 109 分钟的"毛球"嘉年华, 遍地都是彩蛋。

  对大部分观众来说, 动物城里都是叫得出名字的熟面孔, 两位主角更是大银幕常客 (兔朱迪是迪士尼影史上的第 15 只兔子, 而狐尼克是第 8 只狐狸)。而《疯狂动物城》的厉害之处在于, 它为动物角色赋予了特别丰富的细节, 若是较起真来, 这里面的冷知识可相当不少!

动物城"兽口调查"

  《疯狂动物城》是一部设定非常用心的电影: 剧组为所有角色打造了一座宜居而多元的城市, 里面有配置不同气候的街区, 有适合不同体形的交通工具，有能给大高个长颈鹿送果汁的传送带售货机，也有超迷你啮齿类居住的微型小区。有幸入住动物城的居民，实在让人羡慕。不过，做一个简单的"兽口普查"就会发现，动物城还是有门槛的。

动物城是一座超级大都市，常住居民相当多。据不完全统计，这部电影里单是说过话的角色就有 50 多个，露脸没台词的就更多了。有粉丝数出全片总共出现了 127 种动物，有大有小，有快有慢，而且来自五湖四海，"原户口所在地"涵盖除南极洲之外的六大洲。这一百多个物种有一个明显的共同点：全部都是哺乳动物。除了在"天体俱乐部"的牦牛亚克斯脑袋周围嗡嗡不停的一大群苍蝇之外，整个动物城完全没有出现哺乳类之外的居民。这倒也不是剧组歧视其他物种，毕竟哺乳动物是我们智人最熟悉、最亲切的类群，最容易唤起观众的认同感。因此剧组将动物城打造成了一座哺乳类动物之城，并且只选择陆生哺乳类入住，会飞的蝙蝠和鼯鼠、水中的鲸豚类和鳍足类都没能拿到动物城的居住证。

即便陆生哺乳动物，也不是无条件全盘接纳：整部电影没有任何一只猴或猿，所有的灵长类全部缺位。剧组对此的解释是它们看起来"太像人了"，比较跳戏。在动画片的欢乐糖衣之下，《疯狂动物城》是一部特别强调多元和平等的电影，整个故事都在致力于消除偏见和歧视。不单是剧中角色，最好连剧外的观众也不要戴有色眼镜。为了避免智人观众对灵长类亲戚偏心，剧组索性一只灵长类都没让进城。

兔朱迪和兔窝镇的乡亲们

萌倒全球的兔朱迪，原本并不是《疯狂动物城》的第一主角：剧本最初是以尼克的视角来写的。没想到在初版试映之后，观众纷纷表示被元气满满、阳光向上的朱迪给迷倒了。剧组因此大刀阔斧地改了剧本，让整个故事围绕着萌力十足的"胡萝卜小姐"展开。没办法，谁不喜欢小兔子呢？

关于朱迪的身份，迪士尼官方并没有指明她到底是一只什么兔。片中小偷白鼬曾经叫了朱迪一声"棉尾巴"，因此有人猜测朱迪是一只棉尾兔（cottontail rabbit）。但棉尾兔是一种比较有个性的兔子，不太喜欢随大流，更愿意自己住，而且不会挖洞造兔窝（burrow）。朱迪来自"兔口"超多的兔窝镇（bunny burrow），不大符合棉尾兔的设定。综合剧情设定来看，朱迪应该是一只欧洲穴兔（European rabbit）。尽管名字里有"欧洲"，欧洲穴兔实际上遍及全世界，小爪子踩遍了除南极以外的六大洲，还征服了人类——如今人们作为家畜和宠物饲养的家兔就是欧洲穴兔的后代。

在成为动物城警察局警员之前，朱迪是一只不折不扣的小镇姑娘，来自一个超级庞大的家庭。在朱迪离家进城的列车掠过的画面中，可以看到轨道边立着一块兔窝镇的"兔口统计牌"，上面的数字已经跳到了惊人的 8000 多万，还在不停地涨。这个梗显然是在调侃兔子特别能生，母兔几个月大时就能怀孕了，孕期仅仅一个月，繁殖效率非常之高。更厉害的是，雌兔有两个子宫，一侧占上了另一侧还能用，也就是说，已经怀有身孕的兔女士还可以同时再怀个二胎。许多哺乳动物受到发情期的限制，每年就那么短短一段时间有"性趣"。某些特别保守的比如草原犬鼠，雌性一整年里乐于"造鼠"的时间只有 6 个小时，余下的 364.75 天完全禁欲。而兔子在这方面非常开放，全年任何时候都很活跃，一年生下几十只小兔也不成问题，元旦出生的兔子姑娘次年春节就能四世同堂。在影片开头，兔妈妈曾经提到朱迪有 275 个兄弟姐妹，到朱迪从警校毕业时，这个数字恐怕早已翻了好几番。

警校学员朱迪拼命训练的桥段，是整部电影我最爱的段落之一。小兔子的决心和毅力让人特别感动，而她付出的努力，远比影片中短短数十秒所呈现的更为艰苦。要知道，作为警校里唯一的兔子，她的劣势并不只是个头小。身为一只穴兔（rabbit），朱迪没有野兔（hare）那么长的腿，速度和弹跳力都不算惊人。平时我们总说"动若脱兔"，其实"脱兔"的速度与许多大型动物相比并不占优势，警校的所有学员几乎都比朱迪跑得快。影片中朱迪在跑道上超过了一头犀牛，事实上犀牛的顶尖瞬时速度还要快过普通家兔，朱迪若不是拼命苦练，肯定做不到这一点。

"兔子＋胡萝卜"是一个著名组合，电影里朱迪家就是种胡萝卜为生，朱迪的录音笔、手机商标、可怜兮兮的"一兔份"晚餐全都是胡萝卜，尼克也整天对着朱迪"萝卜头""萝卜头"地叫个不停。然而，这个搭配可能是对兔子最大的误会——野外的兔子并不吃胡萝卜这类根茎，草叶才是它们的主食。而且胡萝卜含糖量高，对兔子来说并不好消化。因此如果你恰好养了一只"朱迪"作宠物的话，胡萝卜当作零食偶尔吃吃就好，可不要整天给小兔子喂萝卜吃哦。

地表最帅赤狐尼克·王尔德

虽然剥夺了尼克的第一主角身份，《疯狂动物城》的剧组显然还是非常偏爱这只吊梢眼痞帅狐狸。酷爱玩梗的迪士尼送给了尼克几个最酷的梗，比如尼克的绿衬衫造型脱胎于 1973 年的老动画《罗宾汉》，里面的绿林王子罗宾汉跟狐尼克十分相似。按照官方档案，这位狐狸罗宾汉正是狐尼克的 27 代高祖。而尼克的曾曾祖父名叫奥斯卡·王尔德，这个名字对广大文学青年来说绝对是如雷贯耳——著名段子手、剧作家、毒舌大师王尔德，毕生金句无数，耳熟能详的"我什么都能抵挡，除了诱惑"，"做你自己，因为别人都有人做了"，"年轻时我以为钱是最重要的，如今我老了，我发现钱还真是最重要的"，怎么样，听起来是不是非常尼克？

说回尼克本狐，片中尼克填写的警校申请表透露了一点个人信息：身高 4 英尺（1.2 米），体重 80 磅（36 公斤），这对于一只赤狐来说可是绝

▲ 狐尼克的祖上可是赫赫有名的绿林王子罗宾汉——当然是动物版的

对的高大英武了。我一直怀疑这个体重有点问题，普通赤狐肯定没有这么胖，何况尼克看上去身材还是蛮匀称的，这个重量安在本片另一只胖子赤狐吉迪恩·格雷身上还比较靠谱。在"特殊能力"一栏，尼克写上了"夜视眼，嗅觉出色，商业头脑超群"，这确实没有撒谎。赤狐的视觉和嗅觉都相当不错，至于商业头脑，倒卖爪爪冰棍一本万利就是明证。其实尼克还是谦虚了，这张表格上还可以列出更多的厉害之处，比如赤狐的听力也超棒，百米外小老鼠的吱吱声也逃不过它们的耳朵。此外赤狐还有一个隐藏技能——游泳：朱迪和尼克在关押失踪动物的实验室被警卫发现，朱迪急中生智打算从马桶脱身，没忘记问尼克一句：你会游泳吗？事实上赤狐游泳游得很好，偶尔还能下水抓个鸭子吃吃。

在街头讨生活的尼克混得非常成功，按照片中他自己算的一笔账，尼克光是靠卖冰棍就卖出了百万身家，还是美元，但尼克的日子过得特别低调，既不换衣服也没买豪宅。朱迪从农场回来打听尼克在哪里，结果在一座破桥洞底下找到了他，看上去不像大富豪，倒像无家可归的流浪汉。现实中的赤狐个个都是尼克这样的街头游侠，在人类的地盘混得风生水起，许多人口稠密的城市都是赤狐的繁殖地，伦敦这种级别的大都市"狐口"甚至超过一万。如果在你居住的城市见到一个像电影里那样的废弃桥洞，那里很可能就有狐狸窝。欧洲的"城里狐"有点像北美的浣熊，喜欢翻垃圾桶，人吃的东西它们都能捡来吃，由于吃得好，平均体形甚至比野外的赤狐还要大一些。

片中尼克回忆童年时只有妈妈为他买了童子军制服，很可能尼克小时候就失去了爸爸。不同于大多数撒手不管孩子的动物爸爸，现实中的雄性赤狐是难得的好爸爸，会为老婆孩子觅食送饭、伺候喂娃、陪崽子玩，也会负担起子女教育的重任，亲手传授孩子捕猎挖洞等生存技巧。尼克买大象冰棒时扮演起"慈父"像模像样，可见也是一个有爱又温柔的好"男人"，这让人想起另一部动画片《了不起的狐狸爸爸》里用智慧和勇气守护家人的狐狸主角。倘若以后成了家，想必尼克也会是一位"了不起的狐狸爸爸"。

跟尼克一起混街头做冰棍生意的芬尼克则是一只耳廓狐①（fennec fox），标志性的大耳朵非常好认。耳廓狐是整个犬科家族最小的成员，只有两三斤重，因此坐婴儿车、冒充尼克的儿子卖萌都相当方便。芬尼克的老家在撒哈拉沙漠，气候炎热干旱，超大的耳朵主要是用来散热的，当然听力也很好，能听到地下昆虫和小型啮齿类的动静。

卖盗版碟的不是黄鼠狼

片中偷"午夜嚎叫"花、兼职卖盗版碟的那位，自称"威瑟顿公爵"，朱迪总把他念成"猥琐顿"。有趣的是，2013年《冰雪奇缘》中的小胡子反派也总是被叫成"猥琐顿公爵"，这两个角色还是同一位演员配的音，是迪士尼动画世界里的又一个隐藏彩蛋。倘若问中国影迷，威瑟顿公爵是什么动物，十有八九的人会不假思索地答"黄鼠狼嘛"。然而猥琐的威瑟顿还真不是一只黄鼠狼！虽然影片里管他叫"鼬"（weasel），但这个鼬不是我们最熟悉的黄鼬。"黄大仙"的学名直译叫作"西伯利亚鼬"（Siberian weasel），是亚洲原住民，不在欧美国家出没，因此英语里的"weasel"并

---

① 芬尼克其实是一只聛狐，由于"聛"字过于生僻，使用不便，如今聛狐只好被迫改名成耳廓狐了。

不是它。平时看国外影片时，遇到英国人说"鼬"，一般是指最小也最萌的伶鼬（least weasel）。而美国人口中的"鼬"，大部分时候是自家门口常见的白鼬（stoat/ermine）。

仔细打量一下威瑟顿公爵就会发现，他跟黄鼠狼的区别还是挺明显的。黄鼠狼从头到脚都是漂亮的金黄色，搭配一张小黑脸，而电影里的威瑟顿脸倒是不黑，却有一个明显的黑尾梢，这是白鼬的标志。身为"白鼬"却不白，是因为威瑟顿穿的是夏装：夏天的白鼬有一身沙褐色的毛皮，看上去不太起眼；到了冬天则会换上纯白色的冬毛，只保留标志性的黑尾梢，滴溜溜的黑眼和黑鼻头嵌在雪白的毛茸茸小脑袋上，像雪地里的小精灵一样可爱又无辜，完全不像影片里那么猥琐。身为食肉动物的白鼬实际上是一种非常迷你的小兽，体重不过200多克，比普通兔子的个头还要小，因此电影里兔警官朱迪单枪匹马就抓住了白鼬小毛贼。现实中的白鼬可没有这么好欺负，虽然体形小，但它们继承了鼬科家族的暴脾气和战斗力，经常捕食比自己大的猎物，兔子也是它们食谱上的主菜。白鼬的咬合力极强，能一口咬断猎物的脊椎，同时它们还有一套独门武功"百花错拳"，它们常常在猎物面前上蹿下跳、左翻右扑、打滚卖萌、怪样百出，趁对方一时蒙圈不知所措时一口封喉。

▲ 假如威瑟顿公爵穿越回文艺复兴时代，请达芬奇画一幅肖像，《抱崽子的白鼬》完全有可能比《抱银鼠的女子》更有名呢

别看威瑟顿公爵相貌猥琐、人品糟糕、偷抢拐骗无所不为，他很可能是整部电影里来头最大的咖：威瑟顿的祖辈曾经登上过达芬奇的作品。文艺复兴巨匠达芬奇画过一幅名画《抱银鼠的女子》①，

① 这幅画还启发了《黑暗物质三部曲》作者菲利普·普尔曼，他在书中创造了"每个人都有一只守护精灵"的经典设定。2019年BBC英剧版《黑暗物质》中，女孩莱拉的守护精灵潘特莱蒙最常变成的形态就是一只可爱的白鼬，而最终定型的形态则是松貂（pine marten）。

是这位天才大画家笔下知名度仅次于《蒙娜丽莎》的肖像。画中优雅的女士怀里抱的"银鼠"就是一只白鼬，按照达芬奇自己的解释，白鼬象征着纯洁与美德。所以可不要小瞧了我们的威瑟顿——人家祖上可是贵族呢。

房东太太也不是穿山甲

朱迪住的小破出租屋名叫"穿山甲公寓"，但她的房东太太却不是穿山甲，而是一只犰狳（armadillo），影片后半部分在白鼬的盗版碟摊儿前还出现了一次。犰狳这类动物对中国影迷来说或许有点陌生，其实它们基本上可以认作是美洲版的穿山甲，一样爱吃蚂蚁，一样身披甲胄，不过它们跟穿山甲的亲缘关系并不是特别近，只是因为生态位相似而碰巧"撞脸"而已。

全世界的 20 多种犰狳全都分布在美洲，最大的巨犰狳有 1 米多长、上百斤重，最小的倭犰狳跟两个鸡蛋差不多分量，身体小到能托在手掌上。犰狳长得有点像一只披着鳞片的大老鼠，细长的嘴后方嵌着一双黑豆眼，头上竖起一双萌萌的精灵耳朵，屁股后面拖着一根同样覆有鳞片的耗子尾。浑身坚硬的"锁子甲"是犰狳最明显的特征，不同于穿山甲均匀覆盖的鳞片，犰狳的锁子甲是松紧带款，背部和体侧的条带将整只犰狳划分成好几个"片区"，好像一个硬纸板做的拼插玩具。这种构造看上去就很有弹性，导致大家经常以为犰狳遇到危险时会卷成球状来自保。事实上只有几种犰狳能把自己团成圆球，大部分都不具备这等浑圆柔韧的瑜伽功，危急之际只能用锋利的爪子挖洞藏身，或是迈开小短腿猛跑。别看身矮腿短，犰狳的运动神经还是挺发达的，身手敏捷程度与笨重的外观很不相称。北美的九带犰狳受到惊吓时甚至会像跳高选手似的一跃而起，笔直地弹到空中，一秒化身"吓得我都蹦起来了"表情包。这种习性在遇到天敌时或许还管点用，碰到人类和汽车却是半点威慑作用也没有，导致犰狳很容易遭遇车祸不幸身亡。2011年有一部恶搞西部动画片《兰戈》，里面就有一只长得酷似伊斯特伍德的倒霉犰狳，在公路上来来回回被车压了好几趟。现实中的它们可没有西部片主角的护体神功，是美国和墨西哥相当常见的路杀受害者。

说完房东顺便提一嘴邻居，朱迪的两个羚羊邻居被认为是一对跨物种情侣，整天吵吵闹闹却又黏在一起。顶着笔直修长犄角的普龙克是一只南非剑羚（South African oryx），是非洲野生动物纪录片里经常出镜的英俊小生。剑羚是羚羊家族里少见的黑白控：脸上好似戴着一副有些滑稽的黑白面具，脚上像穿着白袜子打黑补丁。两根近1米的长角笔直伸向头颅上方，整只羚高大魁梧，非常漂亮。普龙克的好基友布基长着一对螺旋长角、脖子上带有斑纹，显示他的身份是一只捻角羚（kudu）。即使是在造型千变万化的羚羊家族，捻角羚的角也算得上独树一帜，一对犄角拧成了麻花，像开红酒用的螺丝起子。捻角羚在非洲的知名度非常高，许多土著部落将它视为图腾，用它形状奇特的角做成号角。

脾气火暴的水牛局长

动物城警察局猛兽云集，放眼望去几乎所有的警察都是彪悍的大块头，狼熊虎豹一应俱全，犀牛河马更是不好惹的狠角色。而警察局偏偏选了一头非洲水牛（cape buffalo）来做这帮警察的头儿。牛局长不但不是食肉兽，个头也不占优，若以体重排序，在所有陆生哺乳动物排行榜上，非洲水牛甚至挤不进前十。牛局长能镇住手下这一帮巨兽，主要靠的是人人都怕的暴脾气。

在"非洲五霸"（Big Five Game）①之中，非洲水牛虽然知名度不如另外四位大明星，"耍大牌"的火暴性格却犹有过之。非洲水牛是动物世界著名的"蛮力二杆子"，性情极其暴躁，经常被认为是非洲大陆最危险的动物之一。人们往往以为狮子才是非洲最可怕的猛兽，事实上在非洲，每年都有 200 多人死于水牛的利角坚蹄之下，跟死于狮口的人数不相上下。倘若与水牛狭路相逢，纵横草原的非洲兽王狮子也未必有多大的胜算。成年大公牛重达数百公斤，浑身壮实的腱子肉，头顶 1 米多宽的锋利牛角，不但敢跟狮子单挑，还有过杀死单身雄狮的辉煌战绩。社交网络上曾经流传过一组照片，记录了一头年轻狮子被一群水牛围堵、困在树上不敢下来的囧事。当然，"超级大猫"非洲狮的战斗力也不是盖的，"牛排"仍然是它们菜单上的保留菜品，但通常都需要出动整个狮群才能放倒一头成年水牛。其他个头不如狮子的捕食者，比如花豹、鬣狗和杂色狼们，基本完全不敢招惹这些蛮牛。除了水中死神尼罗鳄之外，成年水牛在自然界中极少有天敌，就连非洲的原住民与它们长期朝夕共处，也没能成功制服并驯化这些冲动易怒的大家伙。难得的是，这些肌肉猛男对外勇悍凶狠，对内却是好老公和好爸爸。非洲水牛的家庭观念很重，总是集群生活，共同抵御天敌袭击。群体中的小牛遇到危险时，整个家族都会出动前来救援，联手击退捕食者。

现实世界中非洲水牛是个近视眼，所以剧中牛局长经常戴着一副眼镜。不过我严重怀疑，这个形象设计主要是为了配合牛局长的配音演员伊德瑞斯·艾尔巴。艾尔巴本人戴上眼镜的造型，跟动物城的牛局长可实在是太像了！

▲ 暴脾气的"水牛局长"
其实是个严重的近视眼

---

① "非洲五霸"（Big Five Game）是指非洲狮、非洲豹、黑犀牛、非洲象和非洲水牛。它们并不是非洲体型最大的五种动物，而是 20 世纪的猎手们公认最难以徒步狩猎的前五名。

猎豹警官爪豪斯与偶像巨星夏奇羚

《疯狂动物城》是一部致力于消除刻板印象的动画，不光是狐尼克和兔朱迪互相调侃对方"狡猾兔子"和"蠢狐狸"，还有不少别的角色都在努力呈现反差萌。每个人都知道猎豹是动物世界的超级跑车，动物城里的猎豹警官偏偏就是个跑两步就喘的胖子，最爱高糖甜甜圈和肥宅快乐水。

现实中的猎豹当然没可能变成肥宅，作为陆地上最快的动物，猎豹完全是为速度而生的。它们的最高瞬时速度超过上百公里每小时，虽然耐力不佳，但冲刺极快，只需要 3 秒钟就可以从静止状态飙到将近 100 公里每小时，加速能力甚至超过 F1 超级跑车。2012 年，一只生活在动物园的雌猎豹萨拉参加了一次百米计时跑，结果震惊了所有人：她的纪录是 5.95 秒，比地表最快人类"闪电"博尔特足足快了 4 秒钟。

▲ 动物界的"F1 超跑"猎豹

大自然的任何赐予都是有代价的，猎豹点满了"速度"这个技能点，为此也做出了不少牺牲。为了保证飞奔时的呼吸供氧效率，猎豹的鼻腔增大，但头骨却比较小（毕竟顶着个大脑袋怎么也跑不快）。脑袋小的后果，就是口腔和下颚肌肉相对较弱，犬齿也比别的大猫要小，咬合力远远不及猫科其他猎手。此外，奔跑时猎豹的爪子能提供良好的抓地力，使得它们能做出完美的高速急转弯，但它们的爪子不像其他大猫那样可以伸缩，也就更容易磨损。牙比别人小，爪比别人钝，爪豪斯警官在动物城警察局确实不算是战斗力第一梯队，难怪不出外勤专门坐前台了。

影片中爪豪斯追着奥獭顿太太来到牛局长的办公室，没爬两层楼已经喘得上气不接下气，这倒也不全怪爪豪斯警官缺乏锻炼。猎豹属于有速度没耐力的短跑选手，最高速度只能维持很短的时间，在高速奔跑之后，都会因为体温过高而需要休息，这也是它们最为虚弱的时候。狮子、鬣狗常常会瞅准这个机会，从猎豹爪下抢走它们刚刚搏命追到的猎物。

动物城是一个打破"捕食者"与"猎物"界限的地方。自然界中的冤家——赤狐与兔子，在这里是最好的搭档；而非洲草原上最不共戴天的一对儿——瞪羚和猎豹，在这里则变成了偶像和铁粉。现实中猎豹最主要的食物就是瞪羚，而在动物城，猎豹爪豪斯变成了巨星夏奇羚的头号粉丝，整天抱着手机幻想跟她同台共舞。在《疯狂动物城》最初的设计之中，夏奇羚的形象跟真实的瞪羚一样纤瘦苗条，为她配音的歌手夏奇拉看到之后认为这位舞台之星太瘦了，应该有点曲线。于是剧组给夏奇羚加上了性感十足的蜜桃翘臀，同时保留了优雅的天鹅颈和大长腿。天生美貌、轻巧敏捷的瞪羚小姐，的确很适合出演动物界的舞蹈明星呢。

树懒闪电：不只是慢，还很能憋

动物城里有最快的猎豹和瞪羚，也有最慢的树懒。剧中的褐喉三趾树懒"闪电"堪称动物城最抢戏配角，人气直逼狐兔CP，被做成了无数的表情包。

人人都知道树懒最大的特点就是慢，闪电到底慢到什么程度呢？树懒的平均移动速度差不多是0.3米每秒，换句话说，闪电持续暴走一个小时的距离，兔朱迪1分钟左右就能跑完了。当然，树懒遇到危险时也会努力挪快一点，而这个"快一点"的速度，是0.6米每秒，对树懒来说已经是百米冲刺般的极限速度了。令人惊讶的是，在陆地上慢吞吞的闪电游起泳来倒比走路快得多，在水里的速度是陆上行动的三倍。这得益于树懒超级慢的新陈代谢，由于心跳慢、耗氧少，树懒可以屏住呼吸长达 40 分钟不换气。

有点反常识的是，树懒只是"慢"，并不"懒"，它们的睡眠时间并不算长到过分，每天只睡 9 到 10 个小时。只不过它们即使醒着的时候也是一动不动的，专心倒挂在树上发呆，倒是很像摸鱼划水的社畜上班族。

影片中的闪电穿着一件浅绿色的衬衫，这应该是最适合树懒的颜色了——野外树懒的毛皮确实有点发绿。这倒不是树懒天生绿毛，而是它们身上藻类的颜色。树懒的皮毛里有一种共生绿藻，这种藻类不但给树懒穿上了"迷彩服"，让它们在树叶间伪装得更好，还同时养活了一批独特的树懒蛾。这些蛾子专门住在树懒身上，给绿藻提供肥料。这么看来，每只树懒都自带一个有藻类、昆虫和其他节肢动物的"小宇宙"，所谓"懒到身上长草"对它们来说实在并不夸张。

动物城剧组借着闪电和他的树懒同事，狠狠地调侃了一把低效又拖拉的 DMV——美国车管所。整个部门全是树懒员工，工作效率让兔警官朱迪极为抓狂。只不过呢，车管所专聘树懒也有一点好处：它们上班时间肯定稳稳地坐在工位上，不会频繁地跑到厕所去"带薪拉屎"。树懒不仅行动慢，它们的消化速度也是所有哺乳动物里最慢的，吃下去的一片叶子需要 28 天才能完全消化，超级大的胃和胃里的东西能占到整个树懒体重的一半多。消化这么慢，"三急"自然也就不急了。树懒一个多星期才解决一次个人问题，而且解决的方式非常讲究：平时 90% 时间都挂在树上一动不动的它们，到了这时候一定会爬下树去上厕所，而且厕所的位置一般比较固定。行动缓慢的树懒此时非常容易被捕食者发现，可以说闪

▲ 由于特殊的肌肉和筋腱构造，"挂着"对树懒来说并不费力，而且挂得很牢，连捕食者都很难把它们从树枝上扯下来，甚至死后都可以维持倒挂的姿势

电们每次拉屎都是冒着生命危险的。

既然去厕所这么危险，为什么不挂在树上搞定呢？毕竟为出个恭丢掉小命，说起来实在是挺不值的。树懒虽然慢，却不傻，它们冒死也要下树拉屎的原因只有一个：找对象。鉴于大部分树懒一辈子都不会离开周围的几棵树，社交圈小到不能再小，"懒生大事"——结婚生娃就很不好办了。它们唯一的脱单机会，就是借着上厕所的机会下去相亲，在树下留下自己的气味作为社交手段。万一偶遇邻家姑娘恰好也在旁边的厕所留下相亲启事（屎），繁殖大业就能解决了。这样看来，闪电还是很幸运的：在DMV上班时，身边坐的就是女同事，随时都能慢悠悠地聊个天讲个笑话培养感情，不用冒死去厕所了。

了不起的鼩鼱教父

动物城里不光有警察局，也有黑社会。黑社会大佬"大先生"操着一口意大利口音，完全就是鼠版"教父"柯里昂——慢着！胆敢说大先生是"鼠辈"的话，可是会被丢进冰窟窿里"做掉"的。

"教父"的真实身份是一只北极鼩鼱（Arctic shrew），不但不属于鼠类，甚至连啮齿动物都不是。仔细看影片中的大先生和女儿芙露，都长着一个灵活的尖鼻子，却没有啮齿类的大门牙。北极鼩鼱的个头比兔朱迪还小得多，算上尾巴也只有十来公分长、体重比一节7号电池还轻。如此迷你的它们在鼩鼱家族里还不算最小的，有一种名叫小臭鼩的鼩鼱只有3.5厘米长，成年体重不到2克，是目前已知最小的陆生哺乳动物。

北极鼩鼱虽然个头小，但性情凶悍，霸气十足，平日里独来独往，不跟别人分享自己的地盘，只有生儿育女的"鼱生大业"才能勉强让它们容忍同类的存在。《疯狂动物城》导演里奇·摩尔曾经解释说，之所以选择鼬鼱来扮演黑帮老大，就是看中了它们这种霸道的性格。剧组在做了一番研究之后认定，鼬鼱简直堪称"全世界最邪恶的捕食者"。这些小家伙每天要吃三倍于自身体重的食物才能活下去，导演表示，"这意味着，如果你把四只鼬鼱放在同一个笼子里过一夜，明早你就只会看到一只活鼬鼱了"。

如此心狠手辣的黑帮大佬，手下自然也不是普通人。鼬鼱教父的部下个个都是超级猛兽，不但有一批巨型北极熊当马仔，连他的司机兼园丁都不是寻常人物：为大先生开车的黑豹曼查斯是一只黑化美洲豹（jaguar），别看影片中曼查斯是个被水獭暴打的老实人，现实中的它们可是极为可怕的杀手，稳坐南美洲食物链的最顶端。身为全球第三大猫，美洲豹拥有强壮的体格和发达的下颚，以身体比例衡量，它们的咬合力超过老虎和狮子，能一口咬穿动物头骨，将猎物叼上树慢慢享用。这些肌肉大猫尤其偏爱大型猎物，比如肥美的水豚、身长 2 米的大食蚁兽，以及重达上百公斤的沼泽鹿和南美貘。更惊人的是它们在水中的杀伤力完全不亚于陆上，奥獭顿先生的亲戚巨獭就常常成为美洲豹的食物。住在亚马逊雨林河流畔的美洲豹经常下水猎杀凯门鳄，它们恐怖的犬齿能咬穿坚硬的鳄鱼皮，并且在鳄鱼剧烈的甩尾挣扎下还能坚持数十分钟，一直咬到猎物断气为止。

动物城大象身份之谜

动物城里几乎所有角色的身份都很明确，只有冷饮店的大象是一个小小的疑点：大象店长到底是一头非洲象，还是亚洲象呢？

现实中的两种象分别住在两个大洲，相貌也明显不同。非洲象个头更大，背部凹陷，三角形的大耳朵很像非洲大陆的轮廓，象鼻末端有两个手指状的突起，雌雄都有漂亮的象牙；亚洲象相对小一号，背部隆起，耳朵偏小偏圆，鼻尖只有一"指"，雌象一般不长象牙，即使有也很短小。冷饮店的大象从耳朵形状看，比较像非洲象，但仔细看象鼻尖端会发现，只有一个指状突起，似乎是一头亚洲象。不过，看到大象店员用鼻子舀冰淇淋、放坚果，还搁了一颗小樱桃，后面还有一个镜头，是一对大象情侣用鼻子举着小勺互相喂冰淇淋吃，这么多细致的动作，鼻端有两"指"的非洲象应该比亚洲象更擅长才对。

片中的另外一头大象——瑜伽教练南吉，就确凿无疑的是一头亚洲象了。片中野牦牛亚克斯对大象南吉的记忆力佩服得不得了，在英语中，"大象般的好记性"被用来夸奖一个人过目不忘，推理小说女王阿加莎·克里斯蒂就有一本书名为《大象的证词》。虽然南吉自己的记性并不怎么样，但现实中的大象确实拥有非凡的记忆力。作为全世界最聪明的动物之一，大象的大脑重量超过所有陆地动物，而用于储存记忆的区域——大脑颞叶比人类还要大得多。而且它们非常擅长识别面孔，有研究人员甚至认为，大象永远不会忘记任何一张脸。有一个著名的故事：20 世纪 90 年代，美国田纳西的一处大象保护区迎来了一个新成员雪莉，老住户珍妮一见到雪莉就十分激动，两头大象宛如老朋友般亲密地互相问候起来。工作人员追溯了两头大象的来历，发现雪莉和珍妮确实是老相识，数十年前，她们曾在同一家马戏团短暂相处过几个月，但在重逢之前，她俩已经 20 多年没见了。

▲ 侦探小说女王阿加莎·克里斯蒂有一本推理小说的书名就叫《大象的证词》

强大的记忆力是大象生存的重要工具，作为母系氏族，大象族长的记忆和知识能决定整个象群的命运。当旱灾来临时，有经验的女族长们会带领整个象群迁徙，完全凭记忆找到自己年轻时曾见过的水源地。研究证明，在干旱期间，年迈"老祖母"带领的象群，成活率要高于年轻雌象领头的家族。

选角处处都是梗，龙套的故事说不完

动物城里不只主角精彩，配角身上的梗也多得数不过来，就连那些没有台词的龙套都不是随便拉来的。剧组给每个动物角色都安排了合适的亮相机会，比如朱迪不小心踩进湿水泥的时候，一旁的修路工人是一群河狸——河狸是动物界的建筑大师，最擅长伐木造水坝的大工程；而朱迪和尼克过马路时被一大群角马"淹没"的场景，很容易让人想起非洲壮观的角马大迁徙。每年有超过150万头角马在塞伦盖蒂草原追逐水草，望不到边的角马群简直比上下班高峰时段的北京地铁还要挤。

朱迪和尼克潜入关押失踪动物的实验室时，向狮心市长汇报情况的玛奇博士是一只蜜獾（honey badger），也就是大名鼎鼎的网红"平头哥"——在剧中则是一只"平头姐"。獾鼬家族以个子小、脾气暴著称，蜜獾则是其中最火爆的一位。虽然个头并没多大，但蜜獾体格结实、性情凶猛，不但特别能打，而且谁都敢打，急眼时连毒蛇都不怕、狮子也敢咬。甚至有人拍到过非洲蜜獾从狮子幼崽嘴下抢食物吃，难怪"平头姐"敢跟狮心市长面对面了。更厉害的是它们有一身厚皮，不怕野蜂蛰、不怕豪猪刺，甚至不怕大部分蛇毒。哪怕是被眼镜蛇咬了，短暂昏过去一会儿，还能醒过来接着战斗。凭着特殊的武艺加持，不怕死的蜜獾在江湖上闯出了"拼命三郎"的名声，以至于几乎没有天敌，绝大部分捕食者都不会主动去找蜜獾的麻烦。吉尼斯世界纪录曾把蜜獾列为"全世界最勇敢无畏的动物"，动物城选它来出演玛奇博士，实在是太合适了：面对14只失心疯的狂躁捕食者，全城的动物居民里，恐怕也只有蜜獾还敢来承担研究工作了。

剧组给旅鼠（lemming）安排的角色是上班族，也就是从写字楼出来排队买尼克爪爪冰棍的那些西装小毛球。朱迪第一次抵达动物城时，也有一大群旅鼠排着队从火车站出来。自然界中的旅鼠的确会集成大群，一个流传颇广的传说是，旅鼠数量过多时会选择"集体跳海自杀"，牺牲过多"鼠口"来保证种群延续。这个谣言

▲ 萌萌的旅鼠上班族

还得迪士尼出来背锅：20世纪迪士尼拍过一部纪录片《白色荒野》，片中出现了旅鼠成群结队跳海的场景，还拿到了当年的奥斯卡最佳纪录片奖。但这个广为人知的桥段是一个非常糟糕的摆拍：那一大群旅鼠并不是自己跳海，而是被摄制组赶下去的。旅鼠跟所有其他生物一样惜命，并不会"集体自杀"。只是当"鼠口"过剩时，旅鼠会开始大规模迁徙，寻找新的栖息地。迁徙途中如果遇到河流，会游泳的旅鼠通常选择游过去而不是绕道避开，而那些体力不佳、实在游不动的老弱病残就会成为漫漫征途中的"鼠口损耗"。更倒霉的是，有时候旅鼠并不知道，自己面前不是河，而是大海……

《狮子王》:
动物王国的真相与"戏说"

对"80后"的影迷来说，1994年的动画版《狮子王》绝对是难忘的童年记忆。有谁不曾为英雄父王木法沙之死哭得稀里哗啦，又有谁没用过那句"哈库那玛塔塔"安慰过自己呢？

小时候看《狮子王》是看故事，落难王子为父报仇大战坏叔叔；等到2019年再看新版《狮子王》，觉得现实中各大角色的身世比电影更迷人：狮子不搞继承制，亲兄弟也不会抢王位；鬣狗没有那么猥琐，甚至还挺聪明。当然童话毕竟只是童话，倘若我跑去跟刀疤较真，说他的策略既不经济又不现实，下场肯定是有去无回。但是，看过"戏说"再来寻找一波真相，等于用一个故事变出了好多故事，也很有趣不是吗？

一个不太正常的反派

反派刀疤是我人生中见到的第一个大坏蛋：为了争夺王位狠心杀了兄长木法沙，驱逐了小侄子辛巴，还勾结了一帮猥琐不堪的鬣狗混混，把好好的一个国家搅得乌烟瘴气、民不聊生。然而童话总是没溜儿的，现实中这么搞事情的狮子肯定是个缺心眼。换句话说，真实世界的"刀疤"们只要权衡利弊就会发现，与其当王子的坏叔叔，远不如当国王的好弟弟来得划算。

按照剧情设定，刀疤是木法沙的亲弟弟，一直觊觎木法沙的王位，于是酝酿了夺权阴谋。哈姆雷特的坏叔叔这么干是有理由的，刀疤叔叔这么搞就出现了一个严重问题：在狮子的国度里，谁说王位只能一人坐？

在非洲，兄弟共治天下的狮群相当多见，甚至比一雄多雌的情况还要多。作为唯一的社会性大猫，狮子并不是宝座上孤独的君王，而是整个家族的守护者。两三头雄狮兄弟共同组建家庭、一起保卫族群、共享后宫佳丽，不但没坏处，反倒更划算：在危机四伏的非洲草原上，多一个兄弟，力量就强大一分。至于分享繁殖权，反正兄弟的孩子也有自己的基因，不亏。

由此看来，刀疤根本不需要抢自己亲哥的位子，整个狮群都是兄弟共有，后妃当然也不例外，二把手一样有繁殖权。有强大的哥哥罩着，凡事不用太操心，上阵打架四爪远胜双拳，怎么想都合算。如果非要把镇场子的哥哥轰走，无异于自断左膀右臂，战斗力严重削弱，难保不被其他雄狮谋财害命，夺走地盘和老婆。

逻辑虽然不通，故事还是要讲的，我们就当反派刀疤比较偏执好了，非要自己一只狮独占荣耀石不可。可惜问题还是没解决：王位是抢来了，然后呢？

野心、权力欲什么的，在动物世界并不值钱，归根到底争的还是繁殖权，给自己留下尽可能多的后代才是王道。好不容易抢来了一批雌性，最后自己却一个儿女都没生，血脉从此断绝，对动物来说这就等于白忙活了。奇葩的是，刀疤夺到王位之后并没把沙拉碧和其他母狮怎么样。因为想要沙拉碧给自己做王后，还得女方点头同意才行。国王遗孀沙拉碧当然不答应，于是等到辛巴王子归来，惊讶地发现整个狮群一只刀疤嫡系都没有。刀疤篡位这么多年（雄狮4—5岁算成年，辛巴回来时差不多是这个年纪），不努力多生孩子传播基因，辛辛苦苦抢班夺权图个啥呢？

当然，这也可能是因为王后沙拉碧和其他雌狮忠贞不贰，坚决不愿委身于谋害老国王的凶手。毕竟雌狮的战斗力也不差，想要霸王硬上弓没那么容易。刀疤莫非不是不想，而是不能？

这个答案，说起来就非常残忍了：刀疤继位之后必须做的第一件事，就是把整个群里的小狮子全部杀死，小雌狮娜娜也不例外。这倒不仅仅是狮子们心胸狭窄，不肯替别人养娃，更重要的是只有这样做，才能把狮群里的成年雌狮收入后宫，开始自己的传承大业。

许多哺乳动物都遵循同样的繁殖规律：在幼崽长大成年之前，雌性决不接受下一任入幕之宾。而雄性却并没有那么多时间和耐心，毕竟王位既能自己抢来，也就能被人抢走，若是拖得太久，闹不好洞房还没进已经把老婆丢了。一边是男方上位居安思危急着要传宗接代，一边是女方带娃累得半死说什么也不怀二胎，动物世界没有调解法庭，要解决这个矛盾只能是谁打得赢谁说了算，雄性最为简单粗暴的办法就是杀婴。一旦雄性杀死所有幼崽，雌性就只能屈服于荷尔蒙，接受新伴侣，重新再生育下一批后代，以免自己的基因也一起断绝。事实上，杀婴行为并不是雄狮独有，在哺乳动物中这种恶行并不少见，灵长类之中也有很多心狠手辣的雄性用这种手段强迫雌性发情。对雄狮来说，甚至不需要先抢来"王位"再杀王子，草原上的流浪雄狮遇到别人家的孩子，也很可能会下毒手。这也是为什么狮子兄弟更愿意共治天下而不是单打独斗：强敌环伺之下，周围总有人虎视眈眈惦记着自己的老婆孩子，自己一个人总有顾不过来的时候，亲兄弟无疑是最靠谱的帮手。刀疤非要害死木法沙，无论从哪个方面看都实在没好处。

顺便再讲一个非常出人意料的冷知识：在狮子姑娘看来，我们的刀疤叔叔其实是位秀发飘逸的帅气男神——研究显示，雌性狮子更偏爱深色鬃毛的雄狮。在酷热的非洲草原上，深色鬃毛更吸热，顶着一头黑发明显更容易中暑，但反过来也证明，披着深色鬃毛却没中暑，还依然活蹦乱跳到处撩妹的雄狮，身体条件一定更好，妹子们当然也就更愿意选择强壮健康的对象。在现实中，一头黑毛的刀疤可能比红发木法沙更受欢迎。这么想来，刀疤的狮生规划真是太不值当了：本来他完全不必选择冒死抢夺王位，只要多多锻炼肌肉、做好形象管理、打造帅大叔人设，纵横情场拿下无数美貌雌狮，赚来儿孙满堂，论基因传承搞不好还要胜过亲哥木法沙，岂不是来得更实惠？

狮版"哈姆雷特"的忧伤

《狮子王》的故事就是一部狮界《哈姆雷特》：反派谋害兄长篡位夺权，王子为父报仇打败坏叔叔。被强行安排了哈姆雷特角色的辛巴小同学其实不必太委屈：所有的小雄狮都有着不堪回首的少年时代。

影片中辛巴一出生就是王位继承人，现实中的小狮子可没有这么好命。真实世界的狮子家族不搞继承制，地盘和老婆都得靠自己动手去抢。这其实也很好理解：假如辛巴继承了王位，放眼看去整个狮群所有的雌性，不是妈妈和阿姨，就是姐妹和表姐妹，跟谁成亲都不合适。尽管《狮子王》里说，按照传统，辛巴和娜娜注定要成婚；但理论上说，青梅竹马的娜娜也是辛巴同父异母的血亲。倘若大家都这么搞，后果只能是近亲繁殖导致基因越来越弱。因此，所有的小雄狮长到半大小子的年纪，都不能再留在家里。非但没有王位能继承，反而要被赶出去当流浪儿。说来辛巴还算是幸运的：作为前任太子，他本应被篡位的叔叔当场杀掉；如果刀疤没有篡位，那么他会被父王木法沙亲自驱逐。

被放逐的辛巴最好的选择，就是尽快找到一个有同样遭遇的伙伴：一起被赶走的兄弟是最佳人选，携手闯江湖无疑多几分胜算；路遇其他单身小青年也行，最好能像萧峰、虚竹、段誉那样拜个把子，从此打猎一起上、雌狮一道抢；丁满和彭彭是没用的，就算大家聊得再投缘，靠他俩的战斗力，注定没法在危机四伏的大草原上打出属于狮子的一片天。

电影中辛巴是独生子，这对狮子来说其实不太正常，现实中的小狮子大概率是有兄弟姐妹的，很容易找到亲兄弟一同闯江湖。有了哥们联手，接下来辛巴只需要努力养活自己到能打天下的年纪。这时候的小雄狮日子通常过得有些艰难，每个流浪儿在深夜仰望星空的时候，内心大概都暗暗憧憬：只要将来抢到一块好地盘和一群好老婆，就可以光明正大地吃软饭了。怀揣这个远大理想长到四五岁的小雄狮，就会跟好哥们一起挑战某个狮群的老狮王，胜者为王败者为寇，只要打赢就能占有一份家私。

比起选了 hard 模式的小雄狮，小雌狮的少女时代就要幸福得多，但也绝无独掌大权的可能。《狮子王》续集《辛巴的荣耀》里，辛巴的女儿琪拉雅要继位当女王可纯属瞎编，现实中无论身份有多高贵，琪拉雅都得招个入赘夫婿来组建家庭。至于刀疤的养子高孚——什么，养子？刀疤叔叔仰天发出一串鬣狗笑，没有哪头雄狮会蠢到白白让外来者加入自己的狮群，养父子这种关系，在狮子家庭里是不会存在的。

严格意义上说，"狮王"这个身份并不存在，雄狮在狮群里并没有这么至高无上的地位。狮群不像象群那样接受族长的领导，雌狮对雄狮也并非像伺候大王一样尊崇备至。很多时候雄狮更像是家族的保镖和打手，负责在其他雄狮来犯之际保卫自己的领地和儿女。这可不是一份省心的工作，极少有雄狮能在自己的家族之中安享晚年，绝大部分老年雄狮都会被后辈夺走一切，之后凄凉而孤独地在旷野中结束自己的一生。而在雄狮争夺主权之际，所有的妻妾都会袖手旁观，并不会像影片中那样上去帮忙。现实世界的木法沙即使没有英年早逝，很可能也不会有美满结局。《狮子王》剧组虽然搞错了狮群的家族史，至少有一句台词说对了：国王的统治宛如日升日落，旧王陨落，新王继位。王朝总会更替，只有自然规律是永恒的。

《狮子王》里没有土狼！

1994 年版的《狮子王》动画片出了一个很严重的问题，误导了一代人：国配版错误地把刀疤的手下翻译成了"土狼"，搞得许多人直到 20 多年后，还以为"土狼"是一群胁肩谄笑、邋遢猥琐、专门给狮子当跟班捡剩饭的小流氓。

这里要严肃地给蒙冤多年的土狼正名：无论是 1994 年版还是 2019 年版的《狮子王》，里面一只土狼都没有，担任反派角色的是斑鬣狗，而它们的形象也被好莱坞严重歪曲，足以状告剧组"毁狗清誉，该当何罪"。

真正的土狼（aardwolf）并不是鬣狗的别名，当然也不是狼，算是鬣狗家的小表弟，长相比鬣狗要温柔一些。比起凶神恶煞的鬣狗，土狼的脾气要好得多，不但从来不混黑社会，而且连肉都不怎么吃。现实中土狼的生态位有些像非洲版的食蚁兽，专吃白蚁为生。作为家族里怂怂的战五渣，土狼可没有跟狮子打群架的本事。

事实上，迪士尼最早选定的反派演员也不是斑鬣狗，而是多年后靠着 BBC 纪录片《王朝》大火了一把的杂色狼（painted wolf）。在动画版

▲ 一度被叫作"非洲野犬"的杂色狼，是不是比鬣狗要帅气不少？　▲ 以反派形象深入人心的斑鬣狗，其实很冤枉

《狮子王》上映的年代，这种犬科动物还被叫作"非洲野犬"，直到纪录片《王朝》开播，人们才终于意识到，聪明机警、擅于协作的杂色狼远不是一般"野狗"可比。杂色狼跟鬣狗一样成群结队捕猎，善于长途奔袭，狩猎成功率比狮子和鬣狗都要高得多，可惜体格小力量弱，猎物常常会被狮群和鬣狗群劫走。有趣的是它们的社会制度跟狮子恰好相反，雄性会留在群体之中，而年轻雌性会离开大家庭独自去闯天下。《王朝》之中描述的母女两代各自带领家族争地盘，恰恰是杂色狼独特的"女强人当家"模式。

最终杂色狼没能入选演员阵容的原因是，它们长得实在太萌：一身黑白黄棕相间的斑驳皮毛，配上一对像米奇一样圆圆的大耳朵，非常可爱，非让它们出演黑帮混混实在是强"狼"所难。更重要的是，杂色狼缺少了一项关键演技：笑。鬣狗的叫声是标准的阴险反派笑，鬣狗群互相招呼时宛如怪笑四起，令人毛骨悚然，一听就不是什么好人。而杂色狼的日常沟通不但没有气势，而且涉嫌恶意卖萌：它们交流靠的是喷嚏。杂色狼集群准备出猎时，首领会带头开始打喷嚏，成员跟着打就表示同意，打到三个就算投票通过、可以出发了。如果带头打喷嚏的不是首领而是小马仔，那么就需要至少十个喷嚏的"赞成票"才能动身。想想狮犬密谋之际，刀疤带头高歌，气势如虹，座下喷嚏声此起彼伏，实在太过跌份。杂色狼就这么失去了出演大片的机会，但同时也幸运地保住了自己的名声——被剧组选中的斑鬣狗，由于表现过于出色，导致人戏不分，光荣成为反派恶棍的代名词，名誉至今没有恢复。

斑鬣狗：最有理由痛恨好莱坞的动物

在这个价值观多元的时代，反派已经不像从前那样人人喊打，越来越多的观众发现坏人也有坏人的魅力。君不见灭霸、达斯·维德、莱克斯·卢瑟都有不少粉丝，倘若被剧组选中出演反派，倒也可以扬名立万。然而，反派的跟班就没有这种待遇了。既没有干一票惊天动地大坏事的魄力，又没有见风使舵见好就收的智慧，跟在大反派屁股后头助纣为虐的小恶棍们注定是群众嘲笑和嫌弃的对象，也是结局高潮大乱斗时伤亡最惨重的那批卒子。我们的斑鬣狗就不幸遭到了迪士尼的强行委派，成了坏狮子的打手、好狮子的沙包，一路从 2D 电影挨打到 3D 电影。虽然斑鬣狗自己不能状告迪士尼污蔑，但自有路见不平的两脚兽拔刀相助。《狮子王》上映之后，许多动物学家提出抗议，甚至代替斑鬣狗正式提起诉讼，还有人专门组织动画师参观了加州大学的动物实验室，名义上是让这些动画制作人员亲眼看看真正的鬣狗，实际上只表达了一个意思：别看你们拍了一部鬣狗戏份这么重的电影，其实根本还不知道这些外表砢碜的家伙是怎样的厉害人物。

话说整个食肉目，可以大致分为"犬系"和"猫系"，而顶着"狗子"名头的鬣狗却是不折不扣的猫系一枚。在鬣狗家的四个成员之中，斑鬣狗（spotted hyena）是个头最大、混得最好的一位，帮派遍及非洲草原，吃遍八方，见者披靡。影视作品总把鬣狗刻画成乞儿、强盗和食腐者，经常捡别人的剩饭、抢别人的猎物，甚至捡动物尸体为生。1994 年版的斑鬣狗自称"在食物链底层晃荡"，这并不符合事实，现实中的斑鬣狗是相当不错的猎手，身手矫健，而且善于协作。鬣狗群的捕猎次数和成功率跟狮群不相上下，日常伙食中有七成是自己打来的猎物；而食腐的比例其实并不比狮子高，后者倒是不会拒绝白捡的死尸作为美餐。

斑鬣狗虽然体力不及众位大猫，却有一口铁齿钢牙，足以弥补体格上的劣势。斑鬣狗的咬合力极强，如果按身体比例折算，比狮子还要略胜一筹，曾有动物园饲养的鬣狗咬裂了冬天供暖用的暖气片。野外的斑鬣狗捕获猎物后，通常会连骨头一起嚼碎，是货真价实的"吃肉不吐骨头"。35

只斑鬣狗只需要半小时多一点的时间，就能把一整头斑马吃到只剩渣。吃得快加上饭量大，难怪影片里说"鬣狗的肚子永远填不饱"。顺便一提，斑马是鬣狗偏爱的猎物之一，1994年版刀疤笼络鬣狗三人组时就丢给它们一条斑马腿。《少年派的奇幻漂流》中，小船上的斑鬣狗突然袭击，单打独斗解决了一匹受伤的斑马，还真不是没可能的。

在《狮子王》的故事里，观众很容易觉得狮子是好人、鬣狗是坏蛋。公平地说，狮子和鬣狗谁也不比谁更正义，在生存之战时刻上演的江湖之中，双方都不怎么地道。在非洲草原，狮子和鬣狗是积怨已久的一对冤家。人们常常误以为鬣狗会偷走狮子的猎物，真实状况恰恰相反，狮子抢走鬣狗的战利品才是家常便饭。大家都知道成年雄狮是著名的"软饭男"，据统计，他们的伙食之中76%来自老婆团体捕获的猎物，12%是从别的动物那里打劫来的，只有在猎物特别难对付的情况下，雄狮才会自己出手。比起亲自捕猎，打家劫舍才是"万兽之王"更为驾轻就熟的工作，而鬣狗就是经常被抢的倒霉蛋之一。如果不幸被狮子打劫，鬣狗通常只能沮丧地守在一边，等狮子吃饱之后再回来捡点残羹冷炙。不过，鬣狗也并不总是被欺负的一方，倘若雌狮没有雄狮保护、己方又是"狗多势众"，鬣狗也可能奋勇上前保护自己的猎物。但再大的鬣狗群，也不太可能像影片里那样主动进犯狮群的领地。

《狮子王》里出现了一大群斑鬣狗，其中带头的是女老大桑琪。这一点倒是非常忠于事实：在斑鬣狗族群之中，女性是绝对的强势一方，斑鬣狗家族有点像金庸笔下的峨眉派：只有雌性才能当掌门，即使是地位最低的雌性也高于地位最高的雄性。研究显示，斑鬣狗的社会关系比狼群复杂得多，某种意义上甚至更像灵长类，它们能识别数十位家族成员的面孔和身份，懂得"结盟"和"背叛"，会选择更可靠的盟友来保障自己在家族中不受欺压。占主导地位的雌性斑鬣狗统领整个家族，她的子嗣身为女王血脉，地位比其他成员更高。因此斑鬣狗的社会是一个"拼妈"的社会，雌性地位越高，自己的孩子地位也就越高。现实中的"桑琪"一旦去世，她的女儿有很大可能继位成为女王，儿子则会早早踢出族群，到别族去找媳妇。

雄性斑鬣狗不但个头不及雌性大，脾气不如雌性暴，连"丁丁"都不是雄性的独有物品：雌性斑鬣狗长着一个尺寸相当可观的假"丁丁"，许多古代博物学家因此还一度以为鬣狗是雌雄同体。这个奇葩部件对雌鬣狗来说非常实用：倘若姑娘不肯委身，鬣狗小伙无论如何也没法硬来。因此在斑鬣狗的世界里，"强奸"是不存在的。当然这种人身安全保障措施也有代价，鬣狗太太生孩子也得通过这个假"丁丁"来生，场面可想而知，相当惨烈。

令斑鬣狗们哭笑不得的是，"女王统治"的社会制度加上"雌雄莫辨"的生理结构，竟然让它们成了好莱坞女权的象征。《猛禽小队和哈莉·奎茵》里，玛戈特·罗比扮演的"小丑女"就养了一只雌性斑鬣狗作为酷炫独立女性的标志。且不说斑鬣狗这个物种并未被人类驯化，完全不具备家养的可能性，将一只高度社会化的动物从群体中隔离、单独饲养，本身就是很糟糕的一件事。幸好剧中的斑鬣狗是 CG 合成的，若是哈莉真养了只斑鬣狗，只怕这位霸气斑鬣狗女士分分钟撕掉自己脖子上可笑的粉红蝴蝶结，反身扑向导演和编剧：敢让老娘当宠物，咬死没商量！

地球上最伟大的表演：角马大迁徙

影片中刀疤与鬣狗们合谋，驱赶角马群引发了一场惊心动魄的动物狂奔，自然令人想到现实中东非大草原的角马大迁徙。壮观的大迁徙是角马（wildebeest）最为人熟知的习性，也是狂野非洲的标志之一。事实上，角马是大迁徙的主力军，却不是参加行军的全部人马。每年塞伦盖蒂的大迁徙大约包括 150 万匹角马、20 万匹斑马、35 万只瞪羚和数以万计的其他有蹄动物。其中，斑马是大迁徙的先头部队，这些挑食的家伙爱吃草尖，因此总是先行一步；角马偏爱中层的嫩草，习惯于跟在斑马后面出发；它们身后是喜欢吃低处短草的瞪羚。结伴上路的好处是大家可以通力合作：角马鼻子灵，能闻出"水气"；斑马记性好，能找到曾经路过的水源地。毕竟路上不好走，对这些永远在路上的旅行者们来说，多个同伴就多一分活下去的可能。

非洲的雨季旱季分明，雨季莺飞草长，旱季赤地千里。每年旱季，都有 100 多万头角马追逐着雨水踏上漫长的旅程。它们每年跋涉数千公里，在东非草原上顺时针绕着大圈。最干旱的八月是塞伦盖蒂角马生死攸关的时刻：它们通常在此时抵达浊浪滚滚、满是鳄鱼的马拉河。倘若成功渡河，前方就是水草丰美的马赛马拉；渡河失败，自己就成了送上门的大餐。面对凶险的马拉河，角马群唯一的武器就是"马"多势众，靠着数量优势强行渡河。在湍急的水流、拥挤的同伴、鳄鱼的巨口之间保住性命可不是容易的事情，更不用说河两岸都有狮群环伺，随时准备伏击。每年估计有多达 25 万头角马在迁徙途中丧生，其中相当一部分死于河水之中，这条血色河流每年会接收 1100 吨的角马尸体。不过，每年繁殖季，仅仅两三周的时间里就有 40 万幼崽出生，让角马种群仍然维持着庞大的数量。

王室内阁二人组：巫师拉飞奇和传令官沙祖

笔者曾经在动物园的"拉飞奇"展区，听到过各种不同的点评："哎哟嘿这大马猴好看哎""这猩猩怎么脸是花的，画上去的吧""看！这有一狒狒！"……笔者怀疑倘若拉飞奇大师本尊在场，这些游客只怕人人脑袋上都要挨一拐棒：叫谁狒狒 / 猩猩 / 大马猴呢？吃老夫一杖！

拉飞奇是一只山魈（mandrill），这是全世界最大的一种猴子，因为相当有特色的彩妆而一度成了网红。雄山魈脸上有醒目的纵向蓝色条纹，中间夹着鲜红的鼻梁，外加两枚巨大的犬齿，青面獠牙，形象可怖。山魈先生不但有着一张花脸，还有一个与脸相配的彩色屁股，红蓝紫粉五光十色，仿佛一屁股坐了调色盘。动画版的拉飞奇甩着一根长长的猴儿尾巴，这可是动画师的重大失误。山魈的尾巴短到几乎没有，色彩斑斓的屁股无遮无拦的展览在世界面前。新版改正了1994年版的错误，归还给拉飞奇一根正确的尾巴，捎带着也修正了举辛巴的姿势。虽然动画版拉飞奇举辛巴的造型更帅，毕竟不太符合现实：山魈并不善于用后腿直立，也不怎么会用前掌举东西，一般情况下的运动方式都是四肢着地。要让拉飞奇两条腿站着同时还抱起小辛巴举高高，可真是难为了人家的老腰。

片中的拉飞奇老当益壮，拐棍在手，打飞三五只鬣狗不在话下。现实中的山魈虽然没学过"打狗棒法"，也是不好惹的狠角色，成年雄性山魈遇到豹子都敢还手。花豹是山魈最主要的天敌，但即使是这些身手敏捷的猫科猎手，大部分时候也靠伏击而不是正面对打，而且很少招惹成年雄性。

捎带一提，现实中的山魈有个同样壮硕的大表弟鬼狒（drill），在

▲ 忠心耿耿的"王室内阁二人组"之山魈

▲ 忠心耿耿的"王室内阁二人组"之犀鸟

2019年的太空科幻片《星际探索》里露过一脸，袭击了男主角并杀害了宇宙飞船的舰长。鬼狒没有山魈那么夸张的彩妆，而是板着一张锅底般的黑脸。它们的个头没有山魈那么大，但雄性也有百来斤，真要肉搏确实很难对付。不过现实中的鬼狒主要吃素，并不轻易发飙。

拥有憨豆先生嗓音的沙祖是一只犀鸟（hornbill），但身份并不像拉飞奇那么毫无争议。它的羽毛颜色跟红嘴犀鸟最相似，但嘴明显不怎么红，因此也有粉丝认为沙祖应该是一只黄嘴犀鸟。电影里沙祖尽职尽责地为王室家族服务，自己却是孤家寡人，似乎始终没成家。其实犀鸟是动物界著名的好老公兼好爸爸，不但感情专一，而且是宠妻狂魔。每到繁殖季，犀鸟夫妇会找个合适的树洞，把洞口封起来，犀鸟太太就在里面宅家当起了全职妈妈，专心孵蛋育雏，一日三餐全部都由丈夫送来。雄犀鸟每天不辞辛劳地来回觅食，从洞口留的小孔里喂给爱妻，直到孩子长大破门而出。这样细心周到的好好先生，确实适合照料小王子和小公主呢。

卡拉 OK 二人组：狐獴丁满和疣猪彭彭

论起"最受欢迎的配角"，丁满和彭彭在整个迪士尼影史上都是排得上号的。虽然总能逗得观众乐开怀，但这两个家伙在各自的族类眼中可是最不受待见的废柴两根。2004年迪士尼为这两个好基友拍了一部番外《狮子王一又二分之一》，剧中丁满和彭彭双双被族群踢了出来，从此开始了狐獴疣猪二人组无忧无虑的歌手生涯。

狐獴（meerkat）这个名字可能有点陌生，大部分人还会以"猫鼬"称呼丁满和他的家人。前面说过整个食肉目分成"犬系"和"猫系"，丁满并不是犬系家族的鼬科大佬，而是猫系家族的獴科成员，因此还是"狐獴"这个名字更为准确，而它们的别号"细尾獴"则准确地描述了那根细长的尾巴。

电影中丁满是个干啥啥不行、捣乱第一名的麻烦精，打洞塌方，放哨走神，惹得整个家族嫌弃有加。这也不能怪家族成员情分太薄，毕竟"打洞"和"放哨"可是狐獴最重要的两项工作，说是性命攸关也不为过。狐獴的老家在非洲的卡拉哈里沙漠，白天烈日炎炎，夜间温度骤降，必须挖洞住在地下才能免于酷热严寒。狐獴的地宫四通八达，由好几层隧道连通，有多个出入口，还有专门的卧室和育婴房，十分讲究。这些地洞也是它们的防御工事，遇到天敌就会飞快地钻进洞里。群居的狐獴会轮流担任哨兵，一旦发现天敌靠近，就会立刻发声示警，不同的天敌还有不同的警报声。狐獴能用不同的叫声告诉同伴敌人来自天上还是地面、敌情有多紧急，也能用于日常表达，比如"晒太阳吧""快点挖""崽子哭了快去喂""再过来我揍你哦"。

电影没告诉我们的是，丁满其实也有自己的绝活：毒不死。狐獴对多种毒素免疫，能把毒蝎子当零食吃，也能扛住一部分蛇类毒素。事实上獴科许多成员都身负"百毒不侵"的奇功，柯南·道尔的福尔摩斯短篇故事《驼背人》里就出现过一只能抓眼镜蛇的食蛇獴。狐獴偶尔能捕食小蛇，但被某些蛇咬了也会中毒。

比起"战五渣"丁满，疣猪（warthog）彭彭看起来要威猛得多，壮硕的体格配上一对犀利大牙，单挑好几只鬣狗也没在怕的。《忍者神龟2》里有只留着紫色莫西干头的疣猪男，更是战斗力爆表，跟犀牛一起成了大反派手下的两大蠢壮打手。现实中的疣猪有两对弯曲上翘的獠牙，既能抵挡天敌，也能跟同类一较高下。嘴里叼着四把利刃闯江湖的猪大爷艺高人胆大，甚至能在花豹爪下走上几招，武功虽然不弱，毕竟抵挡不住狮群、鬣狗群和杂色狼。因此疣猪遇到危险的第一反应通常不是亮刀，而是快跑。真实的疣猪长着四条大长腿，奔跑速度相当不慢。电影里把彭彭画成了小短腿，实在是有点冤枉，不过奔跑造型倒是还原得十分到位：疣猪飞

▲ 看上去总像憋着什么坏的"丁满"狐獴　　▲ 拥有大长腿的"彭彭"疣猪

奔时会竖起小旗子一样的尾巴，非常拉风。

　　电影中彭彭最有力的武器不是獠牙也不是长腿，而是威力十足的疣猪屁，屁到之处当真是所向披靡，方圆几米所有能动的生物全都跑个干净。倒霉的彭彭不但因此众叛亲离无家可归，还成了第一个在大银幕上当众放屁的迪士尼角色①。其实疣猪是杂食动物，除了跟基友们一起吃虫，平时也吃草叶、根茎、树皮和浆果。比起狮子和狐獴这两个食肉目成员，疣猪的伙食要清淡得多。按理说，彭彭的"气体炸弹"杀伤力未必就比辛巴和丁满强到哪儿去，三兄弟谁也别嫌弃谁。

　　现实中疣猪和狐獴究竟是不是"好基友"，暂时还没有证据，但BBC曾经拍到过獴科的另一位成员缟獴与疣猪的亲密接触。2016年，在非洲乌干达目击到一群疣猪学会了洗"獴澡"，请邻居缟獴为自己清理身上的寄生虫。十几只缟獴爬到高大的疣猪身上翻翻弄弄，找出毛发里的蜱虫，而疣猪放松地往地上一躺，舒舒服服地享受小兄弟们的服务。这卡通片般的一幕实际上是两个物种的双赢，缟獴填饱了肚子，疣猪则摆脱了恼人的虫子，堪称合作愉快的完美搭档。

---

① 顺带一提，继 1994 年版《狮子王》第一次让角色放了屁之后，2019 年版《狮子王》又成了第一部生动展现动物便便的迪士尼影片。

辛巴的嗦虫小分队

1994 年版的小辛巴只有彭彭和丁满两个伴儿，到了 2019 年版，慷慨的剧组一下子给了他一整支小分队一起嗦虫。成员包括鹫珠鸡（vulturine guineafowl）、婴猴（bushbaby）、黑象鼩（black and rufous elephant shrew）、大耳狐（bat-eared fox），还混进来几只不吃虫的柯氏犬羚（Kirk's dik dik）、汤森瞪羚（Thomson gazelle）和转角牛羚（topi）等。

小分队长得最有特色的成员要数土豚（aardvark），就是长着猪鼻子和兔耳朵、像只没毛食蚁兽的那位了。不过它们跟食蚁兽并不沾亲带故，也不是猪家的成员，反而是大象、海牛和蹄兔的远亲。娜娜小时候曾经跟辛巴说"我宁可跟一只土豚结婚也不嫁你"，可见土豚长得属实不算英俊。

除了几只莫名混进来的食草动物，小分队成员全都爱吃白蚁，所以辛巴一爪子拍塌一个白蚁丘时，几只小动物都开心地围了过来。而要论吃白蚁，谁也比不上土豚的效率高。它黏黏的长舌头十分灵活，一夜之间能吃下多达 5 万只白蚁。在野外，常常是土豚用它有力的前爪打破蚁丘，其他动物跑来吃现成。

▲ 虽然算不上颜值担当，土豚吃虫的本事绝对是"小分队"里的第一名

大象墓园只是个传说

电影中刀疤的第一条毒计，就是将小辛巴骗到大象墓园，在那里遭到鬣狗们的袭击。坟场之中散落满地的惨白骨架，阴森森的鬣狗笑声伴着阴风四起，的确十分瘆人。恰好在 1994 年版上映的年代，《世界未解之谜》

之类的书特别流行，许多书里都讲到大象是有灵性的动物，一旦感到自己死期将近，就会毅然离开象群，独自前往神秘的"象冢"等死。笔者小时候一度相信大象的埋骨之地真的存在，也为孤独等待死神降临的大象们伤心了很久。

现实中确实曾经有人发现过大堆象骨，"大象墓园"的猜测也是因此而来，但骨骸集中在某个地点，并不能证明大象们主动前往自己命中注定的埋骨之地，反而可能是盗猎的罪证。因为目前发现的若干个"墓园"中只有骨架没有象牙，很可能是偷猎者杀害象群后取走了象牙，造成了大象集体死亡的惨剧。此外，非洲草原时常遭遇干旱，旱季食物短缺时，大象会前往水源地寻找水草，年老体弱的个体可能因为饥饿虚弱而无法离开，最终在水源地附近死去。在动画版上映20多年后的今天，神秘浪漫的"大象墓园"仍然没有确凿的证据。

愿电影之神保佑银幕外的它们

2019年版《狮子王》中一共出现了86种动物，其中不乏濒危物种，

▲ 区别于黑犀牛的钩状嘴，白犀牛有着棱角分明的方形嘴唇

更有一个已经站在灭绝的边缘：北白犀（northern white rhinoceros）是白犀牛的一个亚种，已经在野外灭绝，仅有少量生活在人工圈养之中。就在电影拍摄制作期间，最后一头雄性北白犀因病接受了安乐死，全世界只剩下了两头雌性北白犀，她们是孤独的母女俩，且都无法生育。这些曾经漫游于非洲草原

的巨兽实际上已经功能性灭绝，只有人工胚胎复育为这一种群保留了一线希望。

如今，白犀牛的另一个亚种南白犀（southern white rhinoceros）和它们的表亲黑犀牛（black rhinoceros）仍然生活在盗猎的危机之中，犀角贸易为它们招来了杀身之祸。统计数据显示，平均每 10 个小时就有一头犀牛被杀。最后的雄性北白犀"苏丹"生前，有专人 24 小时持枪守护，工作人员为了它的安全，会定期去除它的犀角。但生活在野外的犀牛并没有这种待遇，即使在保护区之内，犀牛仍然随时面临被盗猎者枪杀的风险。《狮子王》电影中短暂出现过白犀牛的镜头，惟愿这些数码合成的画面，不要成为它们留在这个星球的最后影像。

《功夫熊猫》:
美国大片里的中国江湖

　　这几年，美国电影大厂"示好"中国影迷，已经成了一个公开的秘密。梦工厂的《功夫熊猫》系列，就是诸多抛向中国的橄榄枝之中口碑票房双丰收的一枝。虽然内核仍然是一个"勇敢做自己，你就能成功"的典型美国故事，但秀雅的水墨画风、酷炫的中国功夫、加上人人爱的"胖达"，足以让老外们大呼"China is amazing！"，与此同时，也吸引了一大批国内影迷。

　　《功夫熊猫》三部曲里不止有熊猫。除了阿宝和师父这对"大小熊猫组合"，片中还出现了几十个动物角色，其中绝大部分都是"中国籍"，许多还是中国特有的珍稀动物。鉴于主角名气太大，这次我们把阿宝的出场顺序往后排排，先从反派盘起——

三大反派都是谁

　　《功夫熊猫》第一部的反派大龙是一只雪豹（snow leopard）。这是一个说合适很合适、说不合适也不合适的选角：论武功身手，雪豹绝对胜任；但要让羞怯怕生的"大雪喵"出演野心勃勃的大反派，可是人设的巨大挑战。

看过电影的人一定对大龙越狱的桥段印象深刻：这位反派高手临危不乱、身手不凡，在监狱看守的箭雨之中辗转腾挪，毫发无伤，坠下危崖还能靠"轻功"绝地再起，不愧是功夫大师亲手调教的高徒。动物界众多"名角"之中，也只有雪豹能完成这一系列高难度动作。雪豹沿亚洲最高的山脉居住，是高原上的雪山之王，长年在陡崖峭壁之间出没，练出了一身山地"跑酷"的好功夫。从上方伏击猎物是雪豹常用的招式，这些敏捷的猎手相当擅长利用落差产生的冲击力，敢从数十米的高处下扑。它们的脚步非常稳健，能在崎岖陡峭的山崖之间追逐同样擅长攀岩的岩羊。即使一不小心跟猎物一起摔下悬崖，雪豹往往能凭借超强的平衡能力，在半空中调整姿势以避免受伤。纪录片《水深火热的星球》第一季里有个惊人的镜头：雪豹捕猎岩羊时坠崖，双双向崖下摔落了数十米，这只经验丰富的雪豹成功地让猎物充当自己的缓冲垫，顺利从这次惊心动魄的坠落中生还。

雪豹的这一独门绝技，离不开它们毛茸茸的大尾巴。这根萌萌的豹尾，按身体比例，是所有猫科动物中最长的，几乎接近雪豹自己的身长，能帮助雪豹在腾跃时保持身体平衡，顺便也能在冰天雪地之中被当作围脖来保暖，雪豹感到紧张时还会把大尾巴叼在嘴里卖萌。只可惜这根尾巴在近战肉搏时有点累赘，影片中大龙先后被典狱长犀牛和胖熊猫阿宝踩了尾巴，内心想必十分崩溃。

尽管身负绝世武功，现实中的雪豹却相当怂，丝毫没有大龙的霸气凶悍。在西北牧区，三五只牧羊犬就能吓退一只成年雪豹，甚至还有过雪豹与白唇鹿狭路相逢、两只豹被一头公鹿吓跑的新闻。至于人类，它们就更不敢招惹了，在所有的大型猫科动物之中，雪豹被认为是攻击性最小、最怕人的。一旦遇到危险，它们很容易放弃到手的猎物，甚至受到袭击时都不善于自卫。这种怂包脾气让它们很容易遭到盗猎，目前，偷猎仍然是雪豹遇到的首要威胁之一。此外，全球变暖也在威胁着大龙们的生存，由于雪线上升和林地变化，雪豹喜爱的高山栖息地正在缩减。失去家园、无

▲ 帅气的雪山之王：雪豹

处捕猎的它们只能冒险袭击家畜，这进一步增加了人兽冲突和报复性猎杀。强行被安排了反派角色的雪豹并没有一统中原的野心，它们更希望不受打扰地隐居在冰雪覆盖的群山之间。

不同于低调的隐士雪豹，《功夫熊猫》第二部的反派沈王爷是个爱秀身段的大明星：一只白变的蓝孔雀。在这个中国背景的故事之中，沈王爷的选角有些遗憾：蓝孔雀又叫印度孔雀（Indian peafowl），是印度的国鸟，也是常见的观赏鸟类，世界各地都有饲养，动物园里看到的几乎全部都是蓝孔雀；而孔雀家的另一位成员绿孔雀（green peafowl）与中国有更深的渊源，它是古乐府爱情悲歌《孔雀东南飞》里的唯美意象，也是象征高贵与吉祥的凤凰原型。绿孔雀头戴簇状"翠羽冠"，脸上贴着"黄花钿"，颈围金属绿色的"鱼鳞巾"，比头顶小扇子、项戴宝石蓝的蓝孔雀更加中国风。比起动物园必备的蓝孔雀，绿孔雀的数量要稀少得多，在中国只余下不到 500 只，比大熊猫还珍稀。绿孔雀的家乡在云南的河谷之中，受雨林砍伐、水电站建设的影响，仅存的狭小栖息地随时可能不复存在。最后的绿孔雀正徘徊在消失边缘，而很多人或许还不曾认识这种美丽的中国神鸟。倘若《功夫熊猫》选了绿孔雀而不是蓝孔雀该多好，哪怕是演反派也好啊。

反派三号"牛魔王"天煞是三部曲之中能耐最大的一个反派，曾经跟乌龟大师称兄道弟，被打入灵界还能强行复活，分分钟收走了十来位武林高手的内力，不知修炼的是"北冥神功"，还是"吸星大法"。影片中的天煞肩披长发梳成脏辫，造型十分拉风，看起来比较像是一头野牦牛（wild yak）。住在喜马拉雅山的野牦牛披着厚重的长毛，用来抵御高原上的风雪，雄性肩高 2 米左右，体重能达到 1 吨，远比家牦牛高大威猛，脾气也更为火爆蛮横，出没于青藏高原的藏马熊、雪豹甚至狼群都不敢随便招惹成年大公牛。

牦牛的驯化历史长达 7000 多年，如今家牦牛与野牦牛已经分化为两个物种。被誉为"高原之舟"的家牦牛体格壮，耐力好，是藏区常见的重要家畜，总数超过 1600 万，是不折不扣的牛生赢家；而野牦牛的境况要艰难得多，成年个体数量估计不足万头，已被世界自然保护联盟（IUCN）列为红色名录 ① 上的易危物种，距离濒危只有一步之遥。这不只是牦牛一家的问题：骆驼、马、水牛、山羊、绵羊都是人们司空见惯的牲畜，它们的野生祖先却大多在日益缩减的栖息地之中艰难求生。对这群体格庞大的食草巨兽来说，命运似乎给出了一道不能反悔的选择题：要么接受人类的驯化，从此与这些聪明而霸道的"裸猿"兴衰与共，任凭生杀予夺；要么坚守自由的灵魂，在越来越强大的人类面前节节退让，最终永远消失。如今人类坐拥数以亿计的牲畜，野牛野马们的存亡似乎对我们已不再重要，但这些物种的衰落反映出它们的家园遭到破坏，整个生态逐步崩塌的事实。我们正在越来越多地挤占野生动物的生存空间，而后果或许远远不止损失几个物种那么简单。

三位大侠都是谁

盘完了三大反派，我们再来看看《功夫熊猫》系列里的正义三人组：

---

① 红色名录，全称为世界自然保护联盟濒危物种红色名录，是全球动植物物种保护现状最全面的名录，根据受威胁程度将物种分为灭绝、野外灭绝、极危、濒危、易危、近危、无危、数据缺乏和未评估 9 个级别，截至 2023 年 9 月，该名录已经对超过 15 万个物种进行了濒危程度评级，是衡量生物多样性最为权威的指标。

风暴铁牛侠、流星鳄大侠和雷霆犀牛侠。不得不说这三个名字实在非常中二，怎么看都不像很厉害的样子。

剧中的铁牛侠跟水浒传里的李逵李铁牛有那么几分像——差不多黑。若是《功夫熊猫》要拍一部"真熊版"，我觉得白肢野牛（gaur）最适合出演铁牛侠。白肢野牛是全世界最大、最重的牛科动物之一，体格跟野牦牛天然差不多，甚至还要再壮一点，一身油亮的腱子肉极其健美，宛如大力神般威风凛凛。在白肢野牛的老家南亚和东南亚，它们天敌极少，只有老虎和巨大的湾鳄敢于对成年大公牛下手，甚至还有过雌虎被公牛反杀、重伤致死的记录。

现实中"铁牛侠"的两大天敌，在《功夫熊猫》里都有出场。流星鳄大侠的官方身份就是一只湾鳄（saltwater crocodile）。湾鳄是现存最大的爬行动物，最大纪录是 6.3 米长、1 吨多重，就连在 2018 年科幻大片《狂暴巨兽》里扮演过恐怖巨怪的美洲鳄也要逊它一筹。更为可怕的是，它们拥有全世界所有现存动物之中最为强大的咬合力，哺乳类咬力冠军美洲豹的咬合力已经秒杀狮虎，却还不及湾鳄的一半。

从英文名字中的"saltwater"（咸水）就可以看出，湾鳄是河口沼泽和近海湿地的霸主，旱季河流缺水时，也会在海上讨营生。这些可怕的猎手兼具速度和力量，捕猎时河鱼海鱼通吃，即使遇到危险的公牛鲨也可一战。除了河海生鲜，它们的菜单上还包括野猪、水鹿、马来貘、穿山甲，连水边的食蟹猕猴和恒河猴也难逃湾鳄的锯齿钢牙。美中不足的是，湾鳄主要生活在东南亚、太平洋诸岛和澳大利亚，华南地区虽然也有湾鳄出没，却并非它们的首要分布地。

要出演中国功夫大侠，我国特有的珍稀动物扬子鳄（Chinese alligator）无疑是个更好的"鳄"选。比起凶神恶煞、演好人也像反派的湾鳄，萌萌的扬子鳄看上去更像正义的一方，性情也更为温顺。不像湾鳄身上背了不少人类血债，扬子鳄并不会无故伤人，反倒是人类为它们带来了巨大的危机。尽管圈养数量庞大，野生扬子鳄的数量极为稀少，是全世界濒危的鳄类之一。扬子鳄的主要栖息地在长江下游地区，这里是全世界最早种植水稻的地方，随着沼泽湿地变成千里稻田，扬子鳄的数量也越来越少，20世纪大规模的农药使用更令它们的处境雪上加霜。幸运的是，安徽省已经设立了扬子鳄国家级自然保护区，人工养殖扬子鳄的野外放归计划也在逐步实施。这些温柔的小鳄鱼一度让出了自己的家园，如今该是人类回报它们的时候了。

《功夫熊猫》里绝大部分有头有脸的角色，都是来自中国的名角儿，唯独犀牛侠看似格格不入：犀牛总是跟非洲大草原联系在一起，中国哪来的犀牛呢？

全世界现存的犀牛共有五种：白犀、黑犀、印度犀、爪哇犀和苏门答腊犀。前两种分布在非洲，也是动物园的常客；后三种从名字即可看出，是亚洲的原住民。古代中国正是犀牛的故乡之一，三种亚洲犀牛在中国均有分布，地处浙江余姚的河姆渡遗址之中就曾发现犀牛的骨骼。早在商朝就有犀牛形状的青铜酒尊，周朝则开始使用犀牛皮制作铠甲，到了春秋战国时期，吴越十万士兵都身披犀甲。国家博物馆藏有一座西汉时期的错金银云纹铜犀尊，造型准确逼真，显然不是出自道听途说，而是艺术家亲眼见过犀牛而创作的作品。史学家推测，数千年前的华夏大地气候温暖，水草丰茂，这些习惯亚热带气候的庞然大物遍及中原，一直延伸到黄河流域甚至内蒙草原。随着时间推移，它们的活动范围不断缩小，从中国北方一路退守长江以南，最后只有四川和云南境内仍有犀牛残存。犀牛在中国一直生存到20世纪初，直到百年前才逐渐从中国消失，从此只能在东南亚的碎片栖息地中安身立命。

古代中国的犀牛应以苏门答腊犀为最多，许多文物中的犀牛形象与非洲的犀牛一样长有两只角，而苏门答腊犀正是亚洲唯一的双角犀牛。不过，《功夫熊猫》里的雷霆犀牛侠只有一只角，演员也只能从印度犀和爪

▲ 宛如身着盔甲的印度犀，只有鼻子上的一根
犀角

哇犀这两种独角犀之中二选一了。相比之下，印度犀体格更大，是整个亚洲大陆仅次于亚洲象的二号大块头，如同身披铁甲的远古巨兽，更适合出演威武霸气的犀牛侠。印度犀是亚洲三种犀牛之中境况最好的一种，但也仅余 2000 多只，并不比我们的国宝大熊猫多多少。

而苏门答腊犀和爪哇犀的数量都已不足百头，稍有天灾人祸，就可能将这两个物种从地球上抹去。无论亚洲还是非洲，"盗猎"始终是笼罩犀牛种群的不散阴云。犀角贸易导致的滥捕滥杀，已经永远带走了曾纵横华夏大地的中国犀牛，此类贸易至今仍然是全世界犀牛种群的最大威胁。1993年中国出台规定，严禁犀角贸易和使用。希望近年来全球环保意识的觉醒，还来得及挽救非洲和东南亚最后的犀牛。这个无数科研工作者已经重复过无数次的事实，在此还是想多重复一次：

犀牛角的主要成分——角蛋白，跟头发和指甲的成分无异，没有任何特殊的营养价值和药用价值。

请拒绝消费任何形式的犀牛制品，不要让我们的犀牛侠成为只存在于银幕上的虚幻幽灵。

盖世五侠都是谁

看看盖世五侠就知道，功夫大师收徒弟还是蛮公平的：一个节肢动物，一个爬行类动物，一个鸟类，两个哺乳动物，除了水族限于教学场地原因没法儿入学，基本算是平均分配，在进化树上爬得最高的哺乳动物多一个名额，也在情理之中。

快螳螂是一只中华大刀螳（Chinese mantis），据说中国功夫"螳螂拳"就是武学家观察中华大刀螳的捕猎动作所创。现实中的"快螳螂"确实是昆虫界的武学高手，手持"双刀"的它们是相当凶猛的肉食者，甚至有捕食蜂鸟的记录。片中螳螂最大的技能点就是速度，在梦工厂的番外短片《盖世五侠的秘密》中，整个世界在快螳螂眼中都仿佛慢速播放，简直称得上是东方武学界的"快银"。现实中它们的速度也的确非常惊人。螳螂是守株待兔的猎手，平时并不追着猎物跑，而是静静地在原地潜伏，待到猎物进入攻击范围再迅疾出手，一击命中。这些高手刀客的一次出招还用不到十分之一秒，而人类的平均反应速度是 0.25 秒，快螳螂的大刀可远比小李飞刀还要快得多。倘若对距离和角度的估计出现偏差，它们还可以在这短短一瞬间之中做出精确调整，极少空手而回。

"80 后"关于螳螂的恐怖记忆来自《黑猫警长》：螳螂太太新婚之夜吃掉丈夫造成血案，是许多人的童年噩梦。《功夫熊猫》中快螳螂自己也提到，毕生梦想就是找到一个好姑娘结婚，然后成亲当晚让她吃掉自己的脑袋。公平地说，并不是所有螳螂都有这种残忍的习性，但在肉食性螳螂之中，绝大多数雌性都是嗜血新娘。中华大刀螳恰好就是其中特别残暴的一族：假如快螳螂经常参加自己哥们的婚礼，他会发现有 50% 的洞房花烛夜都以血案告终。虽然有超过八成的雄性能顺利逃脱，但随着交配次数增加，男方被吃掉的概率会大大增加。新郎官们唯一的办法，就是尽可能找不那么饿的姑娘入洞房。研究显示，吃得比较好的螳螂妹子确实会吸引更多小伙。

戴着两朵莲花的俏小龙是大名鼎鼎的中国竹叶青（Chinese green tree viper），在我国南方还有一个好听的名字：赤尾青竹丝。番外短片《盖世五侠的秘密》披露了俏小龙的身世：父亲是保境安民的大侠，使毒功夫天下无双，偏偏俏小龙天生没有毒牙。在阿宝讲的故事里，竹叶青大侠身负奇毒，毒牙一碰就能毒倒 15 头大猩猩，这可是相当夸张了。现实中的竹叶青虽然名头响亮，其实毒性并不特别猛烈，在毒蛇家族中排不上号。俏小龙平时行走江湖，毒牙可能还真不如绸带软功来得管用。

剧中俏小龙虽然没有腿，"轻功"却不弱于其他几位，飞檐走壁毫不落后。现实中的蛇类移动速度虽然比不上其他动物，攻击速度却非常惊人。蛇类进攻一次的平均时间是 44—70 毫秒，而人类眨一次眼睛需要 200 毫秒。理论上说，你眨一次眼睛的时间，足够动作最快的蛇连续攻击三四次。这样看来，俏小龙的出手速度比快螳螂还要迅捷，这可能归功于蛇类精妙的身体构造：它们有 200—400 块脊椎、1 万—1.5 万块肌肉，无论是爆发力还是灵活性都很强大。一条蛇猛然袭击猎物时，蛇身受力可能高达 30 倍重力，相比之下，即使是最为训练有素的战斗机飞行员，在超过 8—10 倍重力时就会丧失行动能力、进而失去知觉。

中文里说到"仙鹤"，通常都是指丹顶鹤（red-crowned crane）。美丽高贵的丹顶鹤自古以来都是祥瑞之兆，是忠贞与长寿的象征，明清两朝一品文官的补服上就绣着丹顶鹤。但是，《功夫熊猫》里的仙鹤并没有标志性的丹顶，因此也有粉丝认为，仙鹤的真实身份是一只黑颈鹤（black-necked crane）。不过，黑颈鹤也是有丹顶的，只是丹顶鹤的眼睛后方戴着精致的"白纱巾"，一抹白羽从眉梢披到后颈，十分潇洒；黑颈鹤则是简简单单的黑红配，只有眼周一点白。无论丹顶鹤还是黑颈鹤，它们漂亮的"丹顶"其实是秃顶，也就是脑袋上一块裸露的皮肤。远看仙气十足的灵鹤，近看全都是谢顶大爷。五侠中的仙鹤既没有丹顶也没有"白纱巾"，看上去没有秃头之虞，应该就是一只功力高深、没有发际线之忧的黑颈鹤了。黑颈鹤是全球唯一一种生长繁殖在高原上的鹤类，也是藏民心中的吉祥神鸟，青藏高原是它们最主要的分布区。跟鹤家族的其他成员一样，黑颈鹤的鸣管也很长，高亢的鸣声裂石穿云，苍凉悠长。片中金猴曾学了一

嗓子仙鹤叫，若是给拥有一把好嗓子的黑颈鹤听到了，一定认为是严重的
"鹤身攻击"。

无论怎么看，由成龙配音的金猴都应该是一只川金丝猴（golden snub-nosed monkey），这位猴界大腕拥有家喻户晓的明星脸，是中国灵长类的代言猴。可惜，剧组的选角再一次出乎所有人的意料：金猴没有川金丝猴标志性的天蓝色面孔和朝天鼻，反而顶着一张锅底般的黑脸，他的真实身份并非金丝猴，而是一只金叶猴（Gee's golden langur）。同川金丝猴一样，金叶猴也有一身闪亮的金色皮毛，朋克爆炸头中间嵌着一张端正的小黑脸，两撇英气十足的斜飞剑眉，颜值相当能打。作为叶猴家族的一员，金叶猴的"轻功"相当不错，日常在树上荡来荡去，靠长长的尾巴保持平衡。它们是严格的素食者，只以叶子、嫩芽、花果为食。金叶猴是跟川金丝猴同级的濒危物种，数量比后者还要稀少。遗憾的是，这些敏捷轻巧的金色精灵在中国并无分布，仅在印度和不丹的小范围栖息地安家。

拥有安吉丽娜·朱莉性感声线的悍娇虎是五侠之中武艺最高、戏份最多的一位，面冷心热、外刚内柔的反差萌为她赢来了无数粉丝。悍娇虎的官方身份是一只华南虎（South China tiger），这是唯一仅分布于中国的虎亚种，最适合成为中国虎的代表。然而华南虎这个名字，总是与悲伤如影相随。悍娇虎是《功夫熊猫》三部曲之中最孤独的角色，剧中她是个孤儿，被师父养大；现实中她的同类已经从华夏大地的山野之中消失，只存身于动物园里。在影片出现的所有动物之中，华南虎是唯一被 IUCN 红色名录列为"野外灭绝"的物种。

中国人对老虎从不陌生，在数千年的历史与文明之中，这些威严而俊美的兽中之王一直陪伴着我们。但老虎在这片土地上一度经历了惨痛的悲剧：20 世纪 50 年代，我们还拥有 4000 多只华南虎，仅仅 30 年之后，这一数量就锐减到三四十只。华南虎的分布范围曾经覆盖 960 万平方公里国

土的三分之一，到了20世纪80年代，已经缩减到仅剩20万平方公里。在20世纪的倒数第二个虎年1986年，一只华南虎幼崽被铁夹捕获，伤重死亡，它很可能是我国南方最后的虎踪。从那以后，再也没有人在野外看到华南虎。尽管在随后的几年中，中国建立了自然保护区，禁止了虎骨入药和虎制品贸易，可惜这对华南虎来说，一切都太迟了。如今，最后的200多只华南虎在动物园度日，而送中国虎重回野外的漫漫长路，至今也没有走完。

其实，中国乃至全世界的老虎，并没有我们以为的那么多。仅仅100年前，地球上野生虎总数超过10万只，如今仅余3000多只。全球9个老虎亚种之中，有3个都在20世纪的短短50年之内灭绝。中国曾是全世界唯一拥有4个老虎亚种的国家，继华南虎离去之后，野生印支虎也已经10多年不曾现身，而中国人最熟悉的东北虎，在我国境内极为稀少，东北虎豹国家公园内只有50—60只野生虎。虽然有数以千计的老虎生活在所谓"虎园"之中，但并没有一片栖息地可以供它们再次啸傲山林一展雄风，无法重回野外的它们已不是大自然生态链上的重要一环，只是人类社会利益链上的一件商品。

剧中的悍娇虎找到了朋友，现实中的老虎们却越来越孤独。好在一切还不算太晚，人类还来得及留住它们。毕竟，华南虎还没有灭绝，只要还在，就有希望。

师父：谁敢再说我是浣熊，吃我一招

某日，师父走在街上，一只见多识广的猪招手大呼："干脆面！干脆面！"

师父出手便是一掌："竟把老夫认成那偷鸡摸狗的美洲'蛮子'，给你一掌让你看看清楚，这是浣熊的掌吗！"

猪委屈不已："是，是啊……"

至今还是有不少路人影迷坚称，阿宝的师父明明是一只浣熊。这也不能怪大家脸盲，只能说《功夫熊猫》的剧组实在不够走心，没能给师父做好形象设计。阿宝师父的真实身份是一只小熊猫，只是外形画得不太标准。

表1 小熊猫 VS 小浣熊

动物名称	小熊猫	浣熊
颜色	亮眼栗红	低调灰棕
脸部识别	白耳壳，圆圆脸	黑眼罩，三角脸
爪爪	毛茸茸"六指"	超灵活五指
尾巴	红白圈圈	黑白圈圈
户籍	亚洲	北美
爱好	挂着	洗刷刷
身份	山林隐士	街头神偷
代表人物	功夫大师	火箭、RJ

▲ 浣熊（raccoon）

▲ 小熊猫（red panda）

看出来了吧，没见过世面的老美动画师们简直把师父画成了小熊猫配色的浣熊，该红的地方白，该白的地方红，尤其是一双黑瘦的前爪，灵巧有余，萌感不足，完全是一双浣熊爪。到了2022年超萌动画片《青春变形记》中，年轻少女小美情绪一激动就会变成一只小熊猫，稍作对比就能看出，这部动画中小熊猫的爪子才是正确的。

现实中小熊猫的爪子不但绒乎乎的超级可爱，而且还有一个独特萌点：跟大熊猫一样，它们的腕骨多出来一小节，变成了一个假"手指"。这个多出来的"第六指"让小熊猫可以单手抓住竹子往嘴里送，而不像浣熊那样必须双手夹住食物捧起来吃。不过这并不意味着大小熊猫有什么亲缘关系，只是由于食性相似，在演化的百宝箱里碰巧挑中了同样的工具而已。

片中师父武功出神入化，现实中的小熊猫可没有这等好身手。虽然身为食肉动物，奈何个头实在太小，小熊猫基本就是个战五渣，对付敌人最常用的招数就是一溜烟逃上树。倘若非要一战，小熊猫就会摆出一招白鹤亮翅，双爪上举假装投降，露出黑色的肚肚，同时口中大声喝骂，趁对手眼前一黑之际再迅速上树。这就是小熊猫的独门功夫：投降式威慑。《青春变形记》中的小熊猫经常高举前爪，表达变身后的惊恐不安。社交网络上也偶尔会见到小熊猫举起双手露出"腹黑"一面，惹得众人大呼可爱，其实当事"熊"内心已经濒临崩溃。倘若你也遇到摆出这种姿势的小熊猫，可千万不要再去吓唬它啦。

别看武艺稀松，它们真正擅长的事情是逃跑。小熊猫是赫赫有名的动物园"逃生艺术家"，这些一生放纵爱自由的小家伙们已经从华盛顿、伦敦、伯明翰、德累斯顿、鹿特丹等许多家国际知名动物园的豪华别墅里逃脱，每一次都登上了新闻头条。2013年6月，一只名叫Rusty的小熊猫攀上了一根被暴雨击落到笼子上方的树枝，在暴雨滂沱之中从美国华盛顿史密森尼国家动物园成功越狱，场面堪比《肖申克的救赎》结尾安迪重获自由的一幕。可惜 Rusty 很快就被抓捕归案，不久后还当了爸爸，从此收心顾家，绝迹江湖。另一只"逃生大师"从德国德累斯顿动物园出逃时则更加悲壮：园方不得不动用消防水龙，把拒绝乖乖就范的小熊猫从十来米高的树上冲下来。"大师"们的手段甚至得到了官方盖戳认证：全世界动物园权威机构——国际动物园与水族馆联盟在他们的饲养员操作手册中专门写道："注意！小熊猫是卓越的逃生艺术家"，提醒饲养员们务必小心防范。

这些毛茸茸、不安生的小爪子还伸到了心理学领域：1978 年荷兰鹿特丹动物园跑了一只小熊猫，还没等园方找到踪迹，越狱者就不幸死亡。然而魔幻的事发生了：即使在遗体被发现之后，当地还不断有人报告说他们看到了小熊猫，共有 100 多人声称自己看到了活生生的小熊猫到处乱跑，不少人报告的时间十分接近、地点却相差很远。倘若不是"大师"的魂魄从灵界下来捣乱，就只能是这些围观群众中了招：带着"我可能随时在附近看到一只小熊猫"的心理预期，他们看任何一只流窜街头的猫猫狗狗都像小熊猫。研究者特别为这个现象取名"小熊猫效应"，让这些淘气鬼在两脚兽心理学之中留下了自己的小爪印。

乌龟大师：千里迢迢从岛上来

汉语里管绝大多数的龟都叫"乌龟"，就像我们习惯把所有的蛙都叫"青蛙"一样。较真而论，"乌龟"这个名号应该专指中华草龟（Chinese pond turtle）。别看所谓的"乌龟"到处都有，真正的乌龟已经被列为濒危动物，是亚洲的独有物种。中华草龟面临着严重的滥捕危机，在野外已经快被抓绝种的同时，还要应付来自入侵物种的威胁，日子过得非常艰辛。经常出现在花鸟市场上的巴西红耳龟（Brazilian red-eared turtle）就是最麻烦的入侵物种之一，一旦进入自然水域，这些生命力顽强的小匪徒会严重挤占本土物种的生存空间。看在乌龟大师分上，请大家千万不要随便放生宠物。

不过，《功夫熊猫》里的乌龟大师并不是中华草龟，反而是位国际友人。它的原型是一只加拉帕戈斯象龟（Galapagos tortoise），来自厄瓜多尔的加拉帕戈斯群岛。

顺便提一句，在《功夫熊猫》影片里，国际友人相当多见。除了南美来的乌龟大师、南亚来的金猴，来自非洲的也不少。蓝孔雀沈王爷的军队说是狼卫士，却长着一副鬣狗嘴脸；左右还有一批五大三粗的大猩猩力士，不像中原宫殿，倒像非洲酋长。看来沈王爷家里是真有钱，连贴身卫队都是千里迢迢从另一块大陆聘来的。

说回乌龟大师，加拉帕戈斯象龟是全世界最大的龟，也是最长寿的动物之一，确实适合扮演仙风道骨的老神仙。它们最大可以长到 400 多公斤，野外寿命超过百年，更有一只老寿星在动物园里活到了 170 岁。放眼全球，加拉帕戈斯象龟可能是全世界名气最大的龟家成员。1835 年，达尔文出海时发现，在加拉帕戈斯群岛不同的岛屿上，象龟的个头和形状有所不同。正是对这些差异的观察影响了达尔文进化论的观点，加拉帕戈斯象龟也因此声名大噪。"小猎犬号"的航行促成了达尔文与象龟的缘分，但航海时代的到来也为这些庞然大物带来了灭顶之灾。由于这些巨龟个大

▲ 乌龟大师跟现实中的加拉帕戈斯象龟一样，有着明显的马鞍桥状龟壳

肉多、行动缓慢、容易抓捕，而且经年累月不吃不喝也能存活，它们被远航的水手当成了活体鲜肉罐头，船只过岛时都会带上大量象龟作为肉食储备。在达尔文的时代，加拉帕戈斯群岛上有数十万只象龟，到 20 世纪 70 年代只剩下 3000 多只。达尔文观察过的 15 个"不同款"象

龟亚种如今已经灭绝了三分之一，其中一个岛上的亚种在他到访仅仅 15 年之后就被猎杀殆尽。

幸运的是，加拉帕戈斯象龟的漫长生涯并非只有悲剧相随。人们已经开始保护这些珍贵的巨龟，采取各种措施恢复它们的种群数量，而它们自己也很争气：一只名叫迭戈的雄性胡德岛象龟在 20 世纪 40 年代住进了美国圣地亚哥动物园，1976 年，它的同类只剩下 15 只。英雄迭戈随即身体力行，奋勇投身于种族复兴的工作之中。到 2020 年迭戈退休时，它已经有了 900 多个子孙。如今，有 2000 多只胡德岛象龟重回野外，总共只有 3 只雄性参与了这一史诗般的繁育项目，而迭戈凭借一己之力繁衍了整个族群的近一半人口。2020 年 6 月，儿孙满堂的迭戈自己也回到了野外。考虑到半个家族都要叫它一声老祖宗，迭戈在岛上受到的敬重想必不亚于武林中人人敬仰的乌龟大师吧！

平先生和小善是亲戚

阿宝的养父平先生是一只成天跟铁锅打交道的大鹅，翡翠宫信使小善是一只鸿雁。这两位长得有些相似，若论起家族渊源，平先生和小善还真沾亲带故，祖上原是一家人。

相传苏武牧羊之时，曾将书信绑在鸿雁腿上带回故国，鸿雁传书的说法由此而来。现实中的鸿雁虽然不当邮递员，却比邮政还守时间。它们每年南归越冬、秋季北上，年年往返于两个故乡之间，准时启程准时抵达，连中途"打尖"的地点都很少换。鸿雁不但守时，对配偶也非常忠贞，它们的婚姻往往从一而终，终生不换配偶。古人认为这种鸟忠实守信，是美德的化身，鸿雁也因此成了最早被人类驯化的鸟类之一。

在遥远的西方，家鹅由灰雁驯化而来；而在古老的东方，家鹅的祖先正是鸿雁。中国驯化鸿雁有 3000 多年的历史，除了用来吃肉，许多地方也养鹅来看家。大鹅们领地意识极强，脾气暴躁、武力值高，是看门护院的上佳鸟选。苦寒之地的苏武曾极目远眺的渺渺飞鸿，早已在寻常百姓家守护着平民的孩子，就像平先生守护着阿宝一样。

人人爱的熊猫阿宝，才没有自己把自己作到濒危

　　总算要说到我们的大侠阿宝啦。熊猫可能是全世界最知名的动物之一，很少有人不知道这位国际巨星的长相，要把熊猫的形象画错可相当不易。不过，《功夫熊猫》的马大哈剧组还是搞错了那么一点：当阿宝背过身去时，可以看到他有一团萌萌的黑色小尾巴；而现实中熊猫的尾巴，尽管经常因为不洗澡（或想洗但够不着）而染成屎黄色，它的本色还是白色的。

　　除了白尾巴错画成黑尾巴，剧组对熊猫的描述倒是大致符合一般人的印象：

　　胖——1 个阿宝大约是 30 个师父那么重，跟悍娇虎差不多；

▲ 熊猫的尾巴应该是白色才对

　　贪嘴——大熊猫每天要花十几个小时吃下 12—40 公斤的竹子（并要上 40 次左右的"大号"，制造出大量"青团"粪便）；

　　懒——由于食物所含热量不高，大熊猫需要节省能量，能不动就不动；

　　以及最著名的：稀少——熊猫是珍稀动物的代名词，以至于媒体常常动用"水中大熊猫""鸟中大熊猫""植物大熊猫"来形容其他的稀有物种。在《功夫熊猫》前两部之中，阿宝也是整个中原唯一的大熊猫，直到第三部来

到雪山之间的熊猫村，才找到了一大群同类。

那么，大熊猫究竟为什么这么少呢？

很多人以为，熊猫成为濒危动物完全就是自己不行：又笨又懒，毫无自卫能力，只吃竹子，食性单一，外加严重的"性冷淡"，不爱繁殖，要不是人类看它们可爱强行拯救，可能早就灭绝了。

在此我要认真严肃地为阿宝正名，这些理由可没有一条站得住脚。首先，作为食肉目熊科的一员，大熊猫跟其他的熊一样拥有猛兽的基因，战斗力和运动能力并不像动画片里那么糟糕。它们登山爬树样样都行，山地行动比我们这些弱鸡两脚兽敏捷得多，一巴掌能拍死竹鼠，一口啃竹竿的大牙咬合力也很不错，在熊家族中仅次于体格庞大的北极熊和棕熊。野生熊猫能抓竹鼠打牙祭，食物匮乏时甚至会下山捕食牧民的羊，动物园里也发生过蓝孔雀误入熊猫场地、被大熊猫一把扑住咬死的倒霉故事。事实上，成年大熊猫几乎没有什么天敌。在野外，绝大部分身体健康的大熊猫都是阿宝级别的高手，虽然不会功夫，但凭着身大力沉、进有熊掌、退可爬树，很少有动物会去主动招惹它们。

只吃竹子这一食性虽然独特，却不是"熊口"稀少的原因。比起打猎吃肉，素食显然更容易获取，数量也更充足，因此同样一片地能养活的食草动物总比食肉动物多。而选择吃竹子这种别人都不吃的食物，意味着与其他动物的竞争减到最低，不用去跟同样食性的物种争抢生态位。自然界中有三十多种竹子都是大熊猫的美食，尽管大熊猫饭量不小，繁茂的竹林也足以养育它们。即使在 20 世纪 80 年代"竹子开花"期间，也只有两三成的竹子开了花，余下的仍然足够大熊猫们饱餐。选择吃竹子的大熊猫对自己的整个身体做出了优化：为了更高效、更省力地抓握竹竿，大熊猫长出了跟师父小熊猫一样的"六指"；为了开开心心地啃竹子，它们丢失了能感受鲜味的基因，尝不到肉香，因此并不会觉得竹子不如肉好吃；它们甚至"改造"了自己的肠道，肠道内微生物的构成也发生了变化，以更好地消化竹子里的纤维。

至于我们人类操碎心的下崽问题，大熊猫表示，说起这个就气不打一处来：圈养的熊猫住的地方小、身体素质差、对象靠包办，个别连"熊事"都不懂，生孩子当然不给力。野外的大熊猫恋爱方式相当自由奔放，每年要搞"比武招亲"。熊猫姑娘会到处留下自己的气味"情书"，然后爬到树上等待意中熊。循味而来的熊猫小伙儿不光要彼此竞争，最后的胜者还得打赢熊猫姑娘才能入洞房——倘若熊猫姑娘对"相亲对象"不满意，可能会大吼大叫把对方赶走，或是冷眼以对。每个繁殖季，雄性都可以当好几次新郎官，而雌性也会有好几个情人。信奉自由恋爱的它们当然不乐意接受人工安排的"包办婚姻"，更产生不了爱情的结晶。已有研究证明，比起相互不来电的大熊猫，坠入爱河的熊猫夫妻可以生育更多的"小滚滚"。

大熊猫约两年生一胎，这个生育率并不算低，跟熊家其他的成员差不多，而它们的幼崽成活率更是高达 70%—90%。熊猫妈妈对体重只有自己900 分之一的小崽子呵护备至，通常一直带到孩子两岁才会分开。研究显示，大熊猫妈妈一生之中能够成功养大的幼崽数量，并不比棕熊、黑熊和其他的熊家亲戚少多少。虽不像耗子兔子那般一生一窝，它们的繁殖力也足以传宗接代，并无断子绝孙之虞。人工环境下的熊猫繁育近年来也取得了很大进展，每年都有不少"小团子"出生。《功夫熊猫》第三部里面有三只可爱的熊猫宝宝"萌萌""帅帅"和"酷酷"，原型正是 2014 年在广州出生的熊猫三胞胎"萌帅酷"组合。

大熊猫已经在这个地球上生活了 800 万年，远比智人长得多。我们以为的"笨""懒""食性单一""环境适应力低下"，其实都是漫长演化旅程中，所经历的每一个困境的最优解。它们有可能至今仍在演化，调整自身，以适应最近几千年的气候变化带来的影响。阿宝们之所以数量稀少，并不是生存能力或繁殖能力的问题，而是因为它们失去了自己的家园。

"栖息地缩小和碎片化"几乎是所有濒危物种共同面临的艰难处境，

也是大熊猫一度挣扎在灭绝边缘的根本原因。在数万年前的更新世，大熊猫的分布地极为广阔，北至北京周口店，南至缅甸和越南。数千年前，随着人口增加，大片森林变为农田，大熊猫的分布面积不断减小、海拔不断升高，同时彼此分割破碎，成为孤岛。在这样的趋势之下，大熊猫不得不迁往狭小、寒冷而陌生的新家，同时彼此间的距离也越拉越远，"相亲"越来越难。《功夫熊猫》中的熊猫村坐落在隐秘而险峻的雪山高原，现存的野生大熊猫也的确住在凉爽的高海拔地区，但其实它们曾经与人类共同分享温暖的平原，如今稀有的种群也曾经一度像人丁兴旺的熊猫村那样繁盛。如今，我们尽最大努力去保护大熊猫，并不是因为这些笨笨的团子们自己过不了日子、必须由我们伸出"上帝之手"来拯救，而是我们人类曾为了发展自己的文明，不可避免地占据了大熊猫的生存空间，现在我们有能力弥补当年造成的影响，理当努力将原本的家园和"熊生"重新归还给它们。

这份努力已经得到了相当的收获：基于野生熊猫数量稳定增长，2016年，全世界野生动物濒危程度的权威评估方——世界自然保护联盟，在IUCN 红色名录中将大熊猫的评级下调，从"濒危"调整为"易危"。2022年，在本书写作时，中国已有 1864 只野生大熊猫，另有 600 多只生活在全球 21 个国家和地区的精装修熊猫馆里。这个数量对于一个物种而言仍然太少，好在受到人类精心保护的大熊猫，暂时不需要担心灭绝的风险。

这 1864 只野生大熊猫生活在川陕甘三省的 6 个山系，零零散散的栖息地加在一起，面积大致相当于 1.6 个北京。在这 1.6 个北京的范围之内，生活着 8000 多种动植物，涵盖中国 70% 的特有哺乳动物和 70% 的特有鸟类。换句话说，还有许多中国独有的"国宝"生活在大熊猫的荫庇之下，保护大熊猫、保护大熊猫的栖息地，也就在一定程度上保护了它们。这 1000 多只不会功夫的野生"阿宝"并不知道，对这些动物居民来说，它们就是神龙大侠。

漫威动物宇宙：
从太空小浣熊到高科技黑豹

2008 年，第一部《钢铁侠》揭开了漫威电影宇宙的宏大序幕。2019 年，《复仇者联盟：终极之战》为它写上了华丽终章。这是充满热血传说与英雄梦想的 11 年，漫威为全球无数影迷打开了一个全新的世界。这里有炫酷的铁人机甲和蜘蛛战衣，有阿斯加德的彩虹桥和喵喵锤，有回荡着 20 世纪 70 年代金曲的星际飞船，有瓦坎达的超级黑科技和大猫紧身衣……当然，还有动物们。各种各样的奇妙动物就像这个宇宙里的隐藏彩蛋，精彩之处不逊于唱主角的超级英雄。别忘了，动物时刻跟我们分享着一切——无论是大银幕，还是整个地球。

现实版"黑寡妇"：心狠手辣的蛇蝎美人

斯嘉丽·约翰逊在漫威宇宙中的初次登场，是 2010 年的《钢铁侠2》。穿白衬衫的斯嘉丽一走进来就夺走了所有人的眼球，这个风情万种的性感美人不但一颦一笑都完美无瑕，而且武艺高强身手了得，在拳台上干脆利落地撂倒了大块头哈皮，让阅女无数的花花公子托尼都眼前一亮，不顾小辣椒酸溜溜的眼神，当场表示"我要这个"。想必这也是无数宅男的终极梦想——又酷又飒的大美人谁不爱？那一刻，我们还不知道她是全世界最危险的间谍，"黑寡妇"娜塔莎·罗曼诺夫。

历史上"黑寡妇"是一个很不吉利的外号，曾经属于十来个女性，每个人都犯下了令人发指的谋杀罪行，其中不少人杀害的是自己的丈夫或前夫。在动物世界，这个令人闻风丧胆的名号被赋予了有着八条腿的"蛇蝎美人"：蜘蛛目球腹蛛科寇蛛属的几种毒蜘蛛都被叫作"黑寡妇蛛"（black widow spider）。这几种蜘蛛都具备极强的毒性，尤其是雌性黑寡妇蛛，她们拥有比雄性更大的毒腺，也只有雌性的毒素足以对人体产生威胁。仗着这一强大武器，黑寡妇蛛们平时完全不愁吃穿，只要织起网来坐等美餐上门就行了。一旦倒霉的小虫子误入天罗地网，黑寡妇蛛就会上前注射毒液，然后像《指环王》里吓人的大蜘蛛希洛布一样，吐丝把猎物卷成一个寿司手卷，再吐出一种消化液使虫子化成可以吸的"虫子汤"，慢慢品尝。

如此猛烈的毒性常常让人谈之色变，其实对黑寡妇蛛来说，宝贵的毒素是"恰饭"利器，才不会轻易浪费在人类身上。它们通常不主动咬人，除非被压到或捏伤才会咬人自卫。在美国，每年有2000多人被黑寡妇蛛咬伤，但大部分都只是造成了小创口，没有注射毒液。即使一只愤怒的黑寡妇蛛对人动用了毒液，通常也不会危及性命，最多就是把你变成蜘蛛侠而已——根据漫威宇宙设定，咬了彼得·帕克的就是一只经过辐射变异的黑寡妇蛛。

"黑寡妇蛛"这个不好听的名字，不止因为雌性身带奇毒，更源于她们残暴的习性：交配完成后，雌性往往会当场吃掉刚刚还跟自己柔情蜜意的配偶。这种惨绝蛛寰的谋杀行为倒也事出有因：实验证明，比起不吃丈夫的雌蛛，那些吃掉丈夫的雌性黑寡妇蛛能产下更大的卵囊和更重的卵；在实验室模拟的越冬条件下，她们的后代存活时间也更长。大概在雌蜘蛛们看来，反正老公们也不会帮着带娃，不如当成珍贵的蛋白质吃下去，供给孩子们长身体来得实惠。

不过，也并不是所有雌性黑寡妇蛛都有这么另类的饮食习惯。一些种类的雌性很少吃掉老公，同时，雄性黑寡妇蛛也不总会乖乖献身爬上老婆的餐桌。许多雄性在求偶之前，会先通过感知蛛网中的化学物质来判断意中人此刻有没有吃饱。倘若面前的蛛美人恰好空着肚子，雄蛛宁可放弃春风一度，另选一只刚吃过饭的雌性当作佳偶。毕竟洞房花烛虽好，还是留着小命更为重要。

小蜘蛛的超能力：改造升级更好用

前面我们说到，"小蜘蛛"彼得·帕克是被一只黑寡妇蜘蛛咬了一口，才成为蜘蛛侠的。这只经过辐射的变异蜘蛛不但给了蜘蛛侠炫酷的超能力，还贴心地避免了作为一只蜘蛛可能有的尴尬：电影中蜘蛛侠的蛛丝发射器在手腕上，对人类来说自然是方便又好用；若是非要讲求科学严谨，小蜘蛛可能不得不一次次当着 MJ 的面脱下裤子——现实中绝大多数蜘蛛可都是用屁股来吐丝的。

不管打哪儿出来，蜘蛛丝都是一件非常好用的利器。电影中蜘蛛侠的丝不但能支撑自己的体重，在摩天大楼之间飞来荡去，还能拉住一艘断成两半的渡轮。现实中蜘蛛吐出的纤维的确非常结实，抗拉强度堪比高级合金钢，而密度仅为钢的六分之一，远比钢材轻盈得多。一根细细的蛛丝，强度和延展性都是同等重量钢丝的好几倍。蜘蛛界材料大师达尔文树皮蛛（Darwin's bark spider）制造的蛛丝是已知韧性最佳的材料之一，达尔文树皮蛛能用自己的蛛丝织出宽达 25 米的超级蛛网，横跨一条河都不会断。

自然界中所有的蜘蛛都会吐丝，并能通过不同的腺体生产不同类型的丝，有的用于结构支撑，有的用于振动传感，有的像胶水一样黏，专门用来黏住猎物。对每一种蜘蛛来说，蛛丝都是生活中片刻离不开的重要物品，不仅用来编织蛛网，也可以织成舒服的丝巢给宝宝当摇篮，或是做成一顿美餐的外包装，把捉到的昆虫漂漂亮亮地包起来当礼物送给妹子。一些蜘蛛会像甩套索一样抛出黏性的蛛丝来狩猎，许多物种也会跟蜘蛛侠一样借助蛛丝施展"轻功"飞来飞去，将蛛丝当作登山索和安全绳。个子小的蜘蛛会吐出蛛丝作为降落伞，只消一阵风起，挂在蛛丝上的小蜘蛛们就飞上了天空，一丝在手就能浪迹天涯。蛛丝还是许多蜘蛛彼此交流、传情达意的方式，它们会在蛛丝上附带信息素，吸引异性寻味而来。

除了坚韧的蛛丝，蜘蛛侠还有另一项特异功能：蜘蛛感应，这种近似第六感的奇异超感，能极其敏锐地感知到周围环境中潜藏的危机。这种能力帮助小蜘蛛躲过了冬兵的拳头、猎鹰的无人机和神秘客的幻象攻击，甚至能远程感知灭霸军团登陆地球，身在另一个星球远程预感到灭霸的响指。蜘蛛感应好几次于危急关头挽救了彼得·帕克，而现实中的蜘蛛们也要靠这项天赋来保命。尽管毛乎乎的大蜘蛛总让人心生惧意，这些瘆人的绒毛可正是蜘蛛的救命法宝。这些绒毛实际上是布满全身的感觉器官，相当于蜘蛛感应的"天线"。每根绒毛都由独立的神经末梢支配，使得蜘蛛们的感官极为灵敏，个个都有千里眼、顺风耳般的神通。同时，蜘蛛也非常擅长用"身外之物"——蛛网来增强这种感应。蛛网好比它们布在周围、延长扩大的神经网络，在网中运筹帷幄的蜘蛛就是神经中枢，时刻敏锐地监测着来自外界的信号。坐镇网中的蜘蛛能感觉到蛛网上任何一点微小的振动，并且准确地判断出这点动静代表着猎物还是天敌。

堪比超级英雄的小蚂蚁

"蚁人"扮演者保罗·路德分享过一件趣事：他得到这个角色后，超级兴奋地回家告诉自己 9 岁的儿子：你爸要去演蚁人了哦，超酷的！结果儿子很不给面子地回答：哇哦，我真等不及要看看那有多蠢了。

电影里的"蚁人"斯科特·朗确实有点蠢萌，当然关键时刻也很管用，在《复仇者联盟：终局之战》中，复联老队员正是在他的帮助下才拿回了六颗无限宝石。在现实中，小蚂蚁也有着大本领：可别小看了这些看似微不足道的小昆虫，它们的力量和速度都十分惊人，堪比昆虫界的超级英雄。蚂蚁能举起相当于自身50倍的重量，是动物界名列前茅的大力士。保罗·路德本人的体重是78公斤，假如他有蚂蚁的力气，他就能徒手举起3.9吨的重物，相当于一人之力扛起两头河马！此外，蚂蚁还是动物界的飞毛腿，它们的时速能达到300米每小时，虽然看起来没多快，但考虑到它们的超小体形，这个速度相当于每分钟跑完自己体长的800倍。1.78米的保罗·路德要想在缩小的世界中追上蚂蚁，每分钟就得跑1.4公里。要知道"地球上最快的人类"博尔特的顶级短跑速度，换算过来也不过就是每分钟600多米而已。

不过，这并不意味着把小蚂蚁放大到人类体形就无敌了。倘若蚂蚁按照原样等比放大，它的体重所增加的幅度将远远超过体积增大的倍数，导致六条细腿完全撑不住身体。这样一来，要么把腿变粗，要么就得多长一些腿才够用。此外蚂蚁的呼吸器官效率也不够高，即使等比例放大，也没法给一个巨型身体供氧。电影里斯科特女儿凯茜收养了一只变大的蚂蚁作为宠物，理论上说，这只蚂蚁根本没法活蹦乱跳地到处乱爬——除非它的身体结构、呼吸系统、外骨骼形态全部重塑才行，但是这样一来，它也就不可能再长成蚂蚁的样子了。

虽然巨型蚂蚁违背科学规律，但剧中其他的蚂蚁角色倒是都没怎么离谱。国外粉丝数出《蚁人》中至少出现了四种不同的蚂蚁：能"导电"的狂蚁、会飞的木匠蚁"安东尼"、搭筏子的火蚁和咬人最疼的子弹蚁。出于剧情需要，这些蚂蚁都比现实中要温和友善许多，减弱了它们的攻击性，但它们各自的特性都有相当的科学依据作为支撑。比如狂蚁确实非常敏捷好动、一刻不停；木匠蚁的确拥有不错的飞行能力，还能飞到树上搭窝；生活在亚马逊的火蚁会集体结成"蚁筏"漂过水面，躲过泛滥的洪水；而巴西一些土著会将子弹蚁作为男孩子的成年礼，小伙子们必须忍耐子弹蚁叮咬的剧痛，才能被承认为真正的男人。值得一提的是，《蚁人》中大部分的蚂蚁都被称为男性的"他"，不过我们知道，绝大部分工蚁都是雌性，雄性蚂蚁几乎只是交配机器。

美国队长的"抗冻神功"是跟谁学的呢？

《美国队长1》的结尾，在冰海之中泡了70年的美队再次睁开了眼睛，而且苏醒没几分钟就翻身下了床，不缺胳膊不少腿，大脑也没有冻坏，整个人依然跟刚出厂一样好使又能打。我们有理由怀疑，厄斯金博士给美队注射的血清肯定不光可以长肌肉，还顺便创造了"肉体防冻"功能。那么，是谁提供了这么厉害的生物防冻技术呢？

在自然界中，温血动物想要不怕冷，要么像生活在极地冰海中的海豹、白鲸那样长出厚厚的脂肪层，要么学习北极熊、雪豹穿上一身厚重的毛皮大衣。身材健美的美队显然体脂率不怎么高，还喜欢动不动就脱上衣秀肌肉。既不肯牺牲身材，又不愿意多穿一点，哺乳类的物理抗冻肯定是学不来了，只能靠化学防冻来试一把。

美队抗冻技能的一号贡献者可能是生活在北美的林蛙（wood frog），这种其貌不扬的棕色小蛙身怀一项绝技：冰鲜复活。当温度下降到零下十几度，林蛙能把自己冷冻起来，变成活体冰鲜蛙，长达几个月不吃不喝也不会死，温度上升时又恢复成活蹦乱跳的一条好汉。林蛙抗冻的秘诀是一种糖类物质，在低温状态下，林蛙通过肝脏分泌出糖类，将自己体内的细胞包裹起来，最大程度地减少细胞脱水来保证存活。靠同样秘诀度过严冬的还有北美红扁甲（red flat bark beetle），这种甲虫同样能分泌抗冻蛋白和糖类，让自己扛过低至零下 58 摄氏度的超级严寒。事实上，许多昆虫都有这项"自带防冻剂"的绝活，甚至还能让身体部分冻起来，只用防冻蛋白来保护最重要的部位，待到春暖花开平安解冻，照样是一条活蹦乱跳的好汉虫。

考虑到美队的储存条件比较特殊——在冰水里泡着，陆地动物使用的技能恐怕不太够使，还得向水生动物取取经。以大洋鳕为代表的一些寒带海水鱼也能分泌相应的抗冻蛋白，将自己体液的冰点降低，哪怕海水降到零度以下，自己体内的血液也不会冻结。

要论生物界的抗冻冠军，还要数蚁人和黄蜂女在量子世界遇到的水熊虫（water bear）。水熊虫是缓步动物门上千个物种的统称，是一类分布广泛、体形微小的动物，最大也不超过 1 毫米，最小的体长还不到 0.1 毫米，需要借助显微镜才能看清。这些长着八条腿的超迷你"小熊"被誉为"地表最强生物"，在绝对零度（约为零下 273.15 摄氏度）照样能够存活，而"抗冻"还仅仅是它们众多技能点中的一个。几乎在地球所有环境中都能找到水熊虫，从赤道到极地、高山到海底、沸腾的温泉到冻实的冰层，甚至火山口旁边都有这些小家伙短短胖胖的身影。这些小生命能扛住 150 摄氏度的高温、4000 米以下的深海、稀薄的空气和长期的饥饿，研究人员在实验室里用强酸、脱水、高压、真空等手段百般折腾，统统都奈何它们不得。2007 年还有一批水熊虫被送上了太空，直接暴露在足以致人死命的高辐射之中，仍有几只坚强地挺了过来。科学家推测，哪怕发生了小行星撞地球这样的灭世天劫，水熊虫也能活下去，大概率会成为这个被毁灭的星球上最后的顽强生命。

这种抗造超能力在生物学上有一个专有名字，叫作"隐生"，即在极端环境条件下大幅降低新陈代谢，进入休眠状态，熬过这一阵再复苏。水熊虫具备缺水、低温、高盐、缺氧环境下的各种隐生能力，在隐生状态下，它们的新陈代谢降低到平时的 0.01%，体内水分含量降到 1%，不吃不喝也能存活 30 多年。除此之外，生活在水中的部分水熊虫还能以胞囊的形态度过困难时期，当环境不理想时，它们会将自身的体积缩小到原来的一半甚至五分之一，降低新陈代谢，甚至分解部分器官，把自己包裹在重重叠叠的角质层外壳之中，默默"闭关"一年之久。当环境条件恢复，它们能在几个小时的时间内破壳而出，宛若新生般重回这个美好世界。如此强大的生存手段，不但美队要甘拜下风，纵观整个漫威宇宙，大概只有最"非人类"的惊奇队长能跟这些微小的生命相比了。

水中"九头蛇"：不但能再生，没准还能永生

《美国队长 1》中邪恶组织"九头蛇"（Hydra）的名字，取自一段著名的希腊神话：宙斯之子、英雄赫拉克勒斯需要完成十二项艰巨的试炼，其中一项就是杀死可怕的九头蛇。这只怪兽每被砍掉一个脑袋，就会在脖子上又长出两个，每个脑袋都喷吐着火焰和剧毒的气息。漫威宇宙中的九头蛇组织就以此命名，美队干掉的反派杀手临死前说，自己只是九头蛇无数成员中的一个，砍下一个头，就会有更多头冒出来。要不是出自反派喽啰之口，单看这话还真挺豪迈的，颇有那么点"野火烧不尽，春风吹又生"的豪情壮志。

在自然界中，有一类微小的动物与传说中的怪兽共用九头蛇之名。英语中的"hydra"一词意为"水螅"，这些水生小动物属于刺胞动物门，是水母、珊瑚、海葵的亲戚，也是最古老、最原始的多细胞动物之一。水螅通常非常微小，只有几毫米大，而且通体透明，在水中很难发现，远没有别的刺胞动物那么绚丽多彩。显微镜下的水螅看上去就像一只超迷你海葵，只是茎部比海葵细长，触手也特别稀疏，最多只有 12 条。跟其他刺胞动物一样，水螅也使用这些触手捕食，触手中的刺丝胞含有毒素，能

使水蚤等微生物在 30 秒内瘫痪，只用 10 分钟就能将猎物整个吞进自己体内。

九头蛇的名字当然不是白叫的，水螅具有强大的再生功能，如果把水螅切成两半，有触手的上半部会长出茎，下半部长出触手，变成两只水螅。要是多切几份，中间的切片甚至能同时长出"头"和"脚"。这种非常原始的生物结构很简单，没有大脑、眼睛或肌肉，因此切掉重长也不算太难。别说长出身体零件，水螅连繁衍后代都是直接从自己身上"长"出来的，它们从体壁长出一个芽，成熟时自动脱落，就是一只新的水螅了。

比再生更厉害的是"永生"，水螅这种生物似乎永远不会老。衰老是一个首先发生在细胞层面的过程，在生物的染色体末端有一个片段，名叫端粒，它控制着细胞分裂的周期。端粒是一个"日抛型"的消耗品，一旦耗尽，细胞就会启动凋亡机制，开始滑向衰老和死亡的深渊。科研发现，水螅的细胞能够持续分裂，无限自我更新，端粒始终维持原有的长度不变短。因此只要没有外力导致死亡，理论上说，它们就能青春长驻，永生不死。这种堪比死侍的超能力已经引起了科学界的注意，但至今仍然没有解开水螅保持无损端粒的秘诀。想要用水螅的基因把人类变成死侍，还有很长的路要走。

猎鹰与鹰眼：不是所有猛禽都叫鹰

复仇者联盟中的两位英雄，"鹰眼"克林特·巴顿和"猎鹰"山姆·威尔逊，都跟帅气的猛禽颇有缘分。在原版漫画中，"鹰眼"曾接受了双眼改造，获得了超越常人的敏锐视力，也因此成了世界第一狙击手。原版"猎鹰"则懂得"鸟语"，能跟鸟类沟通，还有一只训练有素的贴身宠物"红翼"。不过，这两位之中只有一人是真正的"鹰"。

汉语中对猛禽的命名多少有点偷懒，大部分都叫"某某鹰"。毕竟汉族作为农耕民族，对翱翔在草原与高山的天空霸主没有游牧民族了解得多。这就导致了不少人看见飞得高、体形大的鸟，一律认成"老鹰"。严格意义上说，英语中的"eagle"在大多数情况下并不是"鹰"，而应该翻译成"雕"，通常体形更大，翼展也更宽。

按照个头从大到小，猛禽分为好几个家族：鹫（condor/vulture），雕（eagle），鵟（buzzard），鹞（harrier），鸢（kite），鹰（hawk，通常指的是鹰科的中小型鸟类），隼（falcon），此外猫头鹰家族——鸮科（owl）也属于猛禽之列。当然这个排序只是大致的，并不特别严谨。全球最大的猛禽是安第斯神鹰（Andean condor），体重最大能有 15 公斤，翼展可达 3 米，展翅飞翔时当真是遮天蔽日，非常威猛。而最小的猛禽被认为是隼家的小弟弟：白腿小隼（pied falconet），这种袖珍小可爱身长不过十几厘米，体重还不到两个鸡蛋的分量，比麻雀大不了多少。虽然长得迷你，毕竟还是猛禽家族的一员，白腿小隼的飞行速度很快，捕猎本领也十分高强，能抓到跟自己差不多大，甚至稍微大一点的猎物。

这样看来，复联的两位"鸟人"还属于猛禽家的小个头。"猎鹰"（Falcon）实际上应该叫"猎隼"，同时电影版的金属翅膀形状也有点不太对：隼类有着细长的锥形翅膀，不但飞行速度快，而且转弯变向十分敏捷。全世界飞行最快的鸟类就是隼家的游隼（Peregrine falcon）①，它们的瞬间冲刺时速最高达到 390 公里每小时，比京沪高铁"复兴号"的运行速度还要快，被誉为"地球上最快的生物"。

而"鹰眼"（Hawkeye）就确确实实是"鹰"之眼了。事实上，所有

---

① 2016 年奇幻片《佩小姐的奇幻城堡》里伊娃·格林的化身就是一只游隼，"佩小姐"的名字"佩里格林"（Peregrine）也是来自这种快如闪电的小猛禽。悬疑作品《人骨拼图》中，瘫痪在床的神探莱姆也经常凝视着自己窗外筑巢的一对游隼，默默羡慕着它们无与伦比的速度与自由。

的猛禽都拥有超级视觉，它们视网膜的感光器密度是人类的好几倍。克林特需要动手术改造得来的锐利双眼，猛禽们天生就有。这些目光犀利的空中猎手经常翱翔在数千米的高空之中，依靠锐利的眼神发现地面上的兔子和小鼠。它们不单擅长发现运动目标，还比我们更能分辨色彩：人类的视觉是三色视觉，我们眼睛里只有三种视锥细胞，对应红绿蓝三原色；而包括猛禽在内的大多数鸟类有四种视锥细胞，它们的世界由"四原色"组成，不仅能比我们看到更多的颜色，甚至还能看到紫外光。

火箭浣熊：聪明狡猾的巧手神偷

火箭浣熊在《银河护卫队 1》里声明，自己最讨厌被人叫"啮齿类"（rodent）了。殊不知到了《银河护卫队 2》，比这还糟糕的外号一个接一个：垃圾熊猫（trash panda）、三角脸猴子（triangle-faced monkey）、呆狗（dumb puppy）、蠢狐狸（stupid fox）、仓鼠（hamster）、小耗子（little rat）、毛毛脸（fur-face）……等到"锤哥"托尔跟火箭浣熊打上照面，上来就叫它"兔子"，看来阿斯加德的兔子都长着一副浣熊脸。幸好火箭没到过中国，否则全国人民异口同声称呼他的名字只有一个：干脆面！

作为一只基因改造出来的高级生物，火箭自己压根不知道"浣熊"是个啥，直到 2023 年的《银河护卫队 3》，回到出生地的火箭才终于接纳了自己的真实身份。在《银河护卫队 1》拍摄现场，摄制组真的找了一只浣熊来"扮演"火箭，取名"奥利奥"。"奥利奥"不必亲自出镜，只需要让动画师观察动作，好准确捕捉浣熊的动态和行为来制作 CG。为了对这位"模特"的工作表示感谢，导演詹姆斯·冈恩还特意带着"奥利奥"出席了《银河护卫队 1》的首映礼。

眼圈两块黑是浣熊最具辨识度的特征，这副萌萌的"小偷眼罩"让浣熊看起来总在琢磨着什么坏事。电影中的火箭浣熊算是一位神偷，拥有 22 次成功越狱的辉煌历史，还凭借一双巧手成了银河护卫队的首席工程师，摆弄起各种电动工具都分外得心应手，尤其对机械假肢有一份独特的执念。而现实中的浣熊绝对堪称动物界的"盗圣"，翻垃圾桶、洗劫狗粮盆、从厨房里偷东西吃都是它们的拿手好戏，"垃圾熊猫"这个名号果然事出有因。在它们生活的北美洲，许多人都为"浣熊入室盗窃"头疼不已，大城市居民也随时可能邂逅这些机灵的小窃贼。

"手巧"是好莱坞浣熊角色们的固定技能。有一部老动画《篱笆墙外》，里面的主角浣熊 RJ 就是仗着一双巧手偷遍全村，还野心勃勃地带着一批小伙伴潜入了人类住宅。在漫威电影中，火箭浣熊的爪子更是比人手还要好用，无论是撬门开锁还是装机关枪修飞船都不在话下。现实中浣熊的前爪长有五根细长的"手指"，不但动作灵巧，而且触觉极其敏感。这双巧爪覆盖着一层薄薄的角质层，湿润时就会变得十分柔韧，因此浣熊总是喜欢把手上的东西泡在水里洗洗涮涮，倒不一定是讲卫生，主要是让前爪沾上水，进一步提升触觉敏感度，好更准确地判断手里拿的是什么食物、该怎么吃。不过，浣熊的拇指不能像人手一样对握，这一点比不上灵长类动物，也不及撞脸对象小熊猫。

浣熊不但爪子灵活，脑子也相当好使。研究证明浣熊像火箭一样会开锁，一项早在 1908 年进行的实验中，受试浣熊能打开 13 个复杂锁中的 11 个，而且每个锁只需要不到 10 次尝试就能打开，把锁倒过来或者重新排列也照开不误，堪称动物界的越狱大师。另有研究发现，当浣熊学会如何解决一项任务，至少 3 年后都还记得解决方法。不过，高智商的浣熊也有聪明人的坏毛病：爱偷懒。比起辛辛苦苦捕食，它们更喜欢投机取巧，专捡没有还手之力的鸟蛋、动物幼崽下手。在一些濒危动物保护区，人们不得不把浣熊从当地请出去，免得一个没注意，珍贵的龟蛋和幼鸟就被这批"神偷"给掏个干净。

野生豹的一身武功，黑豹国王再怎么也比不上

瓦坎达的黑豹国王特查拉其实不失为一位好国王，为人谦和，处事稳当，只可惜他执掌的这个国家有点"迷"：科技水平明明已经超越好几个时代，争个王位还要王储本人亲自上阵肉搏，把竞争对手一个个打服了才算数。好在大黑猫国王还是很能打的，对得起"黑豹"这个属于顶级捕食者的名头。

自然界中，黑化的花豹和黑化美洲豹都叫作"黑豹"（black panther）。对这两种大猫来说，黑化突变其实并不算特别稀少。大约有 10% 的豹和美洲豹拥有帅气的黑色皮毛，配上黄绿色的闪亮豹眼，平添了一份摄人心魄的危险魅力。不过这些黑化个体并不是纯黑的，细看还能看得到暗色的豹纹。

按理说，美洲豹比花豹更有主角范儿。作为仅次于狮虎的第三大猫，美洲豹体格更壮、咬合力更强，经常没事下水抓条鳄鱼来打打牙祭。可惜美洲豹生活在南美，按照设定，瓦坎达是非洲国家，因此黑豹国王也只能是一只黑化的非洲花豹了。电影中特查拉的黑豹战衣配有一双振金豹爪，无坚不摧，当者披靡；实际上，花豹最强大的武器并不是爪子，而是牙齿。在捕猎大型动物时，花豹通常会先贴地潜行，只需要 20 厘米高的草丛就足够这些潜伏大师隐蔽身形了。待到接近猎物四五米之内，花豹就会突然跃起，采用封喉战术，一口咬住猎物的喉管或是口鼻部将其窒息。花豹的咬合力虽然不及美洲亲戚那么惊人，也有着一副铁齿钢牙，再加上有力的下巴和颈部肌肉，将几十公斤的羚羊拖上树是家常便饭，有人记录到一头非洲花豹将一百多公斤的小长颈鹿叼上了树，这可比它自己的体重还要重了。要知道，花豹生活的非洲大草原强敌环伺，辛苦得来的猎物常有被狮子、鬣狗抢走的风险，不得不多费点力气，把食物藏在树上慢慢吃。花豹也因此练出了一身树上轻功，爬高下低相当利落，甚至能在树枝上睡

觉。只不过这些功夫，黑豹国王纵有振金加持，也是学不来的——毕竟是一国之君，上阵打仗也讲究个形象，若是迎敌时匍匐前进、打架时张嘴便咬、落下风一秒上树，未免太不雅啦。

花豹是分布最广的野生猫科动物，亚洲和非洲的草原、山林、沙漠甚至一些城市地区都有这些暗夜游侠的踪迹。它们适应性很强，食谱也相当广泛，仅在非洲就有多达 92 种动物被列入过花豹的菜单。遗憾的是，这些大猫强大的生存能力无法帮助它们躲过人类的猎杀。尽管受到多国法律保护，花豹仍是许多盗猎者的目标。这种美丽强健的生灵目前被列为易危物种，不仅数量持续减少，栖息地也在不断缩减。希望《黑豹》燃爆全球影院的同时，也能顺便唤起对野生豹的一点关注。

铠甲犀牛：黑科技王国的一大污点

特查拉国王十分值得表扬的一点是，尽管王室将黑豹尊为图腾，上阵都穿黑豹装，也没见国王本人真的抓一只黑豹当宠物来养。相比之下，瓦坎达军方的动物保护观念就有所不足了：他们居然训练了一批犀牛当战马骑。

从电影镜头判断，维卡必将军骑的是一头白犀牛（white rhino）。理论上说，"犀牛铁骑"的战斗力应该还不错，身大力沉外加皮厚，上战场完全就是活体坦克，而且奔跑速度也不慢，能达到 50 公里每小时，冲锋起来确实无人能挡。问题在于，白犀牛是全球最稀少的动物之一，其北方亚种目前只剩两头失去生育能力的雌性，已经注定了灭绝的命运；南方亚种虽然还有近两万头，也已经被列为近危级别，显然不能随便抓来充军。

影片里有一个细节，特查拉回到瓦坎达看到维卡必在喂犀牛，感叹了一声"它都长这么大了"，暗示这些"战犀"是从小喂养的。但雌犀牛都是相当英勇的母亲，会拼死保护自己的小牛犊，如果瓦坎达部队要从野外抓小犀牛回来养，恐怕有许多犀牛妈妈为此丧生。

那么，没准儿瓦坎达掌握了犀牛养殖与繁育技术，犀牛在瓦坎达王国已经被驯化，不需要再从野外抓了，行不行呢？

答案仍然是否定的。美国有一位著名演化生物学家贾雷德·戴蒙德，写过一本超厉害的作品《枪炮、病菌与钢铁》。在这本书里，戴蒙德教授列出了动物驯化的六道"门槛"，人类想驯化任何一种动物，都得从这些门槛上跨过才可能成功：

第一，食物太贵太费不行。假如养活一头动物所耗费的饲料比它最终能提供的肉还多，养着它就不划算了。所以没有任何一种大型食肉动物为了给人类充当食物而被驯化——原因很简单，不值当。

第二，生长速度太慢不行。倘若花几十年才能养到能食用／能劳作的程度，那还不如直接去野外抓成年的。这就是为什么大象至今也不能算是被驯化的动物，绝大部分为人类工作的亚洲象都来自野外，而非出生在人类圈养之中。

第三，光养活了不行，还得能繁殖。有些动物生性固执，不肯在自由被剥夺的情况下考虑男欢女爱，或是坚决不愿意接受包办婚姻，非要经过漫长复杂的约会仪式来给自己挑选另一半。猎豹就是出于这个原因，始终没得到驯化——圈养猎豹繁殖率极低而幼崽死亡率极高，无论中东土豪怎样牵着猎豹炫富，他们始终没能在圈养环境下得到足够多的猎豹幼崽，所养的猎豹绝大部分还是只能依靠野外捕捉。

第四，脾气不好不行。一些动物天生性情凶猛，无法跟人类长期和平共处。不仅食肉动物普遍脾气大，一言不合就要见血，灰熊、河马和非洲野牛也是出名的暴脾气。连斑马都有咬人的恶习，想拿斑马当马骑的人，基本在两排大黄板牙之下打消了这个念头。

第五，胆子太小不行。为什么大部分鹿和羚羊都没被驯化？因为它们但凡受到一点点惊吓，第一反应就是"快跑"，根本没办法安安稳稳的养在围栏里。设想有个非洲兄弟好不容易抓来一批瞪羚圈了起来，自家的猎狗不小心汪汪叫了一嗓子，瞪羚群立刻炸锅，当场在围墙上撞死一半，没有哪个农场主经得起这种折腾。

第六，不合群不行。几乎所有能被驯化的大型动物，都得接受跟同类群居，不能天天为了领地吵架打架，同时在群体内最好有等级制度，大家习惯听老大的，养起来比较好管理。一些天生独行侠的动物，就是不乐意跟自己的同类成天抬头不见低头见，也不会把主人当成族群的头领。倘若领地意识再强一点，同类踏进自己地盘一步立刻冲上去干架，那就更是没法处了。

这些门槛但凡有一道迈不过去，都基本可以视为不能驯化。事实上，在人类驯化动物的历史上，满足条件的大型食草类动物并没有多少——按照戴蒙德的理论，只有14种大型食草哺乳类合格，其中13种在欧亚大陆，1种生活在南美，而非洲本土根本连1种都没有。

这六条标准，犀牛起码中了一半：生长速度慢——白犀牛得长到将近十岁才算成年；脾气暴躁——野外的犀牛可是相当不好惹；最麻烦的是不合群——虽然白犀牛平时也是群居，但一到繁殖季节就会翻脸不认牛，雄性会为了抢姑娘大打出手。成年白犀牛跟"黑豹"扮演者、1.83米的查德威克·波兹曼差不多高，体重超过2吨，是仅次于非洲象和亚洲象的第三大陆地动物。如此巨兽若是打了起来，谁敢上去拉架？电影里那只白犀牛看上去倒是懂事又可爱，在光头女将军面前一个急刹车伸舌头舔脸的镜头戳中了不少人的萌点，可千万不要被这个恶意卖萌的镜头给蒙过去！白犀牛根本无法成为驯化动物，瓦坎达的"战犀"只能来自野捕，大规模野外捕捉珍稀动物用来参军打仗，这可不是什么好事情。黑豹国王拯救完了地球，该着手整顿一下自己国内的动物保护问题才是！

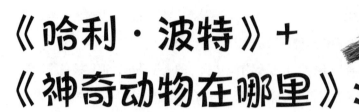

《哈利·波特》+
《神奇动物在哪里》：
细数在魔法世界串门的动物们

伦敦的夜色之中，一只猫头鹰站在写着"女贞路"的路牌上。沿着鸟儿飞去的方向，穿黑袍的老人从街角现身，银色的半月形眼镜微光一闪……

这是 2001 年第一部《哈利·波特》电影的第一个镜头。对很多影迷而言，这是梦开始的时刻。猫头鹰、邓布利多校长、以萌猫模样出场的麦格教授……他们开启了魔法世界的大门，这个光怪陆离、魅力非凡的世界，从这里对数以亿计的麻瓜敞开。

J.K. 罗琳在纸巾上写作的时候一定没有想到，若干年后全世界都有哈利·波特的粉丝——如今还多了纽特·斯卡曼德的粉丝。光是挥舞假想魔杖念叨几句"除你武器"，还不足以成为真正的魔法爱好者。你得对魔法世界里的神奇生物如数家珍，才算得上一名入门巫师。要知道，那个世界可不只属于人类。

J.K. 罗琳是一位不折不扣的想象力天才、神秘学大师，可能还是物种多样性的坚定支持者：她笔下的魔法生物种类繁多，无奇不有，让她的作品几乎成了怪奇生物小百科。粉丝网站"哈利·波特维基"一口气列出了近两百个物种，即使家养小精灵、吸血鬼、摄魂怪这些超自然族群不算在内，单是"神奇生物"（beasts）也超过 130 种。信息量如此庞大，霍格沃茨的生物课学分想必不是那么容易拿的。好在，你正在读的是一本麻瓜写的书——毒角兽、隐形兽、鹰头马身有翼兽什么的就让斯卡曼德老师去费心吧。这里我们只聊那些麻瓜有幸一见的动物，它们游走于魔法世界与现实世界之间，偶尔现身客串邮递员或守护神，而在大多数时候，它们有自己的事要忙。

魔法信使猫头鹰

　　跨越整整十年、收获亿万粉丝的 8 部《哈利·波特》系列电影，第一个出场的角色不是老邓，不是伏地魔，而是一只美洲雕鸮（great horned owl）——就是《哈利·波特与魔法石》开头站在路牌上的那一位。猫头鹰堪称全系列戏份最重的一批群众演员，主要工作是递送信件和包裹，外加卖萌。在原著和电影中出现了好几种不同的猫头鹰，韦斯莱家糊里糊涂的老厄罗尔是一只乌林鸮（great grey owl），罗恩的"小猪"是一只普通角鸮（scops owl），他哥哥珀西的那只则是西美角鸮（western screech owl），马尔福家和卢娜家用的都是帅气的雕鸮（eagle owl），隆巴顿家则是擅长用脸比心的仓鸮（barn owl）。而戏份最重、卖萌最多的海德薇，扮演者是一只，哦不，七只不同的雪鸮（snowy owl）。

　　在哈利·波特宇宙里，猫头鹰是魔法世界的信使，每到开学季，全球"哈迷"都做过猫头鹰带来霍格沃茨入学通知书的美梦。虽然承担着邮递员的重任，猫头鹰的飞行速度其实很慢，主要胜在高度隐蔽、悄无声息，非常适合递送秘密邮件。如果你有机会去一些夜间动物园参观，比如新加坡夜间动物园，就可能近距离见到猫头鹰飞行展示。这些大鸟飞过你身边时丝毫听不到半点动静，完全没有一般鸟类扑翅振翼的声音。无声飞行的秘诀在于它们特殊的羽毛结构：猫头鹰的羽毛比其他鸟类的羽毛更大，边缘有许多小锯齿，能减小空气流过时产生的涡流，从而实现完美降噪。此外，它们的飞羽上覆盖着一层天鹅绒状的结构，能吸收翅膀拍打时产生的声音，最大程度降低音频。

魔法世界的猫头鹰信使既不用随身携带地图，也不需要 GPS 定位，甚至连详细地址都用不着。想用它们送信，只要告诉它们收件人是谁就行了。现实中猫头鹰锁定目标，主要靠一双犀利的夜眼。它们在夜间的视力相当敏锐，视野范围也很宽广。猫头鹰的眼球不能转动，好在它们拥有一副足以让上班族羡慕不已的优质颈椎，头部能灵活转动 270 度之多，不用转身就看得见身后。另外，猫头鹰的听觉也很好，它们的耳朵是不对称的，声音抵达左右耳会有一个微小的时间差，通过这个时间差，它们就能精准定位声源的位置。生活在北极圈的雪鸮能依靠听觉找出藏在雪下的猎物，而乌林鸮能听到数百米外小老鼠的吱吱声，30 米远处一只甲虫爬过草叶的动静也逃不过它的耳朵。

《哈利·波特》系列走红，给现实中的猫头鹰带来了不小的麻烦：许多人都想养一只猫头鹰做宠物，即使家里养不了也愿意去"猫头鹰咖啡馆"吸一吸可爱的猫头鹰。这就给不少野生动物黑市提供了商机，全球许多国家的猫头鹰都成了非法宠物贸易的牺牲品。在印度尼西亚，猫头鹰售卖一度暴涨了 130 倍，给野生种群带来了巨大的威胁。"猫头鹰咖啡馆"遍地开花的日本则成了全球第二大活体鸟类进口国，大量从海外进口猫头鹰来满足异宠生意，而其中大部分都来自野外捕捉。出现在市场上的每一只活鸟，背后都可能有数十只在捕捉和运输过程中死亡。面对逐渐失控的猫头鹰热潮，J.K. 罗琳不得不亲自现身说法，强调人们应该对笼养猫头鹰坚决说"不要"。

事实上，猫头鹰从各方面来看，都不是成为宠物的好选择：作为猛禽，它们的爪子和喙都极为锋利，性情也相当凶猛；所有的猫头鹰都只吃肉食，有一些甚至非活食不吃，想把它们养在家里就得保证每天提供足够的活老鼠；猫头鹰跟所有鸟类一样没有牙，生吞猎物之后会把消化不了的皮毛骨头吐出来，清理它们恶臭的呕吐物可不是一项愉快的工作（想想魔法部办公室为什么宁可用纸飞机也不用猫头鹰来送便条吧）。

最重要的是，它们乖巧卖萌的背后可能是巨大的痛苦和不幸。你在咖啡馆看到的猫头鹰，大部分都是在违背自己生物钟的时间段被迫"接客"，而它们瞪大眼睛的可爱样子实际上是一种应激状态，也就是因为极度紧张和不适而一整个"呆住了"。这种状态下的它们非常难受，严重时可以直接致死。这些暗夜杀手并不喜欢人类的爱抚，也不愿意面对相机和自拍杆。因此，如果你真的喜欢海德薇和她的同类，务必不要光顾饲养猫头鹰的异宠咖啡馆——请别伤害这些神奇的大鸟，看在它们曾带给我们魔法之梦的份上。

客串波特家守护神的"王室御鹿"

要说麻瓜们最想拥有的东西，除了一根魔杖，大概就是一个属于自己的守护神了——即使没有摄魂怪危机，平时召唤出来做个伴也好。很多人都记得哈利的守护神是一只漂亮的银色雄鹿，它同时也是哈利的父亲、"尖头叉子"詹姆斯·波特的动物化身。母亲莉莉的守护神则是与其配对的雌鹿。倘若多问一句，这一家子究竟是什么鹿，知道的人恐怕就没那么多了。

《哈利·波特》是个英国故事，在英国的所有鹿之中，最符合守护神形象的应该是赤鹿（red deer，也叫欧洲马鹿）。赤鹿是体形最大、身形最优美的鹿类之一，英语中的"雄鹿"（stag）一般都指的是雄性赤鹿。雄赤鹿是鹿科大家族的美男子，头顶一副华丽的骨质鹿角，呈树枝状分出好几个分叉，宛如一顶巨大的冠冕。赤鹿角通常能长到近 1 米长，最大能长达1.5 米，重量接近 5 公斤，非常壮观。在繁殖季，鹿角每天能生长 2—3 厘米。这显然要耗费相当多的能量，但对公鹿来说，长出一副漂亮的鹿角至关重要，关系到自己的终身大事。每年秋天，成年雄鹿都会为争夺伴侣展开激烈的角斗，锐利的鹿角是一件致命的武器，鹿角越大就越占优势。公鹿打架之前会先摆好架势，互相评估一番实力。有时拥有巨角的公鹿根本不必出手，对手就不战而退了。

雄鹿的"婚姻大作战"可不是件容易的事，倘若打不赢别人，就意味着在本轮繁殖季连一个老婆也娶不到，众多年轻貌美的雌鹿都归赢家所有。而赢得"后宫"的雄鹿也不省心，必须时刻守着自己的妻妾，免得被外来单身汉占了便宜。繁殖季的雄鹿们吃不香睡不好，部分特别亢奋或者特别紧张的家伙甚至可能体重锐减 20%。好在只要坚持到入冬，后宫佳丽都怀上了自己的骨肉，雄鹿也就不再绷着弦了。临时婚姻就地散伙，雄鹿不管怀孕的老婆，也不理会旧日情敌，连战斗用的鹿角都会脱落，明年再长一副新的。

在英国，优雅而健硕的牡鹿是力与美的化身，也是王室和贵族的象征。2006 年的传记电影《女王》之中，伊丽莎白二世在猎场上看到的就是一头雄性赤鹿。女王惊叹于它的高贵威严，也为它的死讯而分外动容。这一美丽而不幸的生灵，究竟象征着香消玉殒的王妃戴安娜、被媒体"围猎"身心俱疲的女王本人、还是于时代浪潮之中坚守传统与尊严的英国王室，至今仍是影迷争论的焦点。如今，生活在欧洲的赤鹿并非濒危物种，每年仍会发放一定的狩猎配额允许猎杀，也有不少养殖场出售鹿肉。每年秋天，英国女王仍然遵循传统，将大块鹿肉作为礼物赐给内阁成员。

▲ 兼具美貌与力量的雄鹿是自然造物之美的象征，从希腊神话到古典名画，都能找到这些优美生灵的身影

赫敏／J.K. 罗琳最喜欢的动物

　　按照魔法世界的设定，每个巫师的守护神都是他们自己最喜欢的动物形象。J.K. 罗琳曾表示，自己最喜欢的动物是水獭，在书中，她把自己的最爱送给了聪明勇敢的女主角赫敏·格兰杰。全球共有十三种水獭，原著没有说明赫敏的守护神具体是哪一种，而在电影版《哈利·波特与凤凰社》中，赫敏守护神的形象应该是一只欧亚水獭（Eurasian otter）。这些萌萌的水中精灵在欧洲分布广泛，根据英国环境部门的说法，在英格兰的每一个郡都有欧亚水獭居住，堪称家喻户晓的国民萌神。

　　门门功课成绩顶尖的赫敏是霍格沃茨知名学霸，要给学霸当代言，脑子太笨可没法胜任。水獭的智力足以让它们中的一只入主贝克街 221 号 B，成为享誉全球的名侦探[①]。现实中的水獭确实很聪明，这些生性爱玩的顽皮小兽常常自己发明各种游戏，比如互相来回抛东西，把小石头丢到水里再潜水找回来，或是自己造一个"水上滑梯"，从高处滑下来玩。群居的水獭懂得合作捕猎，能围住鱼群分而食之，中国古代曾有渔夫驯养水獭帮着捕鱼，像猎人养猎犬一样。不过，如果我是 J.K. 罗琳，大概会为赫敏选择海獭（sea otter）：除了在表情包里揉脸卖萌，海獭最著名的技能就是使用工具，这可是一项高端技能。它们会拿一块石头放在胸前，然后仰面躺在水上，前爪抱着贝壳往石头上砸，用这块"砧板"来打开坚硬的贝类。为了用餐方便，海獭经常在胳膊下面夹着一块大小形状合适的石头，当作随身携带的方便餐具。美国史密森尼学会的动物学家在一份论文中表示，海獭学会使用工具的历史比高智商的海豚还要悠久。而且，石头还不是海獭使用的唯一一种工具。这些在大海上度过一生的小动物还会用海带

---

① 如果你是英剧《神探夏洛克》的粉丝，试试搜索"卷福＋水獭"有惊喜。扮演大侦探福尔摩斯的"卷福"本尼迪克特·康伯巴奇，真实身份绝对是一只水獭，有无数的表情包作为铁证。

做成"安全绳"系住自己，免得睡着时被海流冲走。

在电影中出现的守护神天团里，赫敏的水獭完全有资格竞争"智商最高守护神"。至于三人组中的另一位，罗恩的守护神是一只杰克罗素梗犬①，这种蠢萌蠢萌的小猎犬并不是公认的天才狗。许多研究机构都搞过"全球汪星人智商排名"，无论你搜索哪个版本，总会在不高不低的中游位置找到杰克罗素梗。智商不够可爱来凑，萌力十足的杰克罗素梗是好莱坞的宠儿，除了出演《102真狗》《狗狗旅馆》这些经典"狗片儿"，在《变相怪杰》《艺术家》等大牌电影中也出过镜。职业卖萌大片《爱宠大机密》系列的主角麦克斯就是一只杰克罗素梗，跟同样蠢萌的罗恩·韦斯莱有没有几分像呢？

霍格沃茨四神兽

霍格沃茨四学院里，蛇院斯莱特林盛产反派，狮院格兰芬多则是绝对的正义一方，另外两家略微有一点选边站的倾向：鹰院拉文克劳似乎跟蛇院的关系比较好，獾院赫奇帕奇则坚定支持格兰芬多。抛开剧情不论，从生物分类学角度，这是一个相当合理的情节——鸟类与爬行类的亲缘关系更近，狮獾同为哺乳纲食肉目一家亲。J.K.罗琳的生物学满分！

——好吧这个结论是我在胡扯。不过，霍格沃茨四个学院选择吉祥物确实各有讲究。先说狮院格兰芬多，狮子象征着勇气、胆识和高贵的品格，这正是格兰芬多最看重的。但从名字来看，格兰芬多（Gryffindor）的名字来源于狮鹫（griffin）。这种传说中的怪兽前半身长着鹫头和鸟翼，后半身体则是狮子，兼具鸟类和哺乳动物的精髓，形象十分威武。许多古

---

① 作为19世纪英伦绅士爱用的猎犬，这种短腿小狗一度有着"擅于追逐水獭"的名声。

代博物学家都相信狮鹫是真实存在的动物，生活在高山峭壁之上，不眠不休地看守着东方神秘国度的黄金宝藏。马可·波罗曾在自己的游记中提及，非洲马达加斯加有巨大的狮鹫出没，这些怪兽极为庞大可怖，能抓起大象飞上天空。尽管拥有恐怖的破坏力，但狮鹫从不滥用自己的力量，经常惩恶扬善，不会伤及无辜。在中世纪的人们看来，它就像如今的狮子一样代表着勇敢无畏与高尚人格，是骑士精神的象征。《神奇动物在哪里》第一部中，主角纽特·斯卡曼德的动物疗养院里就有一只受伤的狮鹫，纽特出门前还提醒助手邦蒂每天给它换绷带。

獾院赫奇帕奇比狮院低调很多，一贯勤勤恳恳埋头苦干，信奉"努力必有回报"的行为准则，公平竞争不吵不闹，从来不会带头挑事找茬。应该说这个设定还是很符合现实的，大部分獾都算是夜行动物，平时不常露面，只在晚上出来找点吃的，温柔羞涩人畜无害。但这仅限于没被惹急的情况，一旦生起气来，这些敦实憨厚的圆胖子也会爆发出惊人的能量。要知道獾属于鼬科，这个家族最大的特点，就是盛产狠人，大部分鼬、獾、貂都是不要命的二愣子，个头虽然不大，脾气绝对火爆，一旦急眼了谁都敢打。超级影星"金刚狼"狼獾和知名网红"平头哥"蜜獾都是这个家族的成员，前者能拿下比自己大上百倍的驼鹿，后者敢单挑一群狮子。能跟这些狠角色做亲戚，獾子们也不是好惹的。

獾亚科的几个成员撞脸严重，单看院徽实在不好分辨。鉴于故事发生在英国，我们就认为赫奇帕奇的吉祥物是一只欧洲獾——狗獾（European badger）好了。狗獾的眼神不算好，但嗅觉很敏锐，还拥有一双善于刨土的结实前爪，埋头在土里刨食的样子勤劳又专注，非常赫奇帕奇。住在洞里的狗獾会

▲ 虽然獾院在霍格沃茨的存在感最弱，獾其实是四种动物代言人中最"英国"的一位。经典童话《柳林风声》中沉稳睿智的獾与三个伙伴鼹鼠、水鼠、蛤蟆一起，组成了英国乡村田园间的快乐小团体

花不少时间给自己造一所"豪宅"，有好几个房间、通道和出口，而且打理得特别整洁。狗獾对"床上用品"很是讲究，会用草叶苔藓铺成"被褥"并经常更换，甚至还会"晒被子"：晴天早晨把铺盖运到洞外，晚上再拿回来。更有爱的是，狗獾并不拒绝其他动物住进自己家，愿意跟浣熊、赤狐、貉等小伙伴分享自己的别墅，甚至连野兔也会偶尔住进狗獾家。理论上说，兔肉是狗獾食谱上的一道大餐，野兔仍然敢跟这位大哥做邻居的原因是，自己被吃掉的概率并不高：身为食肉目动物，狗獾是整个家族食肉性最低的成员之一，主食是蚯蚓、昆虫、谷类和水果，肉食比例较低。这样一位温厚慷慨的居家暖男，代言赫奇帕奇再合适不过了。

鹰院拉文克劳跟狮院一样，多少有那么一点名不对题：拉文克劳（Ravenclaw）字面意为"渡鸦之爪"，严格意义上说，鹰院实际上是"鸦院"。鸟类中的鸦科有点像哺乳类中的鼬科，盛产凶悍大佬，而且普遍拥有超高的智商，是鸟族中的脑力担当。渡鸦（raven）就是一种极其聪明的鸟，其脑容量与身体的比例接近灵长类的大猩猩，是所有鸟类中最大的，非常适合崇尚智慧的拉文克劳学院。大量实验证明，它们善于利用工具，能想办法解决问题，寓言中乌鸦喝水的故事已经得到实验证实，这些聪明的鸟儿真的会往瓶子里丢石子让水面上升，而且还知道大石头比小石头好用、密度不够大的漂浮物（比如软木塞）就没用。此外，它们的记忆力也很好，不但记得同类，也能记住跟自己来往过的其他鸟，当然也能记住仇人。奥地利的生物学家发现，渡鸦与朋友分开3年之后仍记得对方。美国有几位更倒霉的科学家，因为捕捉渡鸦做实验，从此被这些聪明的家伙记恨起来。无论是换衣服、戴假发还是假装瘸腿，都骗不过它们，以至于每次出现在校园里都会被成群的渡鸦骚扰。

精明的渡鸦甚至还懂得"撒谎"，它们会观察其他同类藏食物的地方并记在脑子里，随后偷走别人的美餐。由于这种不劳而获的盗窃事件发生得太过频繁，许多渡鸦学会了"反盗窃"，假装藏点东西来欺骗在旁窥伺的小偷。别小看了这种"小聪明",这表明渡鸦知道自己和其他同类的认知差异,这可是许多哺乳类,甚至一岁的人类婴儿都做不到的。更厉害的是,它们懂得什么叫"公平"。实验证明,如果渡鸦发现同类做同样工作时得到的报酬比自己多,它们就会直接"罢工"。别小看了这种意识,对"公平"的认知被认为是人类学会合作的重要一环。过去人们一直以为,只有灵长类知道什么是公平,直到渡鸦打破了这一垄断。

除了在霍格沃茨当吉祥物,渡鸦们还要在多个片场打好几份工。《沉睡魔咒》里给大美人安吉丽娜·朱莉当跟班的是它,《雷神》系列里在阿斯加德充当主神奥丁耳目的是它,《X 战警》系列中魔形女瑞雯的名字Raven 也正是"渡鸦"之意。而它们最重要的一份工作,是在《权力的游戏》里当信使,负责在维斯特洛大陆"飞鸦传书"。维斯特洛的学士在打造颈链时,专门有一环就是"照料渡鸦",可见与这种高智商鸟类相处是一门学问。考虑到七国环境复杂、气候多样、战乱频仍,在如此险恶的条件下走南闯北送信可不容易。渡鸦不但聪明,而且性格彪悍,组团欺负过路猛禽、袭击猫头鹰、打劫小型食肉兽的午餐都是它们的家常便饭。一些渡鸦甚至养成了拽狼尾巴、叼北极熊屁股玩儿的爱好,反正这些大家伙不长翅膀,被调戏了也奈何这些小恶霸们不得。

最后说说蛇院。斯莱特林的蛇不是普通的蛇,而是蛇怪巴斯里斯克。这种令人毛骨悚然的怪兽通过目光凝视即可杀人,幸好在麻瓜世界是不会遇到它的。有趣的是,现实中确有一种名为"巴斯里斯克"的神奇生物——双冠蜥(basilisk),因为这个奇特的种名,也常被翻译为蛇怪蜥蜴。双冠蜥的外表并不吓人,反而还很美貌,体色如宝石般翠绿,头顶两个小小的"王冠",背上和尾部也装着两副"船帆",有几分像《侏罗纪公园》里的双冠龙。这些生活在美洲的小魔怪擅长"轻功水上漂",能用两条后腿在水面上飞奔,姿势虽然略显滑稽,踏水而行的神奇魔法实在令人称奇。它们的秘诀在于脚趾中间长有翼膜,能增大与水面的接触面积,脚上的微小皮膜像一个个微型气囊，可以抓住气泡来增加浮力。借助特殊装备，双冠蜥能在水上奔行好几秒钟，体重较轻的小双冠蜥能上演10—20米的"水上飞"，比较重的成年蜥也能跑出数米。尽管最后还是不免要沉到水里，"巴斯里斯克"们也并不犯怵，它们个个是游泳好手，能在水下坚持半小时之久。

原著和电影中出现的其他蛇族在现实中倒是有迹可循：在第一部《哈利·波特与魔法石》原作中，哈利在动物园放走的大蟒蛇是一条红尾蚺（boa constrictor），电影里则替换为缅甸蟒（Burmese python）。J.K.罗琳在这里犯了一点小小的错误：动物园玻璃后的蟒蛇对哈利眨了眨眼，而事实上所有的蛇类都没有眼睑，是不能眨眼的。它们的眼皮无法闭合，但可以通过关闭眼球上的瞬膜的方式"闭上眼睛"。

另外，哈利跟蟒蛇对话也并不真的非要讲蛇佬腔——蛇类发出的嘶嘶声不是用来相互交流的，而是用来警告其他动物"莫挨老子"的。由于蛇没有外耳来接收声波，对空气传声的感知能力有限，它们自己很可能根本听不到这些嘶嘶声。但这并不代表蛇都是聋子：它们的听觉工具是下巴——蛇会通过颌骨感知地面上传来的振动，而连接在颌骨上的内耳将信号传递给大脑。通过这种方式，它们能听到极细微的脚步声。2022年动画大片《坏蛋联盟》里，大盗贪心蛇靠着专心"聆听"就破解了一台保险箱，实际上就是通过感受保险箱机械装置的振动来开锁。

除了用下颌骨当耳朵，蛇类还有更厉害的"超能力"：许多蛇类具有红外线感受器，这让它们具有红外夜视镜一般的"特异功能"，通过感知热量来"看"东西。这也是为什么哈利的隐形斗篷在纳吉尼面前不管用，要想骗过纳吉尼，隐形斗篷得用完全密封的隔热材料制作才行。另外，蛇信子也是一件极其敏锐的感觉器官，这条不断吞吐的舌头忙着收集空气中的气味分子，传送到上颚下方的专用器官犁鼻器，接收气味信息，通过这种方式来"嗅"出周围的味道。

缅甸蟒和红尾蚺都没有毒，无法出演伏地魔的宠物兼魂器纳吉尼。《神奇动物在哪里》电影中扮演纳吉尼的网纹蟒（reticulated python），也同样是一种无毒蛇。有国外粉丝考证，"纳吉尼"这个名字在印度语中意为"雌性眼镜蛇"。然而眼镜蛇体形并不大，通常不超过 2 米，也不会采取绞杀的方式袭击猎物。纳吉尼的真实身份始终是一个谜：没有任何现实中存在的物种与她相匹配，或许《神奇动物在哪里》中神秘忧郁的亚裔美女才是她的真面目吧。

现实版"嗅嗅"的特异功能

　　好啦，我知道，前面说过只讲我们麻瓜有幸一见的动物们。麻瓜世界当然没有真正的嗅嗅，否则只要养上一只，简直就是不费吹灰之力走上致富之路了。但是，仔细看看纽特的那只嗅嗅，鸭子嘴，小眼睛，无辜脸，有力的小爪子，肚子上的百宝囊……活脱就是现实中的两大澳洲萌物——鸭嘴兽和针鼹的二合一！

　　鸭嘴兽（platypus）和针鼹（echidna）在动物界拥有极为特殊的地位。我们熟悉的绝大多数哺乳动物都属于哺乳纲中的兽亚纲，这几个拗口的名词用大白话说出来，就是胎生，用乳头哺乳，以及最重要的，产道和肛门分开。而鸭嘴兽和四种针鼹属于哺乳纲中的原兽亚纲成员，它们的身体只有一个出口，名叫泄殖腔，不论是排泄物还是宝贝蛋，都共用这同一个孔，因此这五种动物组成的家族就叫作"单孔目"。单孔目动物不会直接生崽，而是跟鸟和爬行类一样坚持通过产卵的方式繁殖，妈妈们没有乳头给宝宝吮吸，而是通过皮肤毛孔像出汗一样分泌乳汁。

　　按照魔法世界的设定，嗅嗅是仅产于英国的本土动物，对一切闪闪发光的东西有狂热的爱好；跟嗅嗅撞脸的鸭嘴兽则是澳大利亚土生土长的原住民，虽然没有抢金库、盗珠宝的本事，也身怀好几种寻常动物不具备的特异功能。早在 1799 年，第一批见到鸭嘴兽标本的欧洲科学家一度以为自己遇到了骗局：这种陌生的小怪兽长着鸭子嘴、河狸尾、鼹鼠毛、水生动物的脚蹼、爬行动物的步态、还会像鸟类一样下蛋，简直就是恶作剧制造出来的缝合怪。科学家们花了好长时间，才确认它们不是人工拼合起来的假标本，而是真实存在的奇特物种。

鸭嘴兽是最适合水中生活的哺乳动物之一，长着能防水的皮毛、带脚蹼的四肢和能当船舵使用的扁平尾，是非常优秀的游泳选手。鸭嘴兽的眼睛和耳朵都长在头部的一个凹槽之中，在水中凹槽关闭，可以防止眼睛和耳朵进水，连鼻孔也会一起闭上。它们下水时不依靠视觉、听觉和嗅觉，而是使用"超能力"来探索周围环境。鸭嘴兽的"鸭嘴"并不像鸭子那样坚硬，而是覆盖着一层软软的皮肤，皮下藏着多达 4 万个非常灵敏的电感受器。借助这些微小的元件，鸭嘴兽能探测到其他动物肌肉收缩产生的微小电流，通过电信号的强度来确定来源、方向和距离。在水下"闭目塞听"的鸭嘴兽们只需要左右摆动头部，晃动嘴巴，就能找到藏在软泥下的小虾和蠕虫。这些个头不大的小怪兽饭量可不小，每天要吃掉自己体重的20% 之多，靠着电感应超能力的帮助，喂饱自己不成问题。

除了电感应这项奇门武功，鸭嘴兽还有一项哺乳动物中非常少见的本领：使毒。其他少数哺乳类放毒的方式都是用咬的，只有鸭嘴兽是用踹的：雄性鸭嘴兽后脚上有一根硬刺，释放出的毒液足够杀死体形较小的动物，对人类来说虽不致命，也足以造成剧烈疼痛。它们使毒的目的也同样特别：既不用来觅食，也不用来自保，仅仅是雄性之间抢妹子时打架用。辛辛苦苦生产出毒液只用于这一件事，在动物世界算是绝无仅有的。更奇特的是，鸭嘴兽的毒素就如同外表一样"四不像"，它们的毒腺内有多达 83 种不同的毒质基因，就好像有人从各种各样的有毒生物身上剪下来、一股脑混搭着贴在了鸭嘴兽身上一样。

纽特写的教科书《神奇动物在哪里》中提到，嗅嗅擅长挖洞，住在地下数米深的洞穴之中。鸭嘴兽也会打洞，平时居住在简单的地洞里，到了养娃的时候，雌性鸭嘴兽会建造一个长达20米的豪宅，用落叶铺成舒舒服服的垫子，给宝宝当作婴儿房。不过，电影中嗅嗅那双强健灵活的爪子不像鸭嘴兽带蹼的扇形脚爪，而更像鸭嘴兽的亲戚针鼹。这些浑身带刺、长着尖嘴的小家伙看上去有点像刺猬和鼹鼠的合体，长着四条小短腿和有力的大爪子，非常善于打洞挖土。外号"刺食蚁兽"的它们能刨开土壤挖出蚁巢，找到它们最爱吃的蚂蚁和白蚁，伸出食蚁兽同款黏糊糊长舌头大快朵颐。跟鸭嘴兽一样，针鼹也配备了弱化版的电感应器，还是与外表不相符的优秀游泳运动员。

电影中嗅嗅肚子上的"百宝袋"容量惊人，能装下远超自身个头的大堆金币。现实中针鼹也自带一个随身小袋子，里面装的不是金银珠宝，而是自己的娃。童年近亲鸭嘴兽一样，雌性针鼹也会先产下一个软壳蛋，这颗小蛋只有2克重，需要大约十天时间孵化。针鼹宝宝会用一颗长在鼻子上的卵齿打破蛋壳，这也是它们一生中唯一的一颗牙，出生不久后就会脱落。刚出生的小针鼹发育不全，也没有毛刺，它们安全地躲在妈妈温暖的育儿袋里，从特化的毛孔中吮吸乳汁，近两个月之后才会从袋子里爬出来。此后它们还会继续吃五个月的奶，到1岁多才会离开妈妈独自生活。

身为兽类却会下蛋，没有乳头却能喂奶，外加集众家之长的"拼合怪"长相、电感应超能力和独特的生活方式，鸭嘴兽和针鼹这两种古怪又可爱的小怪兽，才是麻瓜世界真正的神奇动物吧！

迪士尼公主的小伙伴：
超萌火精灵与帅气侍卫虎

　　迪士尼大片《无敌破坏王2：大闹互联网》里有一段精彩的吐槽梗，把自家的公主们黑了个遍。小姑娘云妮洛普误闯"公主俱乐部"，情急之下说自己也是公主，遭到了众位公主的盘问：

　　"你有魔法长发吗？"

　　"没有……"

　　"有魔力的双手？"

　　"也没有……"

　　"那，跟小动物说话总会吧？"

　　——看看，想成为迪士尼公主，懂动物语言可是必备素质。迪士尼的十几位公主，基本上人人都能跟小动物聊上几句天，最老牌的白雪公主早在1937年的动画片里就在跟小鹿小兔小松鼠们一起唱歌了。80多年之后，不但公主们的形象从2D升级成了3D、从坐等王子拯救变成了自己当上女王，公主身边的动物伙伴们也越来越可爱，卖萌功力一部比一部提高。

艾莎的"火蜥蜴"

　　冰雪女王艾莎在《冰雪奇缘2》里美出了新高度，还邂逅了魔法森林中的"地水火风"四精灵，自己当了一把"第五元素"。片中的火精灵是一只萌萌的小蝾螈，虽然经常被翻译成"火蜥蜴"，但这只小可爱并不是蜥蜴，跟蜥蜴的亲缘关系也并不近，两者分属不同的纲。蜥蜴属于爬行类，四肢垂直于地面，能把自己整个撑起来爬行；而蝾螈属于两栖动物，四只脚长在体侧，脚上也没有爪子。另外，蜥蜴的身体覆盖着鳞片，而蝾螈体表没有鳞片只有皮肤，摸上去湿润又光滑。对蝾螈来说，这层薄薄的皮肤特别重要，既是呼吸器官，也是防御系统。尽管自己长着肺，大多数蝾螈还是会通过皮肤呼吸，直接使用这层高渗透性的皮肤进行气体交换。同时，皮肤中的腺体能产生有毒的分泌物。有些蝾螈会长出特别鲜艳的体色，用来提醒其他动物：别吃我，我很毒的！不过这些毒素只有摄入体内才起作用，因此艾莎用手捧着火精灵是不会中毒的。

蝾螈变身"火精灵"并非迪士尼的独创，早在几个世纪以前，许多神话和传说就将这种小动物与"火焰"联系在了一起。古代博物学家相信，蝾螈的身体极为冰冷，只要碰到火焰就能使其熄灭，连亚里士多德也认为沾到蝾螈血的人不会被火烧伤。许多蝾螈喜欢栖息在原木之中，当人们烧木头生火时，蝾螈们从木头里爬出来逃命，人们就误以为这些小家伙是从火焰中诞生的。顺便提一句，《神奇动物在哪里》中小雀斑的姓"斯卡曼德"（Scamander）跟"蝾螈"（salamander）一词颇为相似，而他的名字"纽特"（Newt）也是蝾螈家族的另一个物种蝾螈。看来小雀斑对两栖纲有尾目是真爱无疑了，难怪连给姑娘"吹彩虹屁"也只会一句"你的眼睛就像火蜥蜴"——仔细看看蝾螈那对珠子一样的小眼睛，嗯，动物学家的审美果然独特……

虽然不会"浴火重生"，蝾螈还真有自己的超能力：它们是动物界的"死侍"，具有神奇的再生功能，失去尾巴、肢体甚至眼睛都能再长一个新的出来。因此一些蝾螈遇到天敌时，会主动切断尾巴迷惑捕食者。还有一种更狠的，名叫伊比利亚肋螈（Iberian ripped newt），堪比动物界的"金刚狼"：遇到危险时，它的肋骨会旋转一定角度，刺破皮肤直接穿出来，变成防身利器。倘若这一招奏效，成功吓跑了敌人，肋骨收回去之后皮肤很快就能愈合。管不管用不知道，这种小动物起码算得上勇气可嘉：就算无法避免被吃的命运，至少也要化身"牙签肉"，不让捕食者享用得太轻松。

安娜家的驯鹿

如果说小雪人雪宝是《冰雪奇缘》第一"萌"，那么驯鹿斯温至少也是第二位的卖萌担当。这只爱吃胡萝卜的驯鹿是男主克里斯托弗的忠实伙伴，跟男主一样蠢萌又可靠，看起来也是暖男人设无疑了——麻烦的是，斯温很可能是个姑娘。

影片中驯鹿斯温从来没说过话，好像无从判断性别，但它的鹿角泄露了问题：驯鹿（reindeer）是唯一一种雌雄都长角的鹿，它们的鹿角跟其他鹿一样每年脱落换新，但雌雄驯鹿鹿角脱落的时间并不同步。驯鹿先生每年冬季脱掉旧的鹿角，次年春天求偶时换上新装备；驯鹿女士的鹿角则会保留到次年夏天，这是为了在怀孕和带娃期间更好地保护自己。在两部《冰雪奇缘》和两部番外短篇中，斯温的鹿角都完好无损，其中《雪宝的冰雪大冒险》这个故事恰好发生在圣诞节，十二月还顶着鹿角的只有雌驯鹿，所以跟我们的男主角克里斯托弗朝夕相伴的斯温很可能是一位驯鹿小姐哟。

理论上说，为圣诞老人拉雪橇的驯鹿队伍也都头顶漂亮的鹿角，应该也是一队雌性的"快递鹿"。圣诞老人的雪橇鹿经常会被误认为麋鹿或者别的鹿家成员，事实上稍作评估就会发现，驯鹿是符合条件的唯一"鹿选"。圣诞老人住在冰天雪地的芬兰，北半球的平安夜又是最寒冷的季节，拉着雪橇在空中飞就更冷了，因此"不怕冷"可是雪橇鹿的必备条件。生活在北极圈的驯鹿恰恰是抗冻能手，它们身穿双层毛绒大衣，外面一层

▲ 给圣诞老人拉雪橇的是驯鹿，不是很多人误以为的麋鹿哦。事实上，麋鹿是中国的特有物种，因此那些不生活在中国的野生鹿一律都不是麋鹿

"鹿毛风雪外套"，里面一层"鹿绒保暖内衣"，能最大程度地保存热量。中空的毛发还具有一定的浮力，能帮助它们在水上漂起来，游过宽阔的冰河也不成问题。在天寒地冻的北极圈，地面上没多少草，要填饱肚子可不容易；不挑食的驯鹿能吃岩石上长的地衣，这是一种真菌和藻类组合起来的共生体，很不好消化，没多少动物爱吃，而驯鹿能把它当作主食。为了寻找埋在雪下的地衣，驯鹿练出了发达的嗅觉，想必只要圣诞老人稍作培训，就能闻出千家万户的圣诞树和烟囱味儿。同时驯鹿的眼神也不差，为了适应北极圈长达半年的极夜，它们演化出了黑暗中的良好视力，夜视能力算得上食草动物中的佼佼者。所以，在平安夜拉着雪橇跑遍全球这份工作非驯鹿莫属，换了谁都不行。

说回《冰雪奇缘》，在系列第二部中，斯温找到了伴儿，在魔法森林里遇到了养驯鹿的诺桑德拉部落。在亚洲、欧洲和北美，很多民族都会牧养驯鹿，北美因纽特人、欧洲的萨米人、我国的鄂温克族都是著名的使鹿部落，一个家族可能拥有成百上千的鹿群，驯鹿在他们的日常生活和传统文化中扮演了极为重要的角色。驯鹿是唯一被人类驯化的鹿，这主要得益于它们天生的好脾气。还记得我们在讲瓦坎达王国"犀牛部队"时说到驯化的六道门槛吗？绝大多数的鹿都栽在了"脾气太暴"这一关，虽然大家说起鹿来，总觉得这是一种温柔善良人畜无害的动物，但发情期的公鹿可一点都不温柔，挺着尖锐的鹿角见谁怼谁——没办法，在鹿的社会里，老婆是靠打架才能抢到手的。然而这个规则到了驯鹿这里，就变得特别佛系，公驯鹿面对面亮出鹿角比一比，谁的角大谁就赢了，绅士风度十足。这可能是因为驯鹿居住的区域实在太冷，与其浪费宝贵的能量来打架，不如留着取暖。也说不定是因为驯鹿姑娘长着跟男生们一样的鹿角，若是一不小心把女朋友当成情敌给打了，那可就真的要"注孤生"了。

乐佩公主的变色龙

《魔发奇缘》里的乐佩公主是一个很有个性的姑娘：无论是挑男朋友，还是挑小宠物，她的眼光都与众不同。别人家的公主要嫁给王子，乐佩公主的男朋友是个痞帅痞帅的飞贼；别人家公主的宠物不是猫猫狗狗，就是魔法生物，乐佩公主则是个异宠爱好者，专养变色龙（chameleon）。电影里的变色龙帕斯卡是导演和编剧为乐佩"量身定制"的，他们认为这个从小在高塔里长大、与世隔绝的姑娘多少有点脾气古怪，不会像其他女孩儿那样喜欢小鸟或花栗鼠，因此决定送给她一只跟她一样古怪的小动物。电影里的帕斯卡和另一位动物角色、"警马"麦克西莫斯一样，从不说话——这在迪士尼世界里可不常见，但小家伙善解人意又擅长卖萌，始终用它自己的方式陪伴着塔楼里孤单成长的乐佩公主。有趣的是，帕斯卡竟然确有其"龙"——现实中的帕斯卡是《魔发奇缘》一位动画师的宠物变色龙，在电影制作期间，它和它的配偶还孵化了6只变色龙宝宝，幸福地当上了爸爸。因此在《魔发奇缘》片尾字幕中，剧组特意让变色龙一家登上了演员表。

不说话的角色虽然省了配音，却给动画师出了难题：缺少了台词，帕斯卡只能靠肢体语言和丰富的表情来卖萌。好在帕斯卡是一只变色龙，颜色就是它的语言。影片中帕斯卡的变色本领制造了许多萌点和笑点，在佩服迪士尼"万物皆可萌"的出色联想力之余，动物自己的"超能力"同样令人惊叹。我们通常认为，变色龙的"变色"是一种防御手段，把自己伪装成周围环境的一部分来躲避天敌；事实上这只是它们变色功能的用途之一。作为变温动物，许多变色龙能通过改变体色来调节体温，在凉爽的早晨变成深色，多吸收一点热量；炎炎正午则把体色变浅，反射暴晒的阳光免得中暑。此外，变色龙的体色还是它们的交流方式，虽然它们跟电影里的帕斯卡一样不会说话，却能够用这种独特的颜色语言来彼此沟通。这些小蜥蜴能通过颜色表达情绪和意图，比如展示出更鲜艳的色彩向同类宣告"再挑衅我可就出手揍你了"，而打输了的那位则会变成暗淡的深色表示"我投降，你赢了"。

影片中帕斯卡变出过许多种颜色，但最常出现的还是一种漂亮的翡翠绿，这也是变色龙最常见的"本色"。变色龙的皮肤中有两层结构，共同控制着它们的"内置调色板"，一层是色素细胞，一层是一种特殊的纳米晶体，变色龙自己的情绪、外界环境的温度等多个因素都会影响这些晶体之间的距离。当晶体间距拉长、皮肤反射波长更长的光，就会呈现红色、橙色和黄色。晶体距离缩短，会使皮肤反射波长较短的光，则呈现绿色和蓝色。一只心情放松又安逸的变色龙，皮肤下的小小晶体是松弛状态的蓝色，与皮肤表层的黄色色素叠加，就变成了夏天树叶般的碧绿色。

《魔发奇缘》塑造的帕斯卡非常忠实于原型，许多特征都是现实中变色龙的"神还原"，比如能抓住树枝的卷尾巴，脚趾的数量（变色龙的每只脚上有五趾，但看上去就像被"绑"成了两束），以及有黏性、能伸缩的超长舌头。变色龙舌头的长度是自身体长的两倍，倘若一只真正的变色龙打算像影片里那样，用舌头给男主弗林掏耳朵，它的舌头抵达弗林的耳孔只需 0.07 秒，比一眨眼的工夫慢不了多少。

整个角色唯一不太像真变色龙的，就是帕斯卡那双表情丰富的大眼睛，明显更像是猫猫狗狗的眼睛，长着大大的圆形瞳孔。如果有机会近距离跟一只变色龙看对眼，你会发现它的眼睛长得特别非主流，没有明确的上下眼睑，而是像单反相机的光圈一样呈一个环形，瞳孔长在中间的"针孔"位置。2011年有一部约翰尼·德普配音的恶搞西部片《兰戈》，主角是一只像德普一样神神道道的变色龙，它的眼睛就很像真实的变色龙了。只不过兰戈实在是丑得过目难忘，小可爱帕斯卡跟它完全不是同一个路线，迪士尼显然是为了颜值牺牲了那么一点真实感，对影迷来说这绝对是无可厚非啦。

虽然细看起来形状有一点别扭，变色龙的眼睛可是功能强大。它们的每只眼睛都能单独旋转和聚焦，从而同时观察两个不同的物体，合起来能形成一个近乎360度的完整视域。换句话说，帕斯卡完全能做到左眼看着乐佩公主，右眼盯着弗林，同时还能看得见背后快要踩上自己尾巴的马蹄子。更酷炫的是，这双眼睛还是动物界最好用的高倍放大镜：就它们的迷你体形而言，变色龙的眼睛能实现所有脊椎动物里最高的放大倍数。从这一点来看，选中变色龙出演西部片里的神枪手，倒是再合适不过了。

梅莉达的熊妈妈

射箭运动员兼苏格兰公主梅莉达的情况有点特别：她的故事里也有动物主角，只不过这只动物不是宠物，是自己的亲妈。片中梅莉达因为不愿意相亲而跑去寻求女巫的帮助，却不小心把母后埃莉诺变成了一只黑熊（black bear）。

熊家一共有8个成员：体形最大、住在最北边的北极熊；毛茸茸的大吃货棕熊；黑熊两兄弟——亚洲黑熊和美洲黑熊；东南亚的马来熊；印度的懒熊；南美洲的眼镜熊；以及我们最熟悉的黑白萌神大熊猫。走憨厚亲民路线的熊家八口几乎个个都是家喻户晓的明星脸，一多半都是好莱坞常客。其中棕熊的出镜率最高，影迷熟悉的无敌大贱熊泰迪、《丛林大反攻》的主角布哥、《奇幻森林》里莫格利的老师巴鲁都是棕熊。棕熊家还有一位表亲灰熊，是棕熊的北美亚种，在《荒野猎人》里负责跟小李子肉搏、《燃情岁月》里负责终结布拉德·皮特的就是它了。相比之下，两位黑熊成员亮相就没那么多了，而且亚洲黑熊和美洲黑熊长得很像，辨认起来稍微有一点麻烦。好在靠地域区分，能帮我们认出变身后的埃莉诺王后：顾名思义，美洲黑熊仅分布在北美洲，亚洲黑熊如今只在亚洲零星居住，但历史分布曾经远及西欧，因此埃莉诺王后变的应该是一只亚洲黑熊。除了栖息地不同，亚洲黑熊与北美表亲在外观上最明显的区别，就是胸前有一片 V 字形的白毛。可惜《勇敢传说》里无论是熊王后，还是反派巨熊魔度，都没有戴上这道漂亮的月牙白。实际上，影片里的熊虽然有着黑皮毛，个头和行为却更像北美的棕熊，比如站在水里张着大嘴等鱼往嘴里蹦，就是许多纪录片里棕熊捕食鲑鱼的标志性场面。

▲ 现实中的亚洲黑熊，胸前有一道漂亮的月牙白

　　埃莉诺王后变成熊之后，一开始还维持着人的心智，头戴王冠，拿刀叉用餐，用两条腿走路。随着咒语永久生效的时间临近，王后越来越像一头真正的黑熊，开始四肢着地，用后腿走路越来越少了。幸好王后变的是一只亚洲黑熊，才能坚持这么久——亚洲黑熊是所有熊类之中，最擅长用后腿行走的一位，甚至可以站着走上三四百米。许多旧式马戏团正是看中了这一点，训练黑熊表演各种需要站着玩的把戏。但这并不代表熊演员们有多轻松愉快，亚洲黑熊的下肢力量并不强大，强迫它们长时间走路、骑车依然是非常残忍的工作。

影片里除了熊王后，还有一只总是跟国王一家过不去的巨熊魔度，电影一开头就是它袭击了驻地，夺走了国王的一条腿，自己丢了一只眼睛，从此结下不共戴天之仇。现实中，人类对黑熊做的远不止于此。亚洲黑熊与人类的恩怨由来已久，由于栖息地与人类活动范围高度重合，它们时常与人类居民狭路相逢，因为侵扰林场、破坏农作物或是威胁居民安全而被猎杀。熊皮、熊掌和熊胆至今是黑市上的高价商品，因此盗猎屡禁不止。尽管亚洲多国已经立法保护亚洲黑熊，但它们的生存状况仍然堪忧，家园也在不断缩减。

如今，梅莉达的国度苏格兰乃至整个欧洲，都已经没有黑熊分布。在我们广阔的中华大地上，曾经叱咤风云大闹山林的"黑风怪"也越来越稀少。按照 IUCN 红色名录的评级，亚洲黑熊与大熊猫的级别相同，都被列为脆弱物种。然而，黑熊无缘享受大熊猫的国宝级待遇，却有着更多的悲剧和不幸。野生黑熊并不是天生杀人狂，它们大多数时候性情内向害羞，是不爱惹是生非的憨厚吃货，除了在受伤和护崽的情况下，不会故意攻击路人。在熊家众多亲戚在好莱坞混得风生水起的时代，但愿亚洲黑熊也能受到更多关注和喜爱。大银幕上的走红，或许能为这个危机边缘的物种带来更光明的未来。

莫阿娜的海洋世界

在迪士尼的众位公主之中，《海洋奇缘》的莫阿娜可能是最接地气的一位。东方公主有老虎和木须龙，西方公主养大怪兽和青蛙，而海岛公主莫阿娜打小带在身边的，是一头猪和一只鸡，朴实得让我一时不知道如何下笔。好在莫阿娜毕竟不是个农场少女，她的世界除了猪圈鸡栏，还有辽阔深邃的大海和可爱神奇的海洋生灵。

莫阿娜族人住的波利尼西亚小岛莫图鲁尼，坐落于广阔的太平洋上。同这片大洋中成千上万的热带珊瑚岛一样，这座小岛也是海洋生物的天堂。影片开头，小小年纪的莫阿娜在海边遇到了几只要吃小海龟的"大坏鸟"——军舰鸟（frigatebird），雄鸟拥有鲜亮的红色喉囊，非常浮夸。片中落在沙滩上的军舰鸟几乎跟小莫阿娜差不多大，这并不是影片的艺术夸张。成年军舰鸟身长 1 米，翼展可达 2.3 米，平摊开双翅能占满一张大号双人床。我们刚会走路的小公主要赶走这些大黑鸟、保护小海龟，确实需要很大勇气呢。

　　在海岛小动物们看来，军舰鸟的确是凶残又危险的大反派。虽然身为海鸟，但军舰鸟根本不会游泳。它们的羽毛基本不防水，再加上翅膀太长、脚又不够灵便，弄湿羽毛的军舰鸟很难从海面上起飞。因此它们不会像其他海鸟一样，一个猛子扎到水下去抓鱼吃。军舰鸟觅食的办法，主要是在水面上捞鱼，此外还经常抢夺其他鸟的食物，甚至从别人的窝里偷走雏鸟。沙滩上毫无防备的小海龟，对军舰鸟来说就是一顿不费吹灰之力的美食了。

　　莫阿娜从军舰鸟嘴下救出的小海龟躲过一劫，平安进入大海开始了自己的冒险，对海龟宝宝们而言，这绝对是千里挑一的极大幸运。刚出壳的小海龟从沙滩爬向海洋的这段路，是它们一生中走得最凶险的一段，没有父母亲的陪伴和看护，一路上遇到的几乎每一个动物都想拿它们填肚子。浣熊、野狗、海鸟、蛇、蜥蜴，甚至螃蟹和蟾蜍都可能捕食这些毫无防卫能力的小生命。进入海里后，它们也可能成为许多大鱼的食物。连阳光和空气对它们也不友好：在灼热的气温下，刚破壳的小龟会遭到水分蒸发的严峻考验。倘若巢穴离海水过远，小海龟在爬向大海的途中可能损失多达 20% 的体重。只有千分之一的小海龟能完成这段危机四伏的旅程，最终长到能繁殖的年龄。因此，大部分海龟都会在繁殖季一次性产下大量的卵，用庞大的基数来对抗极低的成活率。纪录片中常常出现大群海龟上岸

▲ 可爱的小海龟们从破壳出生的那一刻就要挑战"地狱模式"

产卵、数十万小海龟奔向大海的场景，其中绝大部分都没有机会活到 1 岁。

虽然生得多，但是成活率低、生长又慢，导致海龟很容易受到环境变化的干扰，在全球范围内的生存状况并不乐观。全球七种海龟中，有两种已经是 IUCN 红色名录定级的极危物种，其他也分别被评定为"濒危"或"脆弱"。看似平静安详的蓝色摇篮，潜藏着种种危机，而其中绝大多数都是人类造成：海龟在许多国家都遭到严重的偷猎走私，海龟肉和海龟蛋被大量盗猎盗采；遍布海洋的渔网和鱼线会导致它们溺水，环境污染和白色垃圾也给它们带来了巨大的威胁。许多海龟都以水母为食，而海洋中的废弃塑料袋看上去酷似漂浮的水母，造成每年都有大量海龟因误吞塑料而死亡。全球范围内的气候变化影响着海龟种群的性别平衡，由于小海龟的性别取决于孵化时的温度，全球变暖正在导致海龟"生女不生男"，诞生性别失衡的"女儿国"。另外，不断扩张的滨海城市也使小海龟原本已经足够危险的旅程变得更加希望渺茫：城市灯光会干扰幼龟的判断，让它们辨不清大海的方向。好在许多国家已经开始采取措施保护海龟，打击非法捕猎和擅采海龟蛋，澳大利亚昆士兰甚至动用重型机械重塑了一个小岛的地形，好让来此产卵的雌海龟更容易爬上岸。在马来西亚、菲律宾、夏威夷等传统筑巢地点，专业人员会将海龟蛋收集起来，放在保温箱里孵化。游客还可以参加生态旅游，在工作人员的带领下护送小海龟回到大海。但愿我们能留住这些从恐龙时代就生活在海洋之中的披甲巨灵，不要让它们在人类时代永远消失。

除了军舰鸟和小蠵龟这两个龙套，《海洋奇缘》里还有两位配角值得一提。出场稍早的一位，是莫阿娜祖母最喜欢的蝠鲼（manta ray），俗称魔鬼鱼。这种优雅的三角大鱼是好莱坞海洋电影的常客，很多人第一次认识它是在《海底总动员》，蝠鲼出演好脾气的幼教老师"雷先生"，像一块大大的飞毯一样载着海底幼儿园的孩子们飞来飞去，特别惬意。

如果你在纪录片里看到过蝠鲼的正面特写，它的嘴可能会吓你一跳。蝠鲼张开的嘴有点像一个邮筒，一眼可以看到喉咙深处的骨板，与扁平的鱼身很不成比例，颇有科幻片里仿生机器鱼的工业感。这张巨口专门用来滤食水中的浮游生物，游泳时蝠鲼会张大嘴巴，用两边犄角状的头鳍把食物拨到口中。尽管体形庞大、相貌古怪，蝠鲼的性情却非常温和，并且它们的脑容量是所有鱼类中最大的，应该具备相对高的智商。脾气好又很聪明，出任幼儿园老师再合适不过了。

另一位戏份更多的配角，就是看守着毛伊鱼钩的大螃蟹塔马托阿。这只螃蟹堪称海洋版的巨龙史矛革，最大的爱好就是收集金银财宝，每天坐在闪闪发光的珠宝堆上自嗨，时不时还给怪物王国的访客献上一曲激情四射的卡拉OK。塔马托阿是一只椰子蟹（coconut crab），是世界上最大的陆生无脊椎动物。现实中的椰子蟹没有动画片里那么巨大，但也能长到1米宽，左脚尖到右脚尖差不多能撑满一整张饭桌了。有趣的是，这些甲壳巨怪跟餐桌上的大闸蟹并非同族，却跟海滩上小巧玲珑的寄居蟹是亲戚，同属十足目，说人话就是——都有十条腿。毛伊曾说塔马托阿的一部分腿被他扯掉了，因此剧组很细心地给这只大螃蟹减掉了两条腿。跟其他寄居蟹一样，椰子蟹小时候也住在空贝壳里，长大成年后就有了自己的装甲，不再需要捡别人的壳了。

电影里塔马托阿的形象不算太好，毛伊骂它是"吃泥巴的家伙"（bottom feeder），这倒是冤枉了它。椰子蟹并不是底栖生物，甚至不住在水里。细心的影迷可能会注意到，莫阿娜掉进水下的怪物王国时，有一群蝙蝠飞掠而过，说明塔马托阿的领地并不在水底。椰子蟹住在岛屿陆地上，小时候还能在浅水里划拉两下，成年后连怎么游泳都忘了，在水里待上一个小时就会淹死，技能点全都点在了爬树上。它们善于爬高，能上树躲避天敌，仗着一身坚甲的保护，从树上掉下来也不怕。虽然名叫椰子蟹，椰子并不是它们的主食。对椰子蟹来说，一切掉在地上的东西都可以享用，无论是水果、坚果、种子还是腐肉，谁捡到就归谁，捡不到还可以去偷。在BBC的一部纪录片中，椰子蟹甚至试图袭击放在沙滩上的摄影机。这种行为给椰子蟹赢得了"强盗蟹"的外号，这些横行大盗甚至会捕食刚破壳的小海龟，也会杀死其他蟹类为食。它们有力的大钳子是一件令人生畏的兵器，能徒手打开坚硬的椰子壳，"握力"是人手的十倍，难怪在片中被塑造成连半神都敢打的反派角色。

茉莉公主的侍卫虎

2019年上映的真人版《阿拉丁》，对许多影迷都是一个意外之喜——在前几部真人版公主片全部"扑街"的心理预设之下，这部原本期望值不怎么高的《阿拉丁》居然还是挺好看的。除了威尔·史密斯扮演的嘻哈精灵，最出彩的当属美貌与气场并重的茉莉公主了。别人家的公主都跟小鸟小兔小毛球做伴儿，茉莉公主平时常伴左右的是一只霸气十足的斑斓猛虎，宛如真人版"美女与野兽"，堪称迪士尼最硬核的一位公主。

故事里的东方国度阿拉伯气候炎热干旱，并不是山林之王喜欢的栖息地。曾生活在中东一带的虎亚种——里海虎已经灭绝，理论上说，茉莉公主要养只老虎只能靠进口。好在阿格拉巴繁荣富饶，通行商旅络绎不绝，进口一只老虎不是什么难事。从电影里看，茉莉公主的着装和歌舞场面都洋溢着浓浓的印度风情，连老虎拉贾的名字听起来也颇有印度范儿。因此，这只威风凛凛的侍卫虎很可能是一只来自印度的孟加拉虎（Bengal tiger）。老虎是体形最大的猫科动物，而孟加拉虎算是老虎家族里的大个子，平均体重跟东北虎几乎不相上下，最大能长到三百多公斤、三米多长。野生孟加拉虎能捕杀黑熊和犀牛，甚至有杀死成年亚洲象的辉煌纪录。有这样一只超级大猫带在身边，平时撒娇卖萌、随便供人抚摸，一旦主人遇到危险，一声吼就能吓得反派倒退好几步，又有安全感，又会反差萌，简直是公主名媛们的完美宠物，用它当背景秀个自拍都比别人抱着猫猫狗狗酷多了。不过这也就是想想，真要养只老虎在家里可绝对不是个好主意。要知道，老虎是领地面积最大的猫科动物，地盘意识也相当强。所谓"一山不容二虎"，在野外，数百甚至上千平方公里的森林才住得下一只猛虎。别说普通人给不了这么大地方，就算是出身皇家的茉莉公主也不一定有这么大的猎场。

新版《阿拉丁》里没有提到这只侍卫虎的来历，1992 年的动画版讲过它的身世：拉贾是一只从马戏团逃脱的虎仔，误闯苏丹宫殿被茉莉公主收留，从此成了公主忠诚的卫士和最好的朋友。无独有偶，2019 年的动画大片《爱宠大机密 2》里那只委屈巴巴的小白虎也是一只马戏团虎，虽然被猫猫狗狗们合力救出，摆脱了马戏团长的皮鞭和铁链，最后仍然没能过上正常的"虎生"。事实上，白虎的诞生原本就有着悲剧色彩。

尽管《爱宠大机密 2》里有着中国名字的"小虎"被认为是一只华南虎，但它其实应该是拉贾的同族：如今动物园里所有的白虎都是孟加拉虎。它们的基因变异不仅影响毛色，还可能伴随着一些天生的疾病和身体缺陷。而在圈养环境下人工繁育的白虎，在天生的基因缺陷之外更受到近亲繁殖产生遗传病的困扰。全世界的动物园中数以百计的白虎，几乎全部都是近亲繁殖的后代。

历史上最著名、也最不幸的一只白虎来自印度，名叫莫罕。1951 年，一位印度王公狩猎时发现一头雌虎带着四只幼崽，其中一只有着白色皮毛。为了得到这只白虎幼崽，它的母亲和三个兄弟姐妹全部被射杀。莫罕在王宫中度过了 5 年，成年后多次育种都没能生下白色的后代，直到它与自己的女儿交配，生下了全世界第一批在人工圈养下出生的白虎。此后，莫罕和它的血脉开始了漫长的悲剧轮回。不仅莫罕的主人用白虎幼崽换来了巨额财富，连当时的印度官方也资助了白虎繁育计划，既作为当时最吸引眼球的动物园噱头，又高价出口到欧洲和美国。莫罕的一个女儿莫希尼被一位富豪买下，赠送给当时的美国总统艾森豪威尔，很快成了电视明星。然而，由于美国没有其他的白虎可供繁殖，大明星莫希尼不得不与自己的叔叔成为伴侣，而这位叔叔同时还是莫希尼同父异母的兄弟。几年后这头雄虎去世，莫希尼又"嫁"给了自己的儿子。

莫希尼并非白虎家族中唯一的悲剧女性。20世纪六七十年代，在全世界掀起的白虎热潮中，多家动物园和马戏团高价购买这些罕见的动物，许多政要都成了白虎的粉丝。看似光芒万丈的"虎生"背后，是整个莫罕家族极为混乱的婚育史，唯有近亲配种才能满足动物园不断增长的需求。在自然环境中，基因变异产生白虎的概率仅为万分之一，而在1987年，北美所有动物园里豢养的老虎，有十分之一都是白色的。

许多动物园宣称，全世界所有的圈养白虎都是莫罕的后代，这其实并不准确。如今，动物园中的纯种孟加拉白虎几乎都有莫罕的血统。另一部分混血白虎的祖先名叫托尼，来自美国，是孟加拉虎与东北虎的混种。它们的后代被交易到许多国家，甚至远赴非洲和澳大利亚。目前，大约200只白虎生活在全球多家动物园。2011年，世界动物园与水族馆协会通过决议，禁止任何加入该协会的动物园繁育白虎和白狮。遗憾的是，白虎并没有从全世界的动物园中消失，它们的同类也依然在无数个马戏团里被迫"学艺"。现实中的它们没有机会逃跑，也没有仗义的汪星人和超级英雄"兔子侠"前来拯救。为了全世界的"拉贾"和"小虎"，请读到这一章的你：

不要观看有老虎参与的马戏表演；

不要在旅游景点参与"抱老虎幼崽合影"活动；

不要追捧动物园的白虎、雪虎、金虎。它们生而不幸，而每多一双猎奇的眼睛，就可能让它们的不幸延续更久。

《猩球崛起》：

献给大猿们的壮阔史诗

《猩球崛起》三部曲有个铁律：

凡是开口就管主角恺撒和其他猩猩叫"蠢猴子"的人，无一例外，都挂了。

若干位大反派和小跟班用生命揭示了一个重要的事实：猩猩和猴子，不是一回事！

我们平时总习惯把"猿猴"混为一谈，其实"猿"和"猴"早在数千万年前就分家了。灵长类的家史可以追溯到 6500 万年前、恐龙刚灭绝的时候，最早的灵长类老祖宗完全没有猴样，更像是一只大耗子。这些鼠头鼠脑的小家伙从欧亚大陆起步，迈开小爪子开始了探索全球的旅程，逐渐扩散到了非洲和美洲。随着探险家们越走越远，它们的相貌越来越多样，演化出了许多不同的物种，定居在不同的家园之中。到了 2500 万年前，它们中的一支从猴儿大家族之中分化出来，走上了更进步、更高级的演化征程，成为"猿"。

"猿"和"猴"最直观的区别就是绝大多数猴儿都保留着尾巴，而猿族在改变生活方式的同时，丢掉了尾巴这一没什么用的零件。此外，"猿"通常比"猴"个体更大、头脑更聪明，跟人类的亲缘关系也更接近。事实上，人类和黑猩猩直到五六百万年前才分家，换句话说，猿族跟人的关系远比它们跟猴儿的关系更近。这么看来，电影里的打酱油小兵侮辱黑猩猩是"蠢猴子"，简直比骂一个人是"蠢猩猩"还过分。

猿族不算是一个特别庞大的族群，全球几百种灵长类动物之中，属于猿族的只有几十种，分属于两大家族。人丁比较兴旺的一家是生活在东南亚的长臂猿（gibbon），共 4 属 16 种，分为长臂猿属、冠长臂猿属、白眉长臂猿属、合趾猿属。因为个头稍小，也被叫作"小猿"。长臂猿是猿族之中的"轻功高手"兼"野生歌唱家"，它们靠着有力的长臂在林间飞荡来去，几乎从不下树，一荡就能跃过惊人的十几米。这些森林精灵还拥有美妙的金嗓子，密林中时常回荡着它们悠扬婉转的歌声，古诗中"两岸猿声啼不住""猿鸣三声泪沾裳"所写的就是长臂猿了。遗憾的是，曾经在中国广泛分布的它们如今已经极为罕见，只剩云南、海南等寥寥几处最后的家园。

两大家族中的另一家称为"大猿"，包括亚洲的红毛猩猩（orangutan），非洲的大猩猩（gorilla）、黑猩猩（chimpanzee）以及智人。这些猩猩们跟我们人类的关系都很近，以至于生物学上直接就把我们和它们划到一家，归属到人科。《猿球崛起》是一部献给大猿们的壮阔史诗，也是一曲人科物种自相残杀的末世悲歌。从电影第一部的善良男主角，到最后一部的变态美国将军，剧中的人类越来越不像人，而以主角恺撒为首的猩猩们，反倒越来越多地闪耀出人性的光辉。其实，它们和我们，原本就没有那么不同。

黑猩猩：一半是天使，一半是魔鬼

《猿球崛起》攒齐了 4 个属的大猿，但当之无愧的第一主角还是我们的猿王恺撒。这只黑猩猩从一出生就拥有传奇的身世：它的母亲生前接受了特殊的药物实验，智力得到巨大提升，并将这一"超强大脑"遗传给了婴儿恺撒。不幸失去母亲的小恺撒在人类社会里长大，度过了备受宠爱的童年，也遭遇过凌辱和虐待，品尝过失去自由的痛苦，也求索过自己的猿生意义。最终，恺撒帮助一群类人猿拥有了超级智商，带领猿族建立了自己的王国，与此同时，致命病毒却在人类之间迅速扩散，猿族崛起的同时，人类的末日却步步逼近……

同样的病毒，为猩猩们赋予了智慧，却能夺走人类的性命，这是一个格外引人深思的隐喻。当人类引以为豪的智力优势被拉平，何以为人，何以为兽？恐怕大多数影迷都会觉得，恺撒比剧中很多人更有人性，不但绝顶聪明、心思细腻、坚忍果决，而且历尽沧桑之后，仍然保留着善良的本质。擅长表情捕捉的天才演员安迪·瑟金斯将这只非比寻常的黑猩猩演绎得魅力非凡，既有令人心折的领袖气质，又有普通人的软肋和心结。我们仍然无从得知，真实的黑猩猩是否也有同样丰富的精神世界，但针对它们半个多世纪的研究已经证明，这些聪明的类人猿很多时候正如影片里呈现的那样，既温和，也残暴。

电影里大量的仰视镜头让主角恺撒显得相当高大，其实黑猩猩的个头并不高、体重也不算重，但非常强壮。有研究显示，常年在林间拉练的黑猩猩们快肌纤维含量很高，论体力是普通人的 1.5 倍。不过，它们的骨骼和肌肉并没有演化成适应直立行走的样子，平时主要是跟大猩猩一样用指关节拄地行走，或是身手敏捷地爬树和摆荡。要像电影里那样长期习惯两足行走，甚至骑马飞奔，可不是仅仅经过大脑改造就能办到的。

野生黑猩猩生活在数量庞大的家族群之中，雄性"族长"统治着数十只到一百多只家族成员，是整个黑猩猩社会的核心。正如影片里恺撒需要左膀右臂一样，现实中的黑猩猩酋长也需要团结盟友、打击异己，否则随时都有从权力顶峰跌落的危险。事实上，很少有黑猩猩可以凭单打独斗获得一席之地，无论"上位"还是"篡位"，常常都要靠兄弟帮忙。

电影中恺撒和夫人伉俪情深，对两个儿子也非常温和慈爱，这当然是为了塑造一位没有道德

▲ 黑猩猩

瑕疵的完美主角。可惜，现实并非如此理想，黑猩猩根本没有一夫一妻制的概念，也绝不是动物界的模范父亲。通常来说，雄性黑猩猩会留在自己出生的家族之中，而雌性一旦"少女初长成"，往往离开群体远嫁他乡，有时相互看对眼的小情侣也会临时出走"度蜜月"，享受一段不被打扰的二人时光。黑猩猩在繁殖这件事上比较开放，不会固定一个伴侣，因此就算别族的少女嫁到自己家，或是小伙子带着姑娘度蜜月归来，也照样无法确定自己就是孩子他爸。既然没法确认自己就是亲爹，雄性黑猩猩也就不大付出精力来养娃了，小婴儿基本都是妈妈带大，也因此非常依恋母亲。许多黑猩猩一辈子也不知道自己的父亲是谁，但终生都跟妈妈很亲。

在三部曲的第二部开头，一群黑猩猩合作猎鹿的大场面相当震撼，倘若真的有一群智商开挂的黑猩猩生活在北美的山林之中，它们确实很可能会集体狩猎。野外的黑猩猩主要以水果为食，也会吃叶、芽、花、种子、蜂蜜、鸟蛋和昆虫，偶尔还会捕食麂羚、薮羚和疣猪。肉食在它们的饮食中占比例并不高，但却为它们带来了汉尼拔式的恐怖名声：尽管人们总把"猿""猴"相提并论，科学家们发现，黑猩猩竟然会抓猴子吃。许多小型灵长类，包括红疣猴、婴猴和狒狒，都曾是黑猩猩的盘中餐。野生黑猩猩会有策略地集群狩猎疣猴，有的轰赶、有的拦截、有的追击，分工明确，最后将猎物分而食之。它们还会无师自通地把一根木棒削尖，做成矛一样的兵器，捅到婴猴藏身的树洞里去杀猴吃肉，这也被认为是人类之外的动物使用武器的第一个证据。更惊悚的是，狒狒和黑猩猩常常比邻而居，这两种动物小时候还经常一起玩，生性活泼好动的幼年黑猩猩时常会跟小狒狒一起追逐嬉戏，但成年黑猩猩好像完全记不得这些童年玩伴一般，会毫不留情地杀死狒狒当作一顿大餐。

提到黑猩猩，英国动物学家珍·古道尔是一个不可能忽略的名字。这位"黑猩猩女士"出生于 20 世纪 30 年代，1960 年，这位 20 多岁的年轻单身女子来到坦桑尼亚，深入丛林与黑猩猩生活在一起，了解了当时从未有人了解过的黑猩猩家庭生活和社会结构，也逐渐取得了这些类人猿的信任。如今，古道尔博士的黑猩猩研究已经持续了60年，她最早观察到每一只黑猩猩都有独特的个性，有喜怒哀乐的不同情绪，还有牢固紧密的家庭纽带。古道尔博士最惊人的发现之一是：黑猩猩能制造并使用工具。她所观察的卡萨克拉黑猩猩群的一个成员用树枝做成"钓竿"来钓白蚁吃，这一发现直接改变了当时学界对"人类"的定义。[①]另一个颠覆性的发现是，当时科学家认为，黑猩猩是温顺的素食者，而古道尔不但观察到它们打猎吃肉，还看到了更可怕的事：这群黑猩猩对其他部落发动了长达4年的灭族战争，将邻近的族群赶尽杀绝，连雌性和幼崽也不放过。残忍杀害别族同类后，它们甚至会像对待猎物一般生啖血肉，丝毫没有表现出任何心理压力。古道尔博士还观察到一对黑猩猩母女有杀婴的恶习，本族群内地位较低的雌性一旦生育，这对母女就会将婴儿从它们妈妈的怀里夺走，杀死吃掉。

虽然目睹了这一切，在古道尔博士心中，黑猩猩并不是杀人不眨眼的残暴魔王。她相信这些动物就像人类一样，天性中既有阴暗冷酷的一面，也有善良温暖的一面。在坦桑尼亚冈比，古道尔见到了黑猩猩家族成员之间的爱与深情，见到了母子、兄妹之间的温柔慈爱、互帮互助，有的黑猩猩会抚育亲人留下的孤女、保护受欺负的幼儿，还有雄性黑猩猩为了救落水的幼崽自己溺水身亡，而这只幼崽并不是它的孩子。不幸失去家人孩子的黑猩猩也会表现出深切的痛苦，古道尔见过雌性黑猩猩抱着死去的幼崽一连几天都不放手，也有成年黑猩猩连续好几年都走不出丧母的悲

[①] 当时学界认为，人与其他动物的区别在于人是"工具制造者"。而古道尔的研究证实，黑猩猩也能制造工具。由于动摇了"人"的基本定义，这一革命性的发现不仅影响了学术界，在整个社会上都掀起了轩然大波。幸运的是，古道尔的导师、著名人类学家坚定地支持了她，回应称"我们要么重新定义'人'，要么重新定义'工具'，要么就得接受黑猩猩是人"。

伤……

即使对古道尔本人这只陌生的"白猿"，黑猩猩们也并未抱有强烈的敌意。古道尔博士回忆说，一开始她所追踪的黑猩猩极为胆怯，见到她就跑得老远，但随着与它们渐渐混熟，黑猩猩们能在她身边相当自在地吃喝玩耍，共同度过了许多宁静的美好时光。曾经有一次，家族群中的领袖"灰胡子大卫"[①]和古道尔一起坐在树荫下，古道尔手边有一个从树上落下的水果，便随手捡起来递给了灰胡子大卫，没想到这只强壮的成年野生黑猩猩接过水果立刻放在了一旁，然后轻轻地握了握古道尔的手。古道尔博士写道："我仍然记得那个场景……他不需要那个水果，但他理解我的意思，他知道我没有恶意。"

研究显示，人类与黑猩猩有 98.6% 的 DNA 相同。尽管外貌相去甚远，我们与这些猿族表亲在基因层面其实只有微乎其微的差别。古道尔博士曾说："我去冈比研究黑猩猩，既不是为了证明它们比人类好，也不是为了证明它们比人类坏。"这些聪慧的大猿拥有复杂的内心世界，猿族和人族的距离，其实远没有我们以为的那么遥远。

倭黑猩猩：让我演科巴，真是太难了……

《猩球崛起》第二部的核心反派并非人类，而是恺撒这边的自己人：逐渐黑化的副手科巴。科巴是基因改造神药 113 的第一个实验品，由此获得了与恺撒不相上下的超凡智力，但多年的实验室生活在它心里留下了永远的阴影：由于在人类手中备受虐待，科巴始终不信任人类，反对恺撒谋

[①] "灰胡子大卫"是古道尔本人最爱的黑猩猩，在美国佛罗里达州的迪士尼动物王国主题公园有自己的塑像，就在生命之树的旁边。

求的和平，为此不惜亲手加害恺撒、挑起战争。正如好莱坞许多套路反派一样，科巴从追求复仇一步步转向追求权欲，最终彻底堕落，被恺撒开除了"猿籍"。对此，科巴的扮演者恐怕有话要说：科巴不是跟恺撒一样的黑猩猩，而是一只倭黑猩猩（bonobo），而现实中的倭黑猩猩完全就是科巴的反面，是整个猿族中少有的和平主义者。

倭黑猩猩与黑猩猩相貌酷似，却分属不同的物种，最明显的特征就是一头中分的"秀发"，外加不太明显的粉红唇。影片中虽然故意把科巴处理得比较丑，还是能看出跟恺撒等黑猩猩长得不太一样。倭黑猩猩唯一的栖息地是非洲刚果河以南的刚果盆地，科学家推测，由于黑猩猩不会游泳，数百万年前形成的河流分开了两岸的黑猩猩族群，两边长期无法沟通交流，就形成了一个新的物种。不过，虽然取名叫"倭"，倭黑猩猩并不比黑猩猩个头小多少，只是体形稍微纤细一些、脑袋也稍微秀气一点罢了。

跟黑猩猩一样，倭黑猩猩也是人类最近的亲属，基因层面上非常近似，但性情完全是大相径庭。不同于频繁动用暴力的黑猩猩，倭黑猩猩几乎从来不打架，更不会互相残杀，它们的字典里似乎没有仇恨、没有权力，只有爱与和平。著名灵长类动物学家弗朗斯·德瓦尔盛赞倭黑猩猩善良、耐心、感情丰富、具有无限的同情心。更有人把它们比作动物界的嬉皮士，野生倭黑猩猩交配的次数简直频繁得令人咋舌，无论同性异性都可以共赴生命的大和谐，对它们来说，这确确实实就是为"爱"，为了表达友好、强化关系，或者纯粹就是娱乐享受，而不是为了繁衍后代。在动物界，不以繁殖为目的的交配可说少之又少，只有倭黑猩猩、海豚等部分高智商物种具备这种行为。这一奇特的社会风俗在我们人类看来，难免显得有些风流放荡，但也的的确确减少了种群内无谓的冲突。哪怕两个猩猩刚吵了一架，交配后就可以立即握手言和，大家还是亲亲密密的好基友。

当然，这并不意味着倭黑猩猩是吃斋念佛的善男信女，它们同样会杀生吃肉，也会表现出一定的攻击性。但是，这些现实版"科巴"总的来说还是温顺平和的。倭黑猩猩种群中不存在黑猩猩常有的强奸和杀婴等恶性事件，与外族成员也鲜有暴力冲突，它们似乎相信友爱的力量远胜于大打出手，尽可能用和平合作解决问题。科学家认为，这很大程度上是因为它们的栖息地十分富饶，衣食无忧，自然能做到"仓廪实而知礼节"。另外，不同于黑猩猩的男性酋长主导，倭黑猩猩群体中说了算的是上了年纪的女族长，雌性之间的联盟和互助也比雄性之间更紧密、更频繁。"母系氏族"相对倾向于比"父权社会"更温和、较少争斗，同时雌性当家也会在一定程度上限制雄性的攻击性。还有研究表明，倭黑猩猩的大脑中司掌同理心和移情的区域比黑猩猩更为发达，能更好地感知他人的痛苦和焦虑，同时也更善于控制自己的冲动。这样一个温和良善、与世无争的族群，被《猩球崛起》剧组塑造成满心仇恨、崇尚暴力的大反派，确实是难为了它们。

大猩猩：总被编剧写死的温柔巨人

《猩球崛起》中，黑猩猩恺撒身边常有体格硕大、肌肉发达的大猩猩保驾护航，为了不让主角被比下去，电影有意把恺撒拍得比较高，旁边的大猩猩相对缩小了不少。其实，真实世界的黑猩猩是猿族的小个子，一般体重只有三五十公斤，大致也就是一个半大孩子的体形。而大猩猩是整个灵长类家族的头号巨人，成年雌性的体重就能轻松超过 100 公斤，而雄性可以长成 200 多公斤、身高 1.8 米、臂展 2.6 米的巨兽，论体重差不多相当于一个巨石强森加一个"海王"杰森·莫玛。《猩球崛起 3》里还有好几次大猩猩卢卡策马飞奔的镜头，我每次看都替那匹小白马揪心不已：普通的马驮 100 公斤就不容易了，狠心剧组居然安排它驮 200 多公斤还要撒蹄子跑起来，这可真是太强"马"所难了！

由于体重过重，大猩猩不怎么爬树，也很少直立行走。野外的大猩猩大多数时候采取四肢着地的姿势，用指关节拄着地来走路，有时候也会换成拳头或者手掌。雄性大猩猩长到 10 多岁时，背上会长出一片银白色的毛，像一件银色斗篷一般直披到腰下，因此也被称为"银背"。成年银背大猩猩体格魁梧，胸宽背厚，头顶三角形的拉风发型，浑身腱子肉如钢似铁，往那一站就威慑力十足，几乎没有任何捕食者敢去太岁头上动土。它们是大猩猩家族的核心，负责带路觅食、选择栖息地、调解家庭内部争端、保护整个群体的安全。一旦遇到危险，银背大猩猩们会奋不顾身地自己先上，甚至以生命为代价保护家庭成员。

凭借着壮得吓人的外表，大猩猩总是在电影中扮演浩克式的强大力量输出，无人能及的武力值背后又有一颗善良的心。《猩球崛起》前后两只银背大猩猩巴克和卢卡都是团队里最能打又最忠心耿耿的角色，第一部里巴克甚至徒手掰下了一架直升机，与敌军同归于尽。第三部里投效人类部队的大猩猩"驴子"虽然一度当了叛徒，最后也还是为救恺撒英勇牺牲，用生命锁定了《猩球崛起》系列第二定律：所有智商开了挂的大猩猩都活不到剧终。

▲ 外表强壮可怖的大猩猩其实绝大多数时候都是温和的素食主义者

除了《猩球崛起》三部曲，还有不少大片都盯上了大猩猩们惊人的战斗力。动画片《欢乐好声音》系列特别挑中一群银背大猩猩组成黑帮，纵横全市无人能挡。巨石强森演过一部灾难片《狂暴巨兽》，一只因为药物变异长到 3 米多高的白化大猩猩摧毁了大半个城市，重伤之下还干掉了一条同样变异了的超级大鳄鱼。经典传奇"泰山"系列中，原作者虚构了一种不存在的类人猿"曼加尼"来养育男主角泰山，各路导演编剧还是倾向于把这群巨猿拍成大猩猩的样貌。

最有名的好莱坞"巨猩"还要数金刚，这只巨灵神般的大猩猩已经十几次登上大银幕，丛林里手撕过恐龙，帝国大厦上打过飞机，跟传奇怪兽哥斯拉上演过终极之战，顺便还演绎了好莱坞影史上最悲壮凄美的人兽绝恋，赚足了全球影迷的眼泪。从近一个世纪前的第一部《金刚》开始，这些神威凛凛的伟岸巨兽一次又一次地在银幕上捶着结实的胸膛，露出巨大的犬齿，炫耀着它们撼山动地般的力量。然而，现实中的它们绝大多数时候都只是一群好脾气的大块头，安安静静地在非洲的丛林里嚼着树叶。很难想象，大猩猩的巨大体形和一身肌肉几乎完全是吃素吃出来的。它们的主食是树叶、嫩枝、水果、蚂蚁和白蚁，并不会像黑猩猩那样猎杀羚羊和猴子为食。生性平和的它们很少诉诸暴力，即使两个群体的银背大猩猩狭路相逢，也不一定会兵戎相见，常常是雷声大雨点小，捶胸咆哮一顿示威来恐吓对方而不会真打。

在大猩猩的恐怖外表之下，藏着一颗特别温柔的心。美国旧金山动物园曾有一只非常聪明的大猩猩科科，它会画画，会打手语，还跟著名喜剧演员罗宾·威廉姆斯成了好朋友。1983 年的圣诞节，科科打手势向饲养员要一只猫做圣诞礼物，当饲养员给了它一只毛绒玩具时，科科表示并不满意。于是几个月后，科科得到了一只真正的猫咪作为宠物，还给小猫咪起名叫"毛球"，像照顾大猩猩宝宝一样照料这只小猫。如此庞然巨兽抱着小猫崽的样子超级有爱，还登上过国家地理杂志的封面。不幸的是，一年多之后，淘气的毛球溜出笼舍，遭车祸遇难，科科用手势表示自己非常难过。后来，它又陆续收养过好几只小猫。想不到强悍的"金刚"跟我们中的许多人一样，是个不可救药的猫奴呢。

红毛猩猩：亚洲丛林中的孤独智者

不得不说，《猩球崛起》里的旧金山是个神奇的地方：原本分别住在非洲和东南亚的几种大猿，在这里都能活得挺好。倘若编剧过于尊重事实，电影可能刚开始就结束了：这些生活在热带的灵长类根本没法在寒冷的北加州山林里上演荒野求生，从恺撒带领猿群进入红杉林的那一刻，人类就已经完胜了。

另一个问题是，现实中这几种大猿是彼此碰不到面的。倭黑猩猩与黑猩猩之间隔着世界第二大河刚果河，黑猩猩和大猩猩的栖息地只有部分重叠，而且二者几乎从不互动。至于恺撒的"丞相"重臣毛里斯，它是一只生活在东南亚的红毛猩猩，若不是人类的干预，毛里斯一辈子也见不着非洲兄弟的面。

红毛猩猩一度被认为只有一种，新的研究将它们分为三种，生活在马来西亚和印度尼西亚的热带雨林之中。它们的相貌非常独特，浑身披着火焰般的橘红色毛发，只有脸部裸露在外。电影中毛里斯长着一张夸张的大脸盘，扁平的脸上嵌着一双闪着智慧光芒的小眼睛，令人过目难忘。这张"大饼脸"是成年雄性红毛猩猩独有的特征，称为"颊

▲ 红毛猩猩成年雄性有着标志性的巨大颊垫

垫"，在猩猩族群中，这是少年郎长成男子汉的标志。

现实中的"毛里斯"们身高大约 1.3—1.4 米，但臂展可达 2 米。拖着这双长胳膊在地上行走有些不便，但上树就好使多了。借助有力的胳膊和灵巧的手指，红毛猩猩能抓住树枝在林间行动，虽然及不上长臂猿那么敏捷，但比人类强得多。红毛猩猩是所有大猿中最依赖树木的，其他几位的大部分猿生都在地面度过，唯独红毛猩猩主要住在树上，很少下地。它们

吃树上结的水果、嫩芽和叶片，偶尔掏鸟蛋、采蜂蜜尝鲜，晚上还会在树上用枝条搭个精致的树屋来睡觉。

电影中恺撒有妻有儿，火箭和别的黑猩猩也都成了家，唯独毛里斯自始至终孤身一人，最后只有一个人类女孩为伴。现实中的红毛猩猩也是最孤独的大猿，这么说有两重含义：一是红毛猩猩与另外几种大猿的亲缘关系比较远，1000多万年前就跟大猩猩、黑猩猩和人类分家了；二是它们不像其他大猿那样以家庭为重，通常情况下，幼年红毛猩猩会跟母亲一起待上2年左右，然后就会离开母亲独自隐居密林，不肯像黑猩猩和大猩猩那样在大家庭里过集体生活。年轻猩猩偶尔组成"旅行团"在丛林中游荡，彼此有亲戚关系的红毛猩猩们会比邻而居，但无论是少年帮还是太太团，大家平日里都不会天天见面、共同行动，更不会像别的大猿和猴儿那样亲亲密密地互相梳毛。最缺乏家庭意识的还要数大老爷们，雄性红毛猩猩既不会跟妻子长相厮守，也不会帮着伺候月子、照管孩子，所有的小猩猩都是妈妈一人带大的，完全没有"爸爸"的概念。

奇特的相貌、类人猿的高智商，加上来自东方的神秘色彩，使得红毛猩猩在不少作品中被赋予了各种离谱的想象。爱伦坡曾经写过一个短篇《莫格街谋杀案》，被誉为全世界第一篇推理小说，其中来无影去无踪的野蛮凶手就是一只受过训练的红毛猩猩。迪士尼改编吉卜林小说的《奇幻森林》，也加入了一只原作里没有的红毛猩猩"路易王"，这只猩猩不但体形大得夸张，脾气也格外暴躁，简直就是一只红毛版的"金刚"。相比之下，或许还是《猩球崛起》里睿智而孤独的毛里斯更接近这些丛林隐士原本的模样。

真的能教猩猩说话吗？

《猩球崛起》最惊人的一个桥段，当属恺撒第一次开口说出"不"的瞬间。语言意味着更高级的智能，当恺撒学会说人话的一刻，它就彻底完成了从"猿"到"人"的转变。尽管还是黑猩猩的样貌，但在影片随后的情节中，恺撒显然已经不再是动物，而是被当作人来对待了。反过来，在《猩球崛起》第三部中，人类感染了变异病毒、退化成原始状态，最初的症状也是无法说话。按照电影的设定，失语是人性退回兽性的第一个标志，而掌握语言是兽性迈向人性的第一个台阶。

可以肯定的是，现实中的黑猩猩有它们自己的语言。虽然它们不讲英语也不打手语，但它们会使用面部表情、姿势和特定的声音相互交流，比如某种叫声代表"有蛇"，另一种则是"有豹子"，不同族群还有各自的"方言"。黑猩猩是表情丰富的动物，它们会撇嘴表示沮丧、"冷笑"表示威胁，开心愉快时也会发出真诚的张嘴笑。不过，在社交网络上流传的黑猩猩"大笑"表情并不是高兴，恰恰相反，这个露齿大笑般的喜感面容表达的是强烈的恐惧。此外，影片中幼年恺撒向人类父亲伸出一只手恳求准许，科巴和其他黑猩猩也一度弯下腰，做出伸手的姿态向首领恺撒请求原谅，这也是非常准确的黑猩猩肢体语言。野生黑猩猩会蜷起身子、伸出一只手上下摆动，向比自己地位高的同类表达臣服和示好，相当于表达"你厉害，你赢了，我服你"。

那么，黑猩猩能学会我们人类的语言吗？我们知道，黑猩猩非常聪明。研究人员曾经教会过黑猩猩识数、用塑料儿童字母板"认字"，还能教它们用这些字母排出特定顺序来换取食物。它们的记忆力也极其出色，短时记忆很可能比人类更好，影片中恺撒只瞥了一眼就记住了饲养员输入的开锁密码，现实中有一只名叫 Ayumu 的黑猩猩同样在实验中完美地记住了没有规律的杂乱数字，并且这些数字仅仅在屏幕上闪现了四分之一秒。种种优异的表现让科学家们非常惊艳，一些人满怀希望地开始尝试教黑猩猩"说话"。20 世纪 60 年代，两位科学家花了几年的时间，教一只名叫瓦舒的黑猩猩打手语，据报道，瓦舒学会了 350 多个手语单词，还教给了别的黑猩猩。另一只昵称为"尼姆·猩姆斯基"①的黑猩猩同样天赋非凡，研究团队称它不光学会了单词，还能组合成句子。不过，这些研究都没有获得普遍的承认。有语言学家质疑说，瓦舒使用的实际上是"符号"而不是真正的"语言"，因为它并不了解语言规则，只是条件反射地比出手势。其他团队研究了尼姆的实验报告后也认为，尼姆的话只是在实验员给出提示后所做的反应，换句话说，尼姆可能只是为了得到奖励而完成了实验员教它的把戏，这可远远算不上"说话"。此外，尼姆的手语顺序仍然混乱，表明它没有"语法"的概念，而语法恰恰是语言的基础。

其他几种大猿的表现也并不比黑猩猩出色。美国亚特兰大动物园曾有一只名叫夏特克的红毛猩猩学会了 150 多个手语单词，有一次动物园体检时想让它进 X 光机，夏特克不认识这台机器，非常困惑，于是饲养员打出"照相机"的手势，夏特克恍然大悟，大大方方地进去拍了 X 光。但夏特克的语言掺入了大量人类自身的理解，它的手势被人类饲养员赋予了种种含义，但没人能确定它是不是真的在试图交流。我们在上文认识的大猩猩科科，被认为学会了 1000 个手势和 2000 个英语单词，词汇量至少达到了三岁小孩的水平。还有一只倭黑猩猩坎齐被誉为最聪明的类人猿，比全世界任何动物都能理解更多的"人话"。科研人员教坎齐用键盘输入的方式来交流，并声称它会用至少 348 个单词（实际上是代表不同单词的符号，用特制的键盘输入电脑显示出来），还能理解多达 3000 个人类词汇的含义。但无论是科科还是坎齐的语言能力都受到了不少质疑，它们和尼姆

---

① 这个名字是在恶搞著名语言学家诺姆·乔姆斯基，他认为语言是人类的独有能力，而研究团队教尼姆说话的初衷正是为了反驳这个观点。

一样学不会句法，从不会主动提问，最关键的是，研究团队无法证明它们的手语究竟是在表达自己的意思，或仅仅是接收到了实验人员的暗示而采取的相应动作。这一现象有个名字叫"聪明的汉斯"效应，来源于20世纪初德国的一匹明星马，因为会做算数而名噪一时。比如主人问它"6加5等于几"，汉斯就会抬起蹄子在地上敲11下。但科学家很快发现，汉斯其实不会做算数，它只会观察主人的细微表情和肢体语言来猜到答案，然后在敲到正确数字时停下。哪怕主人自己都没有意识到自己在"作弊"，汉斯也能收到这种暗示。许多科学家都认为，瓦舒、尼姆、科科、坎齐等大猿的"手语"恰恰是"聪明汉斯效应"，而不是真正的自我表达。

无论关于类人猿学习人类语言的争论如何，至少有一点是确定的：所有的大猿都没能像电影里的恺撒那样真正说出话来，只能跟毛里斯、火箭它们一样打手势。这是实打实的生理局限：类人猿的肌肉结构决定了它们对舌头和下巴的控制力不如人类好，而且它们的声带不能完全闭合，无法发出跟人类同样多的声音。除人类之外，所有的哺乳动物的喉部位置都比较高。这样的好处是可以一边呼吸一边吞咽、不会呛着，坏处是限制了发声的范围。而人类喉部位置偏低，虽然不能同时呼吸和吞咽，但大大加强了发声的能力。因此，人类能发出几十上百个音素，形成复杂多变的语言，而绝大多数黑猩猩只能像电影里那样发出呼呼哈哈的含混声音。

现实中的它们没有末世崛起，只有挣扎求生

2023年，全球人口突破了80亿。而所有其他的大猿加在一起，猿口往宽了说也不到50万。作为灵长目人科的我们，在数量上对这批近亲实现了绝对的碾压。毫无疑问，我们智人是地球上混得最成功的物种之一。遗憾的是，科技发达、文明昌盛的人类，并没有好好地照顾我们的穷

亲戚。

根据 IUCN 红色名录，所有大猿全部都是濒危动物，无一例外，而且种群数量都在持续下降。黑猩猩和倭黑猩猩的评级是濒危，而两种大猩猩和三种红毛猩猩都被列为极危，距离野外灭绝只有一步之遥。其中达巴努里猩猩是 2017 年发现的新物种，这些红毛飘拂的美丽大猿与人类才刚刚相识，就已经站在了灭绝的悬崖边上，估计仅存不到 800 只，是大熊猫的三分之一。

大猿们所面临的危机之一，就是偷猎和走私。在非洲许多地方，大猩猩和黑猩猩还是市场上出售的"丛林肉"，当地人猎杀它们有时是为了改善伙食，有时是报复它们破坏了农田庄稼。在一些政治动荡的国家，反政府武装也会为了示威而故意杀害这些受到国家保护的动物。而盗猎最直接、最根本的原因，还是出于经济利益。正像《猩球崛起》第一部开头几分钟的惨烈场景，当地人捕捉黑猩猩卖给非法贸易商，出售给实验室和宠物交易。电影中的 Gen Sys 公司做医药实验所使用的黑猩猩，来源显然不干净，而为 Gen Sys 提供实验对象的收容所，更是全方位地展示了对这些类人猿的虐待。

哪怕是充当正面形象的男主角，把幼年黑猩猩养在家里的做法也决不可取。虽然小时候它们像玩具一样奶萌可爱，成年后黑猩猩却是非常强壮、有危险性的动物，影片中恺撒的母亲受惊之下撂倒了三个大男人，几乎以一己之力拆掉了大半个实验区；还是个少年的恺撒看到祖父被人欺负，徒手就把恶棍邻居暴打了一顿。男主角一度用狗绳牵着恺撒去树林里遛弯，其实如果黑猩猩想要挣脱的话，凭詹姆斯·弗兰科那种体格的男性根本就牵不住。在美国已经发生过好几起宠物主人被自己养的黑猩猩袭击、重伤致残或毁容的案例，足以证明它们绝不是合适的宠物。许多非法宠物饲主发现自己的黑猩猩长大成年、越来越危险之后，或是动手术拔掉它们的犬齿甚至切掉拇指，或是遗弃或转卖，任凭这些曾经的爱宠、"家人"度过凄惨的晚年。许许多多被迫离开自己族群、生活在人类社会的大猿都经历了巨大的痛苦，往往在获救之后也无法彻底治愈，放归野外的个体也经常因为认知差异而无法融入自己的族群。更不用提在野外抓捕、运输过程中巨大的伤残和死亡比例，以及无数个被拆散的猩猩家庭了。

不用说私人宠物，即使是那些明星大猿的日子也不好过。比如上文说到的尼姆，从小就被当作宠物生活在人类家庭，养尼姆的一家人甚至给它喝酒和吸大麻。尼姆进入科研团队开始"学话"之后，也并没有获得正常黑猩猩该有的生活，在当了几年的实验对象后，它变得脾气暴躁，开始袭击研究人员，让好几个人进了医院。直到实验结束，退休后的尼姆回到一家灵长类研究所，才第一次见到自己的同类。在此之前，它从来没有见过任何一只黑猩猩，当然也不懂得如何与它们相处。它开始显出抑郁的症状，还曾经比手势说自己想抽大麻。更不幸的是，该研究所后来将尼姆卖给了一所医学实验室用于疫苗研究，尼姆不得不住在铁丝笼里度日。几年后，终于获救的尼姆在一处牧场度过了晚年，但仍然与世隔绝地独自生活在兽栏之中，26岁那年死于心脏病。这对于黑猩猩来说，无疑是非常悲惨的一生。

幸运的是，随着科学界针对类人猿的研究逐步深入，人们意识到这些大猿具备超高的智商和丰富的情感，善待类人猿的呼声也越来越高。珍·古道尔女士数十年来就一直致力于解救被走私、被虐待的黑猩猩，呼吁废除使用类人猿的医疗实验。以古道尔女士为首的活动人士的努力取得了成效，1999年，新西兰成为第一个禁止使用大猿进行实验的国家，如今已有近30个国家认定，由于大猿与人类如此相似，将它们用作医疗和药物实验对象是不人道的。2008年，西班牙立法禁止马戏团、广告和电影电视使用大猿进行表演。

事实上，好莱坞的"明猩时代"也早已过去，如今随着电脑动画技术的迅速发展，早已不需要真正的动物演员在片场打工了。《猩球崛起》三部曲没有使用一只真猩猩，安迪·瑟金斯等表情捕捉大师用影帝级的表演证明，这种方式无论从伦理道德、还是实际效果上，都比使用动物演员好得多。顺带提一句，安迪·瑟金斯不仅是恺撒的扮演者，还在 2005 年版《金刚》中演了巨猿金刚。当时这位天才演员为了扮演金刚，特意前往卢旺达学习大猩猩的行为特征，并与一只生活在动物园的大猩猩扎伊尔成了好朋友。拍摄《猩球崛起》时，他参考的则是著名的尼姆，以及另一只曾住在人类家庭、擅长直立行走、爱喝白兰地的"明猩"奥利弗。

不再玩马戏、演电影、做医学实验，不需要再给人类打工，这并不意味着大猿们就此拥有了平安顺遂、无人打扰的"猿生"，野外的它们所面临的更重大威胁是栖息地破坏。非洲和东南亚大片地区仍在大量砍伐森林、用于木材贸易、基础建设或辟为种植园，导致栖息其中的大猿们失去了赖以生存的家园。同时，遭砍伐的森林趋于碎片化，也使栖息地成为孤岛，让大猿群体之间难以互通，降低了遗传多样性。在印度尼西亚和马来西亚，人们砍伐大片森林，种上油棕榈，使得红毛猩猩的栖息地迅速缩水。尽管红毛猩猩在这两个国家都受到法律保护，它们的数量仍在不断减少，按照现有趋势，可能在数十年内灭绝。对我们普通人来说，尽可能支持环境友好产品、在日常生活中减少购买棕榈油制品，哪怕只是少买一包用棕榈油炸的方便面、薯片、饼干，就是我们能为这些人类近亲所尽的一份心意。

《侏罗纪世界》:
当远古巨龙出现在你家后院

"恐龙公园的存在，就是为了提醒人类，我们是多么渺小，又是多么年轻。"

——电影《侏罗纪世界》

6600万年前，一只倒霉的蚊子刚刚吸饱一顿大餐，就被封进了琥珀。1993年，这只蚊子却幸运地火遍了全球：科学家靠它腹中的恐龙血复活了恐龙，还建立了一整座恐怖又迷人的"侏罗纪公园"……

这是好莱坞惊悚大IP《侏罗纪公园》的剧情设定。"死理性派"可能会说，琥珀中的蚊子是一只雄性大蚊，通常情况下雄性蚊子不吸血，而大蚊无论雌雄都只吃花蜜，因此它的胃里其实不可能有恐龙血。但这丝毫不影响全世界的恐龙狂热：毕竟，有谁能抗拒"恐龙复活"这么浪漫的终极幻想呢？

从老三部曲《侏罗纪公园》到新三部曲《侏罗纪世界》，"侏罗纪"系列成了许许多多孩子的童年噩梦，却也是很多人的古生物启蒙。无数恐龙迷在被银幕上的凶残巨龙吓得尖叫不已之后，仍然一而再、再而三地走进电影院，对片中的恐龙明星如数家珍，时时憧憬着"要是恐龙真的复活了该多好"……

这就是恐龙的魅力：巨大，壮观，消失已久，宛若神话……而作为哺乳动物的我们，或许基因里仍铭刻着曾在龙眠暗夜中屏息潜行的恐惧与敬畏。

恐龙是什么?

假如把整个地球超过 45 亿年的历史压缩为一天,恐龙的登场时间,其实已经接近午夜。

从午夜 0 点开始的 4 个小时,这个新生的狂暴星球上都没有任何活物。生命的曙光在凌晨 4 点左右出现,但在随后的漫长时间里,它们只是在浩瀚海洋中漂流的微小细胞,花了十几个小时慢慢长出腿脚、眼睛和大脑。晚上 21 点刚过,寒武纪生命大爆发开启了演化的狂欢,生命野蛮生长的速度陡然加快,迅速占据了远古海洋。大约 50 分钟之后,一群似鱼又像螈的古老动物离开海水,爬上刚刚开始出现绿色的苍茫大地。恐龙直到晚上 22 点 45 分左右才出场,它们繁衍出众多不同的族群,亲历了大陆分裂、海洋消亡、山脉新生,看到了这颗行星上的第一朵花初次绽放、第一只真正的鸟飞向穹苍。大约 23 点 39 分,一颗巨大的陨石落在尤卡坦半岛,终结了不到一小时的恐龙王朝。

这短短的数十分钟时间,已经足以让恐龙成为地球历史上最成功的统治者。倘若不是那颗意外坠落的天外灾星,或许直到今天,一切其他的陆上生灵都还生活在被巨龙支配的恐惧之下。哺乳动物仅仅比恐龙晚出现几分钟,直到恐龙灭绝后才得以扬眉吐气。而自诩于万物之灵长的人类,直到午夜前的两分钟才完成"人猿相揖别",仓促地开始直立行走和咿呀学语。智人这个物种诞生于这一天即将结束前的最后 3 秒钟,而我们一向无比自豪的人类文明,在这个巨大的虚拟时钟上刚刚存在了 0.1 秒而已。

虚拟时钟的晚上 22 点 41 分到 23 点 39 分的这段时间,也就是大约 2.5 亿至 6600 万年前,称为中生代。这是一个恢宏的时代,它以地球历史上规模最大的物种灭绝事件开端,又被最著名的一次灭绝事件终结。整个中生代都是属于恐龙的时代,这群爬行动物在三叠纪之初登上地球舞台,在侏罗纪迎来了辉煌鼎盛的荣光，最终在白垩纪末悲壮退场，留下了无数神秘渺远的巨龙传说，和一群每天在我们身边叽喳不停的后代。恐龙没有灭绝——如今的鸟类就是带羽毛的恐龙，它们是恐龙谱系中的一支，是那些早已化为岩石的远古巨龙所留下的温暖血脉。严格意义上说，"恐龙"这个定义应该包括鸟类和非鸟恐龙两大类。不过后者毕竟有点拗口，我们在这里说到恐龙的时候，暂且还是把鸟儿们排除在外吧。

▲ 禽龙

恐龙是一个庞大的家族，迄今为止，全世界已经发现了一千多种恐龙。我们总觉得恐龙是一群硕大无朋、行动迟缓的巨兽，事实上恐龙家族的一千多个成员形态各异，已知最大的阿根廷龙身长 35 米，重达百吨，是曾经行走在这个星球上的最巨大的生物；而 2020 年刚刚发现的最小恐龙只有蜂鸟那么点大，估计体重仅为 3 克。诸多恐龙中，有的形似鸵鸟，擅长飞奔；有的如同犰狳，遍身坚甲；既有笨重厚实胜似巨象，也有轻盈纤巧仿佛禽鸟。1 亿多年的漫长时光造就了大量不同的恐龙物种，古老物种慢慢凋零，新的物种不断出现。最早的始盗龙与暴龙相隔的时间，比暴龙与我们之间相距更为久远。

▲ 腕龙

虽然恐龙包括这么多形形色色的物种，但也有一些我们惯常以为是恐龙的家伙被科学定义排除在外。从分类学上说，天上飞的翼龙、海里游的鱼龙、沧龙、蛇颈龙，"侏罗纪"系列电影中出现的长有背帆的异齿龙，统统都不是恐龙，它们的基因关系与真正的恐龙相距较远，并不能归为一类。

真正的恐龙长什么样子?

我们脑补出来的恐龙总是一群长着鳞片的冷血大蜥蜴，而越来越多的科学发现正在纠正这个形象：真正的恐龙可能是身体温暖的大毛球。

早在《侏罗纪公园1》中小伶盗龙破壳而出时，基因科学家吴博士介绍说，它的血液恒定保持在91华氏度（大约33摄氏度）；影片结尾成年伶盗龙追捕两个孩子时，它的呼吸在冷库玻璃窗上凝成了雾气，再次显示它们具有较暖的体温。事实上，恐龙并不是人们想象中蹒跚迟缓的冷血动物，早在20世纪六七十年代，学界对恐龙体温就展开了争论。严格意义上说，"冷血"与"温血"的概念并不准确，被认为是"温血动物"的鸟类和哺乳类实际上是维持体内温度恒定的"恒温动物"，爬行类等其他动物则是体温随外界环境变化浮动的"变温动物"。

恒温的好处是全天都可以保持活跃，在相对寒冷的地带也能生存，《侏罗纪世界3》中就有大群恐龙驰骋在冰天雪地的内华达山脉。保持恒温意味着更高的能量消耗，据古生物学家估算，一头8吨重恐龙的新陈代谢可能相当于一头1吨重的哺乳动物。包括恐爪龙、伶盗龙在内的许多驰龙类都有恒温动物的生理机能，它们是敏捷而活跃的猎手，可能像鸟类和哺乳类一样具有相对高的代谢率，支持它们的身体快速生长。此外，许多恐龙的身体上覆盖着羽毛，也能帮助它们保存热量，维持体温。

——没错，恐龙很可能是毛茸茸的。《侏罗纪公园3》就让伶盗龙长出了毛，虽然只是脑袋上截出几根呆毛，看上去并不怎么酷炫，但这个造型反映了一个重要的科学理论：恐龙并不像我们以为的那样全部都是鳞甲巨怪，一部分恐龙是长羽毛的。2007年，在蒙古伶盗龙化石的前臂部分发现了羽茎瘤，证实了伶盗龙确实长有羽毛。科学家甚至认为，伶盗龙的祖先可能是会飞的，只是到后来失去了飞行能力，只保留了部分羽毛用来在爬坡时加速、孵卵时保温，或者仅仅是为了好看。

遗憾的是，《侏罗纪世界2》中伶盗龙小蓝的脑袋又秃了。导演特莱沃若曾经表示，他倒也不是不知道伶盗龙应该是什么样子，但一只长着毛的小恐龙不管怎么说也有点过于软萌，不符合观众对它们的期待。拍摄老版时，斯皮尔伯格也曾坚持认为，恐龙就应该长得粗糙又阴险，长着羽毛的恐龙"吓不倒任何人"。想象一下克里斯·帕拉特骑着拉风的摩托车，穿过丛林追捕危险的暴虐龙，身边并肩飞驰的却是四只毛茸茸的"怪鸟"，一下子就让男主的坏蛋形象变成了送娃上学快迟到的疯狂鸡妈妈。在视觉效果面前，也只好请科学严谨性稍稍让步了。

▲ 真实的"伶盗龙"很可能是毛茸茸的，除了头部和身体，前臂上长长的羽毛甚至让它看上去像长了一对小翅膀一样

　　到了《侏罗纪世界3》，科学事实又占了上风。片中出现的不少恐龙都披上了羽毛，影片一开场时长着毛的暴龙就颠覆了我们对这些"大蜥蜴"的印象，另一种小型暴龙——厄兆龙同样长有羽毛，在片尾跟一群鸭子混在一起毫无违和感。片中长有恐怖巨爪的镰刀龙全身覆盖着赤褐色羽毛，而冰河畔的火盗龙则披上了一身华服，火焰般的华丽羽衣惊艳全场，堪称全系列最为美貌的一只龙。恐龙长着羽毛这件事，也进一步证明了恐龙与鸟类的亲密关系。倘若一部分恐龙活到今天，它们很可能就像是一群相貌比较朋克、不会飞的大鸟。毛茸茸的恐龙并没减少影片的惊悚程度，老斯其实并不需要担心恐龙长点羽毛就不够吓人。正如伦敦自然史博物馆的一位恐龙专家评论的："哪怕是一只鸡在追你，只要这只鸡有两米多高、长着大尖爪子，你也一样会疯狂逃跑的！"

侏罗纪公园真的可行吗？

从 1993 年斯皮尔伯格执导第一部《侏罗纪公园》开始，"侏罗纪"系列已经拍摄了 6 部，从第一部活到第六部的毒舌怪咖马尔科姆都老了 30 岁，银幕前的恐龙迷也从孩子长成了大人。可惜电影里的"侏罗纪公园"还是没实现，影迷们依然没能看到能走路、会呼吸的活恐龙。科学不近人情地掐灭了无数人的幻想：壮观的侏罗纪公园只能存在于电影之中，无法变成现实。

电影中，科学家从一块琥珀里封存的蚊子体内提取了恐龙血液，从而获得了恐龙的 DNA。这是一个天才的科幻构想，麻烦在于，DNA 是个很娇气的东西，一旦生物死亡，DNA 就开始不断地分解崩坏，每过 521 年就会少掉一半之多。最"新鲜"的恐龙 DNA 至少也是 6500 万年前的遗存，早已降解得不成样子，而且很可能已经受到了各种微生物的污染，早已不是干干净净百分之百的"原装恐龙"了。正如影片里提到的，这些珍贵的 DNA 已经分裂成无数小碎片，变成了全世界最难的拼图——既没有线索提示，也不知道总共有多少片、是否还有碎片缺失。在这种条件下要将这幅拼图拼回原貌，可远远没有影片里说的那么简单。

更不合理的是，片中吴博士带领的科研团队使用蛙类的 DNA 来补全缺损，这差不多就是在生产一只弗兰肯斯坦式的"拼合怪"了——恐龙属于爬行动物，而蛙类属于两栖纲，两者早在数亿年前就分道扬镳，无论怎样也不可能强行缝合。实际上，哪怕使用鸟类 DNA 都比蛙类要靠谱得多——毕竟鸟类是恐龙的后裔，但是即便如此，我们仍然做不到用一条缝缝补补的 DNA 链准确造出一只完整的动物。事实上，以现今的科学技术，即使像猛犸象这样刚刚灭绝 1 万年、遗体保存尚完好的动物，都还无法通过克隆技术复原。

即使吴博士真的动用"黑魔法"再造了恐龙，侏罗纪公园还要面对一个严重问题：怎么养活这些大家伙。《侏罗纪世界2》结尾时，关在笼子里的恐龙险些死于有毒气体。其实正常空气很可能就足以让它们无法适应：如今大气中的成分比例与数千万年前不完全相同，恐龙的呼吸系统很难迅速习惯陌生的大气。即便解决了喘气问题和吃饭问题，对植食性恐龙来说，也并不是给一片草场随便啃就能行的：此前的研究显示，最早的草直到恐龙灭绝后1000万年才演化出来；新的科研成果将这个时间提前了一些，但也只是略微早于恐龙灭绝而已。这意味着生活在侏罗纪和白垩纪的绝大多数植食性恐龙都没怎么见过草，更没有消化它们的能耐。数千万年前的植物世界与今天极为不同，曾经被恐龙当作主食的古老植物要么已经灭绝，要么早已变样，现代植物中存在的大量生物碱和其他成分对恐龙来说，很可能与毒药无异。此外，微观环境同样经历了沧海桑田：就算人们能复活恐龙，也无法复制恐龙消化道内的菌群。如果喂不活植食性恐龙，吃肉的掠食者们一样无以为继。毁天灭地的大恶龙们根本没见过比猫咪大的哺乳动物，它们生存的时代还没有牛羊，也就别指望饲养员可以拿牛肉羊排来打发它们了。

"侏罗纪"系列里都有哪些恐龙？

迄今已知的一千多种恐龙之中，只有十来位有幸被"侏罗纪"系列的原作者和导演编剧们选中，成为人人皆知的大明星。为了好认好记，我们不妨简单地把它们分个类——放心，真的很简单！

所有的恐龙可以分为鸟臀目和蜥臀目两大家族。其中鸟臀目是一批长相奇特、身上经常带有怪异零件的家伙，包括顶盔贯甲的甲龙类，背上戳出一排骨板的剑龙类，方形嘴巴、好像鸭子的鸭嘴龙类，头上顶着奇形怪状骨瘤和尖刺的肿头龙类，还有脸上长有好几个犄角的角龙类。

这几类鸟臀目恐龙全都在"侏罗纪"系列中露过脸，不过戏份普遍不多，不是随便出场打个酱油，就是扮演肉食恐龙的盒饭。比如两部《侏罗纪世界》都出现了基因合成的杂交恐龙捕食甲龙的画面，其实甲龙虽然是温和的素食者，却也没那么好欺负。最大的甲龙长达7米，身披坚不可摧的致密骨甲，成千上万的骨板覆盖全身，连眼睑都有甲片保护，完全就是一架拥有完美防御的活体坦克。这架"活坦克"不但能防守，也可以进攻，甲龙尾部疙瘩状的尾锤是一件重达数十公斤的有力武器，左右挥舞时

▲ 甲龙

堪比流星锤。古生物学家曾经在一段暴龙腿骨上发现过骨折后又愈合的痕迹，猜测这只暴龙生前可能就是被甲龙的尾锤打断了腿骨。甲龙唯一的软肋就是没有骨板保护的腹部，但它们身形低矮沉重，四肢贴地爬行，任何掠食者想要掀翻数吨重的甲龙都不是一件容易的事。

剑龙出现在《侏罗纪公园2》的开场，女主角在岛上遇到了一大群带娃的剑龙，前脚刚勒令其他人不准跟野生动物亲密接触，后脚就自己伸手摸了小剑龙，导致剑龙父母护崽心切上前攻击。发现于北美的最大剑龙骨骼长达9米，背部如利刃高耸的骨板让它们的高度超过一层楼，宛如一座座移动的小丘。电影完美还原了这些巨兽的惊人尺寸和特征鲜明的背部骨板。这些骨板看似坚固，其实脆弱易碎，又是长在坚实的背部而不是薄弱的腹侧，很难为剑龙提供完美的防御。有人猜测它们的功能是协助散热、调节体温，或者是为了让自己显得更高大、凭借鲜艳的颜色和夸张的造型吸引配偶。也有科学家认为，这排骨板是剑龙的"身份牌"，用来识别不同的个体。不过最后这种假说面临一个挑战：剑龙有没有聪明到能识别同伴的地步？毕竟剑龙可能算是智商最低的恐龙之一，这些庞然大物的脑袋比狗头还小，不但智力堪忧，也很难想象这么小的脑子如何控制数吨重的躯体。早年学者曾经提出，剑龙的屁股上长有"第二个大脑"，用来控制

后半身，后来的学者在其他一些大个子恐龙身上也发现了这个构造。这个所谓的"臀部脑"听起来非常合理，连《环太平洋》中的科学家都借用了这个理论，认为怪兽们也

▲ 剑龙

有这种结构来控制它们巨大的身体。不过古生物学家已经澄清，这个"第二大脑"其实只是一个特殊的神经结，可以协调后肢和尾部的神经。

"侏罗纪"系列的万年龙套——副栉龙是鸭嘴龙家族的一员。如果这个名字有点陌生，看到它独特的造型你肯定就认出来了，就是那一大群脑袋上顶着管状头冠、被恐龙猎手起外号为"猫王"的家伙。这一奇特的头冠实际是上颌骨与鼻骨延长、伸到头顶形成的一个空腔，副栉龙吸进一口气必须通过这个空腔内弯曲的管道才能到达肺部。曾经有古生物学家大开脑洞，认为副栉龙可能用这副结构在水下呼吸，内部中空的管道可以当作氧气罐来使用。不过副栉龙体长 9 米，头冠里贮存的这点空气恐怕还不够一口呼吸。目前学界的主流意见是，这副头冠可能用来辨认同类、吸引异性，而最重要的作用是当成自带的"大喇叭"兼"管乐器"，空腔结构如同扩音器，能放大音量，还可能通过管道调节声音，发出各种不同的叫声。因此有科学家猜测，副栉龙有可能是叫声最大、音调最多变的恐龙。

▲ 副栉龙

另一个脑袋形状奇特的角色，是来自肿头龙家族的冥河龙。在《侏罗纪世界 2》中，被关押的男主星爵吹口哨让关在隔壁的冥河龙撞穿墙壁，打开了牢房门。之后这只小恐龙又大闹拍卖场，搅黄了反派的发财梦，又乖又萌又管用，着实引得不少影迷大呼可爱。不过现实中的冥河龙可能比影片中狰狞得多，它的拉丁文学名意为"来自地狱冥河的长角恶魔"，头

上长着魔鬼般的犄角，尖角旁边还有好几根小角，相貌实在有些骇人。除了脑袋上顶着不少零件之外，冥河龙的头骨本身也很坚硬厚实。《侏罗纪公园》三部曲中介绍肿头龙的半球形头骨厚达25厘米，颈部直接与头骨底部相连接、而不是接在头的后侧，这样低头时脖子与脊椎形成一线，能很好地吸收碰撞时的冲击力。作为肿头龙家族的一员，冥河龙也具有同样的"铁头功"。古生物学家推测，雄性冥河龙可能会用互相撞头的方式决斗来争夺配偶。但也有人认为，这些弧形的圆顶接触面过小，笔直对撞并不好使，即使要撞也应该是侧面相撞，或者这些奇形怪状的脑袋根本就不用来搏斗，而是识别同类和吸引配偶之用。

论脑袋上的犄角，谁也比不上角龙的拉风。巨大的头颅上长着粗长尖锐的眉角和鼻角，加上盾牌般坚硬厚实的颈盾，让角龙的形象宛如传说中走出的上古獬豸，非常威武。角龙大概是最好认的一类恐龙，也是"侏罗纪"系列戏份最多的群演。《侏罗纪世界3》中出现了可可爱爱的微角龙和长着巨大眉角的大鼻角龙；《侏罗纪世界2》中的角龙前脚刚在火山熔岩逼近之际及时唤醒了晕倒的男主，后脚就被食肉牛龙一路追杀夺命狂奔，算是一位十分辛苦、非常敬业的群众演员。在这一部结尾，杂交恶龙"暴虐迅猛龙"从屋顶摔落，也是被一副角龙头骨戳了个对穿。几种角龙中最让人印象深刻的还是首部《侏罗纪公园》中生病垂危的三角龙，女主为了判断它的病因，毅然伸手插进了硕大的粪堆。不过影片中那一堆屎实在有点太大，扮演大长腿马尔科姆教授的男影星杰夫·高布伦身高1.94米，看上去居然还没这个屎堆高。虽然三角龙身长9米，体重可达12吨，要生产这么一个超级屎堆也不是一日之功。这就又凸显了侏罗纪公园的另一个麻烦：由于整个生物系统数千年来的巨大变化，如今的自然环境连负责分解恐龙粪便的昆虫或细菌都没有了，

▲ 三角龙

被复活的恐龙在生物界的庞大链条之中已然找不到自己的位置。

说完了非主流鸟臀目，我们再来看看蜥臀目。比起鸟臀目的奇形怪状，蜥臀目的两大类可能更接近我们说到"恐龙"时浮现出来的第一印象：长颈长尾、吨位巨大、温和迟缓的四脚巨龙，属于植食性的蜥脚类；口似血盆、牙如刀剑、两脚行走的恐怖怪兽，则是肉食性的兽脚类。

蜥脚类恐龙中有不少知名度颇高的成员，但由于这群大家伙撞脸严重，"侏罗纪"系列里只选了两三位出镜。其中一位是一度以响亮的"雷龙"之名出道、后来不情不愿改了名的迷惑龙。《侏罗纪世界1》中克莱尔和欧文遇到一只被暴虐龙袭击、重伤垂死的迷惑龙，考虑到迷惑龙体长20多米、体重超过30吨，如此巨龙都无法抵挡暴虐龙的利爪尖牙，可见这只人造恐龙的巨大杀伤力。另一位蜥脚类恐龙是《侏罗纪世界3》中的无畏龙，古生物学家测算它比迷惑龙更大，估计全长超过26米、体重达到49吨，而且做出这些计算所依据的化石个体死亡时，很可能还没有完全长成。

最著名的蜥脚类恐龙当属跟三角龙、副栉龙一样跑了十几年龙套的腕龙，从《侏罗纪公园1》就开始出镜，在《侏罗纪世界2》里终于迎来了自己的终极高光时刻。在火山喷发、浓烟滚滚的努布拉岛，一只腕龙站在码头上望着船只远去，烟尘迅速吞没了它孤独的身影，悲怆绝望的呼唤声让全球影迷流下了同情的眼泪。影片中曾经提到腕龙的脖子有30英尺（大约9米）长，这个数字并不夸张。作为中生代的"长颈鹿"，腕龙的身高超过12米，比现在最高的长颈鹿还高一倍，一个成年人站在腕龙脚下，头顶只及它的膝盖。电影中打造出的腕龙形象结合了长颈鹿的优雅步态和大象的沉重身姿，看上去非常真实。不过剧组还是犯了一个小小的错误：《侏罗纪公园1》中有一个镜头让腕龙用后腿直立，伸长脖子去够树叶吃；一些蜥脚类恐龙确实可以做到这个姿势，但腕龙的身体构造与众不同，前肢长、后肢短、重心靠前，应该无法做出前腿离地的高难度动作。另外，真实的腕龙也不会像片中那样咀嚼食物。

　　兽脚类恐龙是一个巨星辈出的辉煌家族，旗下有一大批令人闻风丧胆、所向披靡的超级杀手。侏罗纪剧组请出了比暴龙资格更老的初代霸主异特龙、长着两根犄角和暴龙同款小短手的食肉牛龙、龙界第一和第二巨爪的拥有者镰刀龙和重爪龙、一度有望争夺"史上最大食肉动物"之名的南方巨兽龙、水中死神棘龙、"蛇蝎美人"双冠龙、君临天下的王者暴龙，以及人气过高、以至于从《侏罗纪公园》三部曲的反派直接升格成《侏罗纪世界》三部曲绝对主角的"迅猛龙"。当然兽脚类也并非个个都是凶神恶煞的重量级巨兽，影片中像鸵鸟一样擅长奔跑的似鸡龙、娇小玲珑的美颌龙都是这个家族的成员。值得一提的是，鸟类就是由兽脚类恐龙中的一支——驰龙类演化而来。因此倘若把现今的鸟儿明星也算在内，兽脚类恐龙家族堪称星光熠熠，至今仍然称霸好莱坞影坛。

所有吃肉的恐龙都是可怕的食人怪？

　　整个"侏罗纪"系列中，植食性恐龙都是温和憨厚的好脾气大块头，腕龙能与格兰特博士亲密接触，幼年三角龙甚至能让孩子们当小马驹一样骑着玩。而几乎所有的肉食性恐龙都被塑造成了残暴冷血的杀戮机器，个个都是杀人不眨眼的恐怖恶魔，不知疲倦地追杀脆弱的人类，吓得银幕前的影迷尖叫连连。这种设定当然是剧情需要，倘若设身处地为这些"恶龙"们想一想，劈面遇到一群五颜六色、花里胡哨、怪叫不已、气味陌生的小个子两脚兽，恐怕没有谁会立刻把它们认作食物扑上去追着咬，毕竟恐龙也惜命，不会随随便便把种类未知、毒性未知、食用后果未知的东西往嘴里塞。事实上，片中不少杀人如麻的可怕恐龙都遭到了剧组的"强行摊派"：导演安排你吃人你就去吃，谁管你平时吃啥！

第一个受委屈的就是《侏罗纪公园1》登场的双冠龙，这种小恐龙长着颜色艳丽的"颈圈"，"开屏"的一瞬间展露出的却是死神的面容。影片中双冠龙能喷出毒液，导致猎物当场失明、迅速瘫痪，偷走恐龙胚胎的胖子程序员以及后续作品中酷似提姆·库克的大反派都死于一群双冠龙之口，这些美艳小杀手恐怖的嘶叫声不知道成了多少人的童年噩梦。真正的双冠龙其实比电影里的个头要大得多，但杀伤力远远不及，更没有证据证实它们能喷毒液，这个超能力只是原著作者虚构出来的。电影中华丽的颈屏也是斯皮尔伯格的创造，现实中的双冠龙没有这副"伊丽莎白圈"，取而代之的是头部的两片脊状冠，这副结构可能会打开成扇状，撑开死亡动物的体腔，方便双冠龙伸头进去吃肉。古生物学家推测，这些苗条敏捷的恐龙可能是像秃鹫、胡狼一样的食腐者，用窄长的钩状嘴撕裂动物尸体、探入腹腔取食内脏。

另一个被强行赋予凶恶"龙格"的是始秀颌龙。《侏罗纪公园2》一开场的小姑娘遭到了这群小强盗的袭击，虽然电影中称呼它们为"美颌龙"，但实际设定应该是来自跟美颌龙长得很像的始秀颌龙。在原著小说中，始秀颌龙被描述为有剧毒、群体狩猎、能合作猎杀比自己大得多的猎物。事实上，迄今为止没有任何一种恐龙被确切证明具有毒性，也没有证据显示个子比鸡大不了多少的始秀颌龙是多么出色的猎手。古生物学家认为，它们更可能以昆虫、蜥蜴等小动物为食，无论是体形大小还是牙齿构造都显示，始秀颌龙不太可能捕猎大型动物。这些娇小的食虫动物要袭击大个子猎物，就像一群"丁满"突然起意围攻"蓬蓬"一样不可想象。

《侏罗纪公园3》中的头号"坏恐龙"是棘龙，影片中将它描述为"有史以来最大、最危险的掠食性恐龙"，比霸王龙更胜一筹。续作《侏罗纪世界3》中多次出场的南方巨兽龙一度取代了棘龙，被描述为"史上最大的食肉动物"，倘若不考虑基因改造问题，这其实并不准确。依照目前有限的标本数据，论体重仍是霸王龙最重，论身长则是棘龙占先，"史上最大"这个头衔暂时还轮不到第三者觊觎。

古生物学家推测，棘龙身长近 18 米，重量超过 10 吨，背上矗立着 2 米高的巨大背帆，论外形条件确实适合扮演恐怖食人怪。不同于霸王龙沉重有力的头颅，棘龙长着一副修长狭窄、像鳄鱼般的头骨，单是嘴巴长度就超过 1 米，牙齿形状也不像其他食肉恐龙的切肉刀形，而是更适合捕食鱼类的圆锥形，牙齿上的纹路可以防止猎物从口中滑脱。古生物学家从棘龙化石的骨骼结构，以及胃里发现的大量鱼鳞推断，这些巨龙很可能是半水生动物，平时以鱼类为主食，偶尔也捕食陆地上的猎物。即使棘龙上岸捕猎，人们也无从得知它们是否真的像电影中那样，拥有猎杀霸王龙的恐怖实力。① 棘龙生存的年代比霸王龙早了几千万年，而且两者生活在不同的地域和环境，霸王龙统治着北美的原野，而棘龙则是非洲的水中霸主。"地表最强食肉龙"惊心动魄的激战，只有在科幻片里才能看到了。

《侏罗纪世界 2》里袭击女主角和程序员小哥的重爪龙是棘龙的亲戚，二者同属一科，只是重爪龙比棘龙小了好几倍。跟棘龙一样，重爪龙也有着酷似鳄鱼的狭长头颅和锥状牙齿，还比棘龙多了一件趁手兵器：它的前脚拇指上长着恐龙世界第二大的巨爪，长达 31 厘米，单是一根爪子就跟普通人的手掌和前臂加起来差不多长。遗憾的是，电影中偏偏没体现这根惊人的大爪。有科学家认为，同样以鱼为主食的重爪龙可能会像现代的北美灰熊捕食鲑鱼一样，站在水中挥动巨爪，将鱼打出水面一口叼住。从重爪龙的牙齿结构和身体构造来看，它们并不适合捕猎大型动物，除食鱼之外也可能食腐为生。然而大概是因为相貌骇人、巨爪可怖，这些爱吃鱼的

---

① 许多影迷倾向于认为，假如棘龙和霸王龙真的来一场"关公战秦琼"，前者也铁定打不过后者。毕竟霸王龙拥有动物界数一数二的超强咬合力，片中棘龙被它咬住了颈部，几乎不可能挣脱并生还。比起擅长水战的棘龙，《侏罗纪世界 3》中负责扮演"大坏龙"的南方巨兽龙更适合与霸王龙在陆地上打个擂台，影片中也一度占据上风，成为霸王龙雷克西迄今为止的最强对手。不过现实中南方巨兽龙在南美洲称王，霸王龙是北美洲一霸，年代也差了 3000 万年，同样完全不可能有机会相遇。

恐龙经常被各路影片拉来充当凶悍怪兽的角色。动画片《冰河世纪3》里白鼬巴克的老对头鲁迪就是一只重爪龙,在影片中还跟暴龙妈妈殊死一战,简直就是小短手与大长爪的终极对决了。

另一只拥有恐怖长爪的"假反派"是《侏罗纪世界3》中的镰刀龙,这头身长10米左右的恐龙长着1米长的巨大尖爪,在片尾的终极对决中正是这双长刀般的巨爪将南方巨兽龙一刀穿胸,战斗力非常惊人。不过,被安排了这等戏份的镰刀龙自己怕是会倍感惶恐:虽然长着一副凶暴面相,镰刀龙却是一位素食者。研究显示它的下颚较弱、咬力不强,根据骨骼模拟出的步态也不像是以追猎为生的捕食者。2022年BBC纪录片《史前星球》还原出了更真实的镰刀龙:它们或是席地而坐、用长长的前臂拽下树枝取食树叶,或是在浅水中用巨爪钩起水草送进口中。正如它的名字显示,这双超级巨爪是一副割草的镰刀,而不是致命的利刃。电影中无论是那头无辜横死的鹿,还是被追杀的女主角,都不会成为镰刀龙的猎物。在以上诸位被强行安排出演大恶龙的恐龙名角之中,当数镰刀龙最为委屈了。

穿高跟鞋真能跑赢霸王龙吗?

《侏罗纪世界1》中,女主角布莱斯·霍华德贡献了让全球影迷过目难忘的飒爽英姿:穿着8厘米高跟鞋完成了全片的夺命狂奔,林地、草地、水泥地统统不在话下,甚至在霸王龙面前来了一段"领跑"。一时间"穿高跟鞋跑赢恐龙"成了热门话题,捎带着霍华德穿的那双鞋也卖断了货。霍华德接受采访时说,自己为此接受了不少防止崴脚的脚踝特训,这些训练成果斐然,拍摄时她一次都没有掉过鞋。不过当《侏罗纪世界2》导演特意发短信告诉她"第二部不用穿高跟鞋"时,她还是大大松了一口气。

　　"穿着高跟鞋跑赢霸王龙"到底有没有可能？按照影片中的设定，霸王龙的奔跑时速是50公里每小时，这个速度相当惊人。"地表最快人类"闪电博尔特的顶尖短跑速度也不过就是43公里每小时，按这样算，别说是穿着高跟鞋的克莱尔，就算是穿上最佳跑鞋的博尔特也跑不赢霸王龙。不过已经有科学研究表明，现实中的霸王龙跑得没那么快，因为它们的体重实在太大了。研究显示，动物体重越大，两足奔跑时所需腿部的肌肉量也就越大。一只普通的鸡，腿部肌肉量只需达到体重的10%就能奔跑；按照鸡相对于自身体重的奔跑速度计算，一只6吨重的霸王龙要想跑那么快，腿部肌肉的重量就得达到10吨，这显然是一个不可能达到的数字。科学证明，这些势大力沉的巨兽并非为速度而生，很可能只会以19公里的时速大步快走。再要跑得更快的话，它们的骨架就无法承受了。另外，快速奔跑也会带来摔倒的风险，这对一只数吨重的霸王龙来说可能是致命的。这样说来，不但运动神经发达的女主角完全可以跑得过霸王龙，《侏罗纪公园》三部曲中霸王龙追赶吉普车的镜头也显得没有那么惊险了。

　　虽然奔跑速度打了折扣，但霸王龙仍然是整个侏罗纪公园绝对的霸主，也是多年来最受流行文化青睐的恐龙巨星，凭借威猛的形象、巨大的杀伤力与反差萌的小短手赢得了无数粉丝。《侏罗纪公园》三部曲的每一部都少不了霸王龙镇场，第一部负责在危急关头及时出现，从迅猛龙口中救下主角；续集中则扮演了勇猛奶爸，为救回自己的娃大闹圣迭戈。到了《侏罗纪世界》，设定为雌性的霸王龙依然是贯穿新三部曲的超级英雄：第一部对战暴虐龙救下所有人，简直就像武侠小说里的终极高手，放完大招之后潇洒离开，"事了拂衣去，深藏功与名"；第二部中，努布拉岛女王华丽回归，这次全片都在助人为乐，一上来就帮助沧龙放归大海，然后从食肉牛龙口中救了欧文、克莱尔和程序员小哥，输血挽救受伤的小蓝，结尾临走时还顺手解决了心怀不轨的反派米尔斯，顺便一脚踩碎了暴虐迅猛龙的血样永绝后患。第三部最后一次亮相，与战友镰刀龙联手解决了头号强敌南方巨兽龙，出走半生适时归来，关键时刻仍是主角团最可依靠的不败强援。每一次都是及时出场，出手摆平，完事走人，龙归荒野，徒留银幕前的影迷们大呼过瘾。

长久以来，霸王龙一直跟"侏罗纪"联系在一起，实际上这些强大的兽脚类恐龙仅生活在白垩纪晚期，是恐龙灭绝前夕最后一代霸主。《侏罗纪世界》中的霸王龙没有名字，在导演的故事板上，她有个代号叫作罗伯塔，而影迷给她起了个昵称叫雷克西。雷克西的官方身长是 13.4 米，高 5.2 米，重 7 吨，对一头霸王龙来说，这算是一个偏瘦高的超模身材①。跟现实中的霸王龙一样，雷克西也长着巨大沉重的头颅和一口可怕的利齿，拥有动物界名列前茅的咬合力，达到大白鲨的两倍、非洲雄狮的 6 倍，也超过影片中的最强对手南方巨兽龙。目前所发现的最大霸王龙头骨超过 1.5 米，最大的牙齿长达 20 厘米，这些香蕉型的巨齿杀伤力极强，能咬穿坚硬的龙骨。雷克西的视觉也很敏锐，不同于影片中"霸王龙只能看到移动物体"的说法，霸王龙具有相当优秀的立体视觉和深度感知。有科学家经模拟实验证明，霸王龙的视野范围超过了现代的鹰隼，视力是人类的 13 倍。此外，它们的嗅觉也极为发达，隔着很远的距离就能闻到气味。倘若你与雷克西劈面相逢，装死保持不动大概率是没用的。

与威猛的身姿相比，雷克西的前肢实在有些不成比例，两只小短手只有 1 米长，还及不上脑袋的长度，整个前肢的全长刚刚抵得上战友镰刀龙的一根指甲。关于霸王龙的小短手究竟有什么用途，无数科学家和段子手给出了各种各样的解释，比如趴在地上时用来撑起身体、捕猎时固定住挣扎的猎物，或者求爱时抓住配偶。骨骼化石上肌肉附着的痕迹显示，这双

---

① 目前发现最大的霸王龙化石"苏"身长 12 米，高 4 米，估计生前重量 8.4 吨，比电影里的雷克西壮实不少。

看上去小得可怜的前肢实际上相当强壮有力。因此小短手的具体使用方式虽然尚无定论，但肯定还是有用的。

《侏罗纪世界3》解释了雷克西的由来：时间倒回白垩纪，一只霸王龙死于南方巨兽龙之手，我们看到一只蚊子从霸王龙尸体上吸食了血液；6600万年后，科学家正是用这只蚊子复活了雷克西。剧情安排她再次遇到南方巨兽龙，完成了这场跨越数千万年的复仇。经历了无数惊心动魄的战役之后，在新三部曲的最终章，已经渐渐老去的雷克西找到了同类。衷心盼望我们的恐龙女王在保护区安享晚年，正如导演和编剧所说，没有雷克西，就没有"侏罗纪"系列。

"迅猛龙"根本不是迅猛龙？

迄今为止的6部"侏罗纪"系列大片中，迅猛龙都是最耀眼的恐龙明星，也是许多影迷最爱的超人气角色。由于迅猛龙实在太受欢迎，剧组给它们增加戏份的同时，连形象也一并全面美化。迅猛龙在《侏罗纪公园1》里还是张牙舞爪追杀格兰特博士和孩子们的反派龙，到了《侏罗纪世界》里，就已经成了与男主欧文共患难的忠实伙伴，正式升级为与霸王龙并肩作战、好几次临危之际挺身而出救下主角的英雄龙了。令人大跌眼镜的是，这么有魅力的恐龙，竟然是"侏罗纪"系列中最大的一个bug。

在原著和电影中，迅猛龙的英文名称velociraptor来自拉丁文，原意大致是"敏捷的盗贼"（swift seizer），因此它的中文正式名称叫作"伶盗龙"。"迅猛龙"这个译名不但不够准确，而且已经被其他恐龙领走了：2019年，中国科研团队发现了一种新的恐龙物种，正式将这个新种命名为"迅猛龙"。从此伶盗龙跟迅猛龙彻底划清界限，迅猛龙另有其龙，不再是伶盗龙的别称了。在下文中，我们还是把准确的名字还给这些超人气小恐龙，用伶盗龙来称呼"小蓝"和她的同类吧。

尽管理清了名字问题，"侏罗纪"系列中的伶盗龙仍然存在不少误解。这些以伶盗龙身份出镜的小恐龙其实并不符合真实世界中伶盗龙的特征，不妨先来看看影片里是怎么说的。

《侏罗纪公园1》里的恐龙专家格兰特博士出场没几分钟，就开始拿伶盗龙来吓唬熊孩子："这些恐龙有6英尺高，视力超群，协作捕猎，长着6英寸的恐怖大爪子，擅长从侧面进攻划开你的腹腔，还没等你断气，它们就开始吃你了。"侏罗纪公园的饲养员更是把伶盗龙描述成了8个月就能杀人的危险野兽，速度堪比猎豹，开阔地时速达到50—60英里（80—96公里）每小时，头脑非常聪明，记忆力也很好。

《侏罗纪公园2》再次介绍伶盗龙：2米多高，有优秀的双目视觉和强壮的前肢，双手都有致命巨爪，恐怖杀手的形象就此定格。

从《侏罗纪公园3》开始，剧组决定将伶盗龙塑造成恐龙世界里不靠肌肉靠大脑的智慧型角色，借格兰特博士之口将这些狡猾的小猎手形容为"比海豚、鲸鱼、灵长类更聪明"的高智能生物，甚至认为"假如它们没有灭绝，如今统治地球的，一定是它们而不是智人"。这一部里的伶盗龙，已经聪明到懂得用猎物设下陷阱诱捕人类了。到了《侏罗纪世界1》，男主角欧文训练的小蓝和另外三只伶盗龙同样拥有高智商，欧文甚至认为它们有自己的语言、能够交流沟通，还具备等级制度和社会结构。《侏罗纪世界2》索性就直接给出了简单粗暴的最高评价：伶盗龙是全世界智力第二高的动物，仅次于人类。

恐龙迷到这里一定已经看出了端倪：这些耸人听闻的夸张描述融合了好几个不同物种的影子。"侏罗纪"系列中的这些小杀手虽然名字是伶盗龙，实际上是以恐爪龙为原型来塑造的。说起来伶盗龙与恐爪龙的亲缘关系倒也不算远，二者同属驰龙科，都是两足行走、身姿轻盈、行动迅速的兽脚类恐龙。但现实中的伶盗龙跟火鸡差不多个头，恐爪龙则要大上不少，身长可达 3 米，体重超过一个大号成年人。除了体形之外，影片中伶盗龙匕首般的尖爪也从恐爪龙那里"借"来的。不过，恐爪龙的这根爪子并不是如片中描述的那样长在"手"上，而是长在后脚第二趾。这根大幅度弯曲、镰刀状的爪子比起切割，更适合戳刺，恐爪龙可能使用这根爪子按住小型猎物，或是爬上大型猎物的身体。真正的伶盗龙虽然也有趾爪，但要小上一号，同样很难划开和撕裂肌肉。一块著名的化石"搏斗中的恐龙"保存了一只原角龙和一只伶盗龙殊死搏斗的场景，原角龙的角质喙咬断了伶盗龙的右臂，而伶盗龙的趾爪嵌入了原角龙的咽喉。这个惨烈的死亡现场揭示了伶盗龙的狩猎方式，它们可能不会用巨爪将猎物开膛破肚，而是划破颈动脉或气管来完成猎杀。在《侏罗纪世界 3》中，格兰特博士亲口修正了自己多年前的描述，可见正如古生物研究在不断发展一样，博士本人也在勤奋地学习新知识。

　　无论是伶盗龙还是恐爪龙，很可能都没有影片中所说那么惊人的速度。研究认为，伶盗龙的奔跑速度大致是 40 公里每小时，只有电影里所说的一半，还追不上片中多次出镜的似鸡龙。事实上，"伶盗龙的速度堪比猎豹"是夸大其词，恐龙世界第一飞毛腿似鸵龙最多也只能跑出 60 千米每小时，远远追不上猎豹的神速。除了速度被剧组夸张了不少，伶盗龙的智力很可能也被强行"开挂"了，很难想象这些中生代的爬行动物具有超越绝大多数哺乳类的智商。按照大脑所占的身体比例来看，最聪明的恐龙应该是伤齿龙，它们拥有整个恐龙界最大的脑，各项感官也很发达，完全有能力竞争"中生代最强大脑"的桂冠。甚至有古生物学家脑洞大开地假设，倘若恐龙没有灭绝，延续至今的伤齿龙说不定会演化成高智商的"恐龙人"。尽管如此，以脑容量推测，伤齿龙的智商也仅仅相当于如今的鸵鸟，它们的亲戚伶盗龙基本不可能具备超过鸟类的智力。不过，"侏罗纪"系列中的恐龙都是经过基因技术复原重生，吴博士想必对所有的恐龙都进行过改造，好让它们更能满足人们的想象。这样说来，"小蓝"和她的同伴们智力超群也就不奇怪了。

　　从恐爪龙身上借到了致命巨爪和强壮的前肢，从伤齿龙那里挪来了敏锐的双目视觉和超强大脑，"侏罗纪"系列中的伶盗龙可以说是备受导演编剧的偏爱，是集众家之长于一身的完美存在。到了《侏罗纪世界3》，开挂的小蓝连生孩子都自己一只龙完成了，自己造娃自己养，完全没有雄性什么事儿。在《侏罗纪公园》三部曲中 InGen 公司也遇到了同样的现象：尽管他们将所有的恐龙都设定为雌性，但恐龙体内的两栖类基因使得它们拥有了孤雌生殖的能力，也因此诞生了那句著名台词"生命总能找到出路"。现实世界中，许多无脊椎动物，以及多种鲨鱼、蝾螈、蛇类、蜥蜴都能进行孤雌生殖。曾经有一位生活在英国切斯特动物园的"处女"科莫多巨蜥，在从未交配过的情况下生下了孩子。最惊人的例子是加州兀鹫，2021年，科学家在拯救这种濒危鸟类的项目中发现，两只兀鹫宝宝的基因跟所有雄性兀鹫都对不上——它们是未受精的卵直接发育为胚胎而诞生的，证明加州兀鹫既能正常地双性繁殖，也能进行单性生殖。至于哺乳类，目前还没有野外自然发生的孤雌生殖案例，但科研人员已经在小鼠身上实现了孤雌生殖，并产生了可存活的后代。

　　电影中小蓝是一位不错的单身妈妈，从幼崽贝塔出生就一直带在身边，还亲自教它捕猎。许多现代的爬行动物都是管生不管养的父母，绝大部分龟、蛇、蜥蜴产完卵就走人了，崽子们能否活下去单看各人运气。但不少化石记录显示，一些恐龙确会细心照料自己的卵和幼崽。"侏罗纪"系列中的好几部都有恐龙父母育幼的情节，伶盗龙会因为龙蛋被窃而对主角穷追不舍，霸王龙更是挺身而出保护孩子的模范奶爸，就连温和的素食者剑龙也会在幼龙遇险时暴怒发飙。古生物学家认为，不同的恐龙对龙蛋和幼崽的照料程度不一，有的可能生下就撒手不管，有的会抚育小龙一段时间。不过，应该没有哪种恐龙会像哺乳类这样精心照顾后代直到成年，绝大多数小恐龙都还是需要独立成长。

《冰河世纪》：
巨兽时代逝去的荣光

2022 年夏天，影迷们意外迎回了一位老朋友："冰河世纪松鼠终于吃到坚果"一举登上了热搜。制作方蓝天工作室公布了一段片花，《冰河世纪》系列中那只闯祸无数的小松鼠和它"相爱相杀"的坚果，至此总算获得了圆满结局，整个系列也就此落下帷幕，引发了大家的一波回忆杀。龅牙松鼠斯克拉特和它的小伙伴——曼尼、迭戈、希德组成的"冰河铁三角"，已经陪伴我们整整 20年了。

"Ice Age" 究竟是什么时候的事？

地球是一个会"打摆子"的星球，气候一阵冷一阵热地交替轮换，只是这个摆子打得比较缓慢，数亿年才轮一次。温暖的时期称为温室期，气候温和湿润，地球两极都没有冰雪覆盖；寒冷的时期就叫作大冰期（Ice Age），也称作冰川期或冰河期。大冰期的标志是冰盖大幅扩展，南北极和附近的大陆都成为天寒地冻的冰雪世界，最冷的时候冰川甚至延伸到了赤道，海洋也几乎完全冻结。不过，大冰期也并非从头冰到尾，它还可以划分为冰期和间冰期，也就是相对较冷和较暖的时期。

如今，46 亿岁的地球正在经历自己的第 5 个大冰期，这段大冰期已经持续了 250 多万年，仍然没有结束的迹象。幸运的是，我们生活在大冰期之内的间冰期，这段间冰期从 1 万多年前开始，将自农业社会以来的整个人类文明庇护在相对温暖的摇篮之中。《冰河世纪》的主角们就没有这么好的运气了。系列第一部的剧情设定于 2 万年之前，间冰期尚未开始，地球仍处于上一个冰期的严寒之中。曼尼、迭戈、希德，还有电影中出现的身披兽皮衣的史前人类，完全可以骄傲地宣称：你们这些现代人，根本还没见识过什么叫真的冷！

猛犸象曼尼：哥早已不在江湖，你们却还在卖哥的牙

在《冰河世纪》的动物大家族中，冷面直男曼尼绝对是一个不可或缺的存在，假如少了这个顶梁柱式的大家长，就凭不靠谱的二货希德和整天捣蛋的淘气负鼠，指不定要多闯出多少祸来。人人都认识曼尼是一头猛犸象，其实"猛犸象"本身就是一个大家族，包含十几个已经灭绝的物种，体形大小不一，也并不是全都披着长毛。现实中的曼尼是一头真猛犸象（woolly mammoth），直接翻译过来就是"毛象"，一身厚实的长毛正是它们最明显的特征。真猛犸象生活在欧亚大陆和北美的苦寒之地，厚密的毛发能帮助它们抵御严寒。这身大毛衣由两层毛组成，外层的粗毛最长可达 90 厘米，行走时几乎拖地，能挡住刺骨的寒风；内层的细绒毛就像一件贴身的羊毛衣，下面覆盖着厚达

▲ 猛犸象

10厘米的皮下脂肪来协助保暖。它们肩背上高高耸起的肩峰里也储存着脂肪，不仅抗寒，艰难时期还能扛饿。影片中可以看出，曼尼和其他猛犸象的耳朵都很小，这也是为了适应酷寒的气候，减少热量流失，防止冻伤。

电影中曼尼曾经自曝自己的体重是11吨，这个数可能并不准确。真猛犸象在猛犸家族中并不算最大的，仅与现代非洲象的体格相仿，雄性肩高3米多，体重可达6吨，雌性则还要小一码。曼尼和伴侣艾莉，再加上小时候的桃桃，一家三口才勉强凑得到11吨重。当然，就算6吨重的曼尼也足以成为整个"冰河社区"里个头最大的动物，光是每天吃的食物就可能达到数百公斤。真猛犸象是主要吃草的素食者，它们会用两根长牙清理植物上的积雪，翻出雪下的草叶，或是挖掘块茎果腹。

虽然体重数字不怎么准确，但曼尼帅气的象牙被剧组还原得很好。雌雄猛犸象都有一对弯曲的长牙，跟现代的非洲象和亚洲象一样，猛犸象也使用象牙来保护自己、抵御天敌，雄性之间还会用象牙打斗来争夺地盘或配偶。由于象牙弯曲的弧度较大，科学家推测这对牙可能不是用来戳刺，而是互相击打或推挤。目前发掘出的最壮观的真猛犸象牙长4.2米，重91公斤，比现代非洲象的最大象牙纪录还长出不少。

真猛犸象是陪伴人类最久的猛犸象。在距今4万—3万年前的旧石器时代晚期，智人从遥远的非洲来到欧洲，初次遇到了这些毛茸茸的庞然大物。而在此之前，尼安德特人早已与象群比邻而居。在欧洲的多处史前洞穴壁画上，已经发现了超过500幅真猛犸象的画像，还曾出土过象牙、象骨制造的艺术品和各种工具。部分真猛犸象遗骸上有打制石器造成的伤痕，显示它们生前曾遭到人类猎捕。研究认为，人类的大规模捕杀可能是猛犸象灭绝的主要原因之一。许多地区的化石证据都显示出，在人类首次出现在该地区后不久，当地的猛犸象种群就灭绝了。

大部分真猛犸象消失于距今 1.4 万—1 万年前，最后的真猛犸直到 4000 年前还在北冰洋的岛屿上漫游，那时古埃及人正在建造他们举世无双的大金字塔。真猛犸象见证了人类文明的蒙昧初开，却没能活到有历史和文字记载的时代。如今，只有冻土中发现的遗骸证明这些史前巨兽曾经踏过冰封的大地，在漫长的地球历史上留下了它们匆匆离去的背影。

　　讽刺的是，尽管它们的生命已经消逝，曾属于它们的象牙却还在当今的市场上流通。在俄罗斯西伯利亚的冻土中，埋藏着数以百万计的猛犸象遗骸。从 19 世纪以来，冰原上出土的猛犸象牙一直是有"白色金矿"之称的昂贵奢侈品，允许合法买卖。不少人乐观地相信，有了这些史前象牙作为现代象牙的代替品，能让如今的大象免遭猎杀。然而，现实并没有那么理想，不少走私犯会将真正的象牙贴上"猛犸象牙"的标签，来骗过海关的查验。只要需求存在，大象们就仍不安全。

　　比起很多其他史前动物，猛犸象离开我们的时间还不长，而且冰原冻土中的遗体保存完好，一些遗骸还保留着软组织、器官和血液，能够提取 DNA。多年来，科学界一直致力于将这些已经离去的动物重新带回这个星球，许多科学家都提出使用克隆技术制造一头猛犸象，或是用冷冻的精子细胞为大象人工授精，造出一头杂交的猛犸象。2012 年，在西伯利亚发现了一具真猛犸象的遗体，这头小象死亡时只有两岁半，被称为"尤卡"。2019 年，研究人员将尤卡的细胞核移植到小鼠的卵细胞中，成功获得了生物活性的迹象。一时间，"复活猛犸象"再次成了焦点。然而，尤卡从未谋面的亲戚——非洲象和亚洲象仍然笼罩在象牙贸易的阴影之下，每年都有超过 2 万头大象被杀。对这些有着宏伟长牙的大家伙来说，这真的是一个值得重返的世界吗？

剑齿虎迭戈：谁说我是"虎"来着？

不知道蓝天工作室有没有做过调查：冰河三人组之中谁的人气最高？要是真搞个投票，我猜剑齿虎迭戈一定最受女孩子喜欢。这只帅气大猫就像我们很多人身边的那个男朋友，糙汉子的外表之下有一颗感情丰富、温柔细腻的心。心有猛虎，细嗅蔷薇，多浪漫啊！

不过严格意义上说，迭戈不是猛虎。虽然剑齿虎顶着老虎的名头，实际上它们跟如今啸傲山林的虎大王没啥关系，顶多只是同列猫家的远房亲戚罢了。跟曼尼一样，迭戈也属于一个庞大的家族：这群龇着两根长牙的大猫统称"剑齿猫"（saber-toothed cat），最早的剑齿猫早在4200万年前就横空出世准备统治地球了，数千万年来，它们的族群分化出了几十个属、一百多种，其中一多半都叫"剑齿虎"——没办法，谁让"剑齿虎"听起来比"剑齿猫"酷炫多了呢。实际上，这些"剑齿虎"彼此之间并不都是亲戚，没有特别紧密的亲缘关系，只是因为两根拉风的大牙才共享同一个名号。它们被称为"虎"主要是因为体格庞大、强壮结实，目前还没有证据显示任何一种剑齿虎的毛色呈现虎纹。

诸多"剑齿虎"中最有名的一族名叫刃齿虎，由于化石储量丰富而成为名气最响亮的史前大猫，平时说的剑齿虎倘若不加其他限定，通常就是指刃齿虎了。刃齿虎家族有三个成员，"中二之魂"熊熊燃烧的古生物学家们分别给它们命名为：纤细刃齿虎、致命刃齿虎和毁灭刃齿虎。其中纤细剑齿虎虽是最小的一个，体形也相当于现在的第三号大猫美洲豹。毁灭刃齿虎是整个"獠牙大猫"家族中个头最大的，也是已知最重的猫科动物，肩高达到1.2米，重达400多公斤，远超现今最大的猫科动物东北虎。它们的剑齿也是剑齿猫中的头一号，最长可达28厘米。想象这样一只几百公斤的威猛巨猫张开血盆大口，露出闪着寒光的两把尖刀，绝对是一个令人闻风丧胆的超级杀手。如果迭戈的真实身份是一只毁灭刃齿虎，即使站在巨大的真猛犸象身边也不跌份。可惜毁灭刃齿虎的化石仅在南美洲发现，而《冰河世纪》的故事发生在天寒地冻的北方。我们的男神迭戈应该是一只致命刃齿虎，它们生活在距今 160 万到 1 万年前的北美洲，虽然比毁灭刃齿虎略小一号，体形也与现在的非洲雄狮相当，而且比狮子更结实粗壮，足以配得上"致命"的名头。

▲ 古生物学家复原出的剑齿虎并不是"长剑齿的老虎"，很可能比现在的虎更加体格粗壮和肌肉发达

刃齿虎是更新世的顶尖猎手，身强力壮的它们尤其偏爱大型猎物，连幼年猛犸象也可能成为它们的爪下亡魂。推测它们可能是危险的潜伏猎手，藏身于森林和深草中伏击野牛、大角鹿和平头貒，两根剑齿能给猎物带来相当可怕的伤口。过长的犬齿虽然是狩猎利器，但也有容易折断的弱点，因此，刃齿虎很可能不使用这对长牙切割或撕咬肌肉，也不会枉冒牙齿在猎物骨头上碰折的风险。这对"口中剑"的使用方法更像是一对手术刀，刃齿虎捕猎时可能会先用强壮的前肢扑倒猎物按在地上，然后瞄准腹部或喉咙等柔软部位一口封喉，或是用这两把利刃精准地划开大血管，让猎物失血过多而亡。古生物学家推断，刃齿虎的咬合力可能并不特别强，但骨骼肌肉的结构允许它们的嘴张到 120 度，几乎是现代非洲狮的两倍之多。在刃齿虎纵横美洲的年代，这张恐怖的血盆大口，该是无数食草巨兽生命中看到的最后景象。

迭戈在剧中一度有"恐水症"，希德曾经告诉它，所有的猫咪都会游泳，只有老虎除外。暂时还没有人知道刃齿虎是否会游泳，但现代的老虎可是不折不扣的游泳高手，生活在热带的孟加拉虎常常泡在水里消暑，更有俄罗斯著名的"普京虎"一度游过中俄界河，逛到了中国境内。现今的众位大猫之中，花豹和美洲豹也是游泳好手，前者有时会下水抓鱼吃，后者甚至能下河擒拿凶悍的凯门鳄。就连生活在非洲大草原上的狮子和猎豹，必要时也能游过湍急的河流。据此推测，刃齿虎很可能也是天生会游泳的。

《冰河世纪》第一部中，迭戈为了救两个朋友和人类婴儿，与虎群反目成仇——慢着，"虎群"这个词是不是多少有一点别扭？毕竟"一山不容二虎"，霸道的虎大王从来没有结群的习惯。除了狮子和偶尔结伴的猎豹之外，我们熟悉的猫科成员几乎全部都是独行侠。但远古时代的刃齿虎很可能是集群生活的，证据就是保存至今的群体化石。在美国加利福尼亚州洛杉矶，有一组著名的"古兽陷阱"——拉布雷亚沥青坑。数万年来，沥青渗漏形成的黏稠沼泽曾经困住了许多失足滑落的食草动物，大量束手待毙的猎物引来了捕食者，后者却也没能活着离开。拉布雷亚沥青坑已经发掘出了数千件刃齿虎的骨骼标本，远比食草动物的遗骸多得多。这么巨大的数量让许多人推测，刃齿虎可能是成群而来的，每一只困在陷阱中的猎物会吸引数只刃齿虎。死亡的刃齿虎中，成年个体占绝大多数，极少有青少年遗骸，这也说明刃齿虎可能是家族群居，父母外出狩猎，孩子们在巢穴中等待。另有研究发现，比起单打独斗的猎手，集体狩猎的捕食者对受伤猎物的惨叫声更为敏感。拉布雷亚的刃齿虎正是被沥青坑中挣扎哀鸣的动物们吸引而来，证明它们有可能是群体狩猎的。

在整个更新世的南北美洲，刃齿虎都是当之无愧的王者，巨大的体形和致命的长牙，让它们站上了演化的巅峰，但同时也很容易从峰顶跌落。一旦它们习惯捕食的巨型食草动物逐渐灭绝消失，刃齿虎们既不能迅速转变策略捕捉较小的猎物，也无法短时间内缩小体形来减少食物消耗。随着食草巨兽的逐渐消亡，这些一度君临天下的大猫也走到了王朝的终结。

威猛的刃齿虎没有留下后代，但有另一位猫家的小杀手复刻了它们的无敌剑齿：按身体比例来算，个头不大的云豹（clouded leopard）拥有现存猫科动物中最长的犬齿①。尽管自身体重不过十几公斤，但凭借着这对匕首般的獠牙和灵敏的身手，云豹能猎杀跟自己体形差不多，甚至块头更大的猎物。云豹生活在亚洲东部和南部的丛林之中，中国南方各省也有分布，但数量极为稀少，估计总数尚不到1万只。带有大块斑纹的美丽皮毛为它们带来了厄运，在东南亚许多国家的黑市上，云豹皮衣、牙齿和爪子做的装饰品都被高价出售，骨头可能充作"虎骨"，幼崽则会被捕捉当成宠物售卖。这些"迷你剑齿虎"正在面临严峻的生存危机，没有机会留住剑齿虎的我们，是否还来得及挽救云豹呢？

地懒希德：我曾昂然屹立于冰河巨兽之间

如果观影够仔细，你会发现"冰河铁三角"同框的时候似乎有一点不对头：希德的个头是不是太高了？刃齿虎迭戈的肩高已经超过了1米，作为一只树懒，希德跟迭戈差不多高，看起来好像有点反常。事实上，剧组反倒是把希德画小了：希德不是普通的树懒，而是一只地懒（ground sloth）。这可是一群惊人的巨兽，南美洲的大地懒体重超过4吨，身长达到6米，光是一只胳膊的长度就能超过NBA篮球运动员的身高，比如今的树懒大了几百倍。而住在北美的希德则更可能是一只巨爪地懒，身长3米、重达1吨多，一只希德就赶得上两头成年雄性北极熊，这在地懒中还只能算是中等大小。别说刃齿虎迭戈在它们面前秒变小猫猫，就是跟猛犸象曼尼相比也矮不了多少。"巨爪"二字源于它们长达15厘米的恐怖大爪，200多年前，美国总统兼业余古生物学家托马斯·杰斐逊看到这对巨

---

① 云豹与剑齿猫家族数百万年前就分了家，它们的剑齿并非从祖先那里得来的宝贵遗产，而是在演化过程中再次独立发明了这件利器。

爪，曾一度误认为这是一种硕大无朋的史前巨狮。个头大必然吃得多，想找大量食物总得多走几步路，因此庞大的地懒们比现今的树懒要勤快一些。电影中的希德说话行动虽然笨手笨脚，起码不像《疯狂动物城》里的闪电那样慢得出奇。

每次逛动物园，总能听到迷糊游客分不清"树懒""水獭"谁是懒谁是獭，许多科普文章、影视字幕也常常闹不明白希德是"地懒"还是"地獭"。其实"大懒"家族跟"獭子"毫无关系，已经灭绝的地懒们是现存树懒的亲戚。数千万年前，南美洲出现了一批毛茸茸的小动物，它们中的一支成了今天的食蚁兽，另一支就是我们说的"懒族"。其中几位成员养成了终日挂在树上、只有拉屎才下地的生活习惯，后来成了今天南美洲的几种树懒；其他成员选择下树探索，在地面上生活的它们越长越大，最终凭借巨大的体形称霸一方，它们就是希德的家族——地懒。还有一小批地懒另辟蹊径，下海讨生活，最终演化成像海牛、儒艮那样完全水生的奇特动物，称为海懒兽。可惜只有树懒慢悠悠地存活至今，地懒和海懒兽早已不在了。

地懒家族在美洲一度混得非常不错，从南美的热带岛屿到天寒地冻的阿拉斯加，都曾有过它们巨大的身影。这些大家伙会用有力的后腿站起来，尾巴形成一个三脚架来支撑庞大的身体，然后用长着大爪的前脚拉下树枝，采食树叶。有科学家认为，如此巨兽很可能不是纯粹的素食者。它们虽不自己捕猎，但可能有食腐的习性，甚至从剑齿虎等猛兽口中夺食。

影片中希德大部分时间都是用后腿走路的，古生物学家推测，现实中的地懒很可能也有不错的双足行走能力，就像现在的南非穿山甲一样揣起双"手"，用后腿走路，以保护前脚上锋利的爪子。地懒的皮相当厚实，皮下还有坚硬的小骨片，织成一件细密的"锁子甲"，能抵挡大部分捕食者的爪牙。倘若遇到刃齿虎、恐狼等天敌，它们还可挥动锐利的前爪殊死一战。

遗憾的是，这些雄伟的巨兽没能生存到今天。1万多年前，希德、迭戈、曼尼的族群陆续消失，一起灭绝的还有恐狼、美洲拟狮、短面熊、惊豹、乳齿象、雕齿兽、拟驼、南美马等众多美洲动物。欧亚大陆同样出现了大量物种灭绝，穴狮、洞熊、硕鬣狗、披毛犀、西伯利亚野牛等，都在全新世的曙光到来之前永远离开了这个星球。这串长长的死亡名单上几乎没有小动物的名字，而体重超过40公斤的大型动物则损失惨重，南北美洲共有90个属的大型哺乳动物彻底团灭，欧亚大陆15属、澳洲15属也遭到灭绝的厄运，无与伦比的巨兽时代就此终结。气候变化可能是物种灭绝的原因之一：当时正值末次冰期向间冰期转变，地球气温普遍上升，在距今1.5万—1万年前的短短5000年时间里，全球年平均气温就上升了6摄氏度。正像《冰河世纪》影片里展现的那样，动荡不稳定的气候带来洪水和极端天气，动物们的家园被毁、食物短缺。在自然环境剧变面前，大型动物往往比小动物更脆弱。巨大的体形在寒冷冰期帮助它们存活下来，但在不断变暖的环境下，散热慢反而成了致命因素。

　　更多证据显示，气候可能只是帮凶，人类才是真正的罪魁祸首。毕竟这些坚韧的巨兽已经扛过了多次气候变动，却在人类到来之后的短时间内纷纷沦陷。1万多年前，第一批史前人类来到了美洲，他们手持锋利的黑曜石长矛，还发明了能增加杀伤力的投矛器。包括大地懒、猛犸象在内的许多巨型食草兽类都成了史前人类的猎物，它们庞大笨重、行动迟缓，而且猎杀一次就可以获得大量肉食。人类大规模捕猎夺走了本该属于食肉动物的猎物，又将刃齿虎等大型捕食者推向了绝路。在更新世巨型动物群的死亡名单上，绝大多数的灭绝时间都在人类抵达后不久。而由于人类登上岛屿的时间通常晚于开拓大陆的时间，许多生存在岛屿上的动物种群，比它们生活在大陆上的同胞多坚持了数千至上万年。最后的一小群真猛犸象比它们的大陆亲戚多存续了6000年，而在大陆地懒灭绝之后，藏身加勒比海岛屿的加勒比地懒也多坚持了数十个世纪，直到5000多年前人类登上这些岛屿之后，它们又不寻常地快速消失，终于再也无处寻觅。"人类猎杀假说"的另一个佐证是，非洲和东南亚的大型动物在这次灭绝浪潮中得以幸免。不少科学家认为，这是因为非洲和东南亚早已有人类定居，动物在这两个地方与人类共同演化，而美洲、欧洲和北亚地区的动物对刚刚抵达的人类仍很陌生，既不懂得如何抵御这些两足奔跑、手持武器的猎人，也无法抵抗人类带来的新型疾病。

作为不愁吃穿的现代人，我们无法责怪祖先肆意杀戮、贪婪残忍，但也不能用他们的行为为自己辩护。1 万年前的先民们求生不易，而如今我们已经有能力在保障自身生存的同时，照顾到同在地球的诸位邻居。宏伟的冰河巨兽已经消逝，但现今的世界还保留着 3 种大象、6 种树懒、40 种现生猫科动物。我们无缘认识现实中的迭戈、曼尼和希德，至少，还可以照顾好它们的众位小兄弟。

真有"剑齿松鼠"吗？

除开冰河三人组，《冰河世纪》最抢镜的角色当属小松鼠斯克拉特，这只龇着两根牙的松鼠追着一颗橡果钻天入地、上山下海，不管面前是熔岩冰山、深渊地缝，还是绝世大美女、海怪外星人，反正橡果是不能撒手的。这种执着的精神虽然惹来了无穷无尽的麻烦，倒也让这只弹性十足、怎么折腾都不坏的小松鼠火遍全球，成了全系列的笑点输出。我原先一直以为，斯克拉特的迷你"剑齿"只是剧组为了让它看起来更有古生物范儿才添上的，没想到"剑齿松鼠"还真的确有其鼠。就在《冰河世纪1》上映的 2002 年，阿根廷发现了一种奇特的史前哺乳动物头骨，这块骨骼化石大部分隐藏在岩石之中，专业技术人员花了好几年的时间才剥出了它的真容。2011 年，古生物学家正式命名并描述了这种动物，称它生前的相貌就像是《冰河世纪》里的角色。命名人吉勒莫·罗吉尔表示《冰河世纪》上映时，古生物学者都觉得里面的松鼠形象简直太荒谬了，没想到没过多久就被打脸："这表明我们对古生物世界了解得是多么少，那个世界又是多么丰富多样啊——你可以随便想象一些奇怪的生物，然后居然就找到了跟它一模一样的东西。"

虽然各家媒体都以"剑齿松鼠"（sabre-toothed squirrel）代替这种小动物长长的拉丁学名，但它们其实跟现在的松鼠并没有什么亲缘关系。这只小动物头骨只有 2 厘米长，推测整个身体也只有巴掌大，长着修长狭窄的口鼻部和大大的眼睛，突出嘴外的獠牙占到脑袋长度的五分之一，看上去确实很像动画片里的样子。复原图还给它们加上了酷似浣熊的黑眼罩，一副痞痞的小匪徒模样。不过，科学家认为这只"斯克拉特"生活的年代根本还没有坚果出现，因此它并不会像电影中那样疯狂迷恋橡果，更可能会使用这副尖牙来捕食昆虫。

现实版"斯克拉特"生活的年代远比"冰河铁三角"要古老得多：这块化石的年代推定为 9900 万—9400 万年前，证明"剑齿松鼠"们曾经与恐龙一起漫游，还可能是肉食性恐龙的食物。最早的哺乳动物出现于大约 2 亿年前的三叠纪，在恐龙时代，几乎所有的哺乳动物都跟耗子差不多大小，习性也大多跟耗子一样昼伏夜出。爬行类君王统治着整个星球，哺乳类小毛球们只能在它们巨大的阴影下苟且求生，直到恐龙灭绝后才得以扬眉吐气、繁荣发展。由于个体微小，恐龙时代的哺乳动物化石十分罕见，这只亿万年前的"剑齿松鼠"因此成了古生物研究者的一大珍宝。尽管这些已灭绝的小动物没有留下后代，却可能为追溯哺乳类的起源提供新的线索。

《冰河世纪：恐龙的黎明》中，斯克拉特一度坠入了爱河，与一只妩媚动人的松鼠小姐斯克拉蒂看对了眼。这只火红皮毛的美貌松鼠有一项斯克拉特没有的绝活：能"飞"。影片中可以看到，松鼠小姐的前后腿中间有相连的皮膜，只消张开四肢就像穿上了随身自带的"翼装"，轻轻松松就能在空中滑翔。虽然比不上真正的扑翼飞行，也算得上是一门少有的绝技了。这只"飞鼠"的翼装可能参考了一种独特的古生物：远古翔兽。2006年，我国古生物学家在内蒙古发现了这种来自遥远中生代的小动物化石，它们体形小、体重轻，四肢间的柔韧皮膜能让它们灵巧地在空中短暂滑翔，降落时又可以折叠收起，十分便利。科学家推测，最早的翔兽祖先住在树上，它们经常在树枝间穿梭跳跃，慢慢长出了一副"滑翔翼"以跳得更远，终于得以飞上天空，享受风一样的自由。

对树栖小动物来说，自带滑翔翼不但可以节省不少体力，还能方便捕食和躲避天敌。现代哺乳动物中，有好几种都学会了这项空中绝技，它们跟翔兽并无亲缘关系，各自独立"发明"出了翼装。生活在澳洲的"蜜糖滑翔机"蜜袋鼯（sugar glider）一次能滑翔50多米，东南亚的鼯猴（flying lemur）个头较大、皮翼也宽，一口气能滑翔100米以上。属于啮齿类的鼯鼠则是真正的"飞行松鼠"（flying squirrel），这些小家伙长得跟翔兽一样娇小，使用皮翼的方式也很相似，只要张开手脚展开皮膜，把自己变成一个酷似"屁帘儿风筝"的方块形，就能在空中乘风而行了。它们的飞行技巧比翔兽更好，能用四肢和尾巴掌握平衡、控制滑翔方向，柔软灵活的尾巴还能在降落时当作缓冲。

那些来自更早年代的"时空穿越者"

在《冰河世纪》系列中，斯克拉特并不是唯一一个从古老时代穿越过来的角色。除了《冰河世纪3：恐龙的黎明》里那些生活在深谷中免遭灭绝的恐龙，《冰河世纪2：大陆漂移》里还出现了两条中生代海怪：生活在上亿年前的圆齿龙和中喙鳄。该系列最后一部中那几只长着羽毛的"飞天恐龙鸟"——驰龙类（也有影迷认为它们是始祖鸟），同样也是从中生代远道而来。

哺乳动物之中也有"穿越者"。比如在曼尼逆行穿过兽群时遇到的几只圆滚滚的小崽子，体形酷似河马，四条小短腿撑着桶形的身体，脸上却挂着一根迷你版的"象鼻"。它们是生活在3000多万年前的迷你象类——始祖象（primordial elephant），肩高还不到1米，比后来大象家族的所有成员都要小，也没有演化出标志性的象牙。虽然名字叫作"始祖"，但它们并不是任何一种大象的祖先，只是象家族演化历史上的一个偏房亲戚，生活习惯比起大象，更近似河马。历史上的始祖象可能是半水栖的，大部分时间都泡在浅水里，用柔软的管状鼻子采水草吃。

常常跟始祖象一起玩的胖墩墩小家伙形似河狸，脑袋上却顶着一根奇怪的小犄角。从巨大的体形和醒目的大门牙来看，它们应该是北美洲的巨河狸（giant beaver），这是冰河时代最大的啮齿类，跟现在的黑熊差不多大小。而动画师给它们头上添的犄角很可能参考了生活在数百万年前的圆角鼠，它们是唯一有角的啮齿类，也是已知最小的长犄角的动物。跟片中形象不同的是，圆角鼠脑袋上有两根角，像犀牛一样长在鼻子上方。由于它们长着适于挖掘的有力前爪和视力不佳的小眼睛，人们推测圆角鼠跟鼹鼠一样过着地下穴居生活，这两根小角可能是打洞用的。但进一步研究显示，这两根角在挖土时没多大用，反而会增加阻力，因此圆角鼠的角可能是一件防身武器，在与捕食者短兵相接时可以用来保护脆弱的眼睛和脸部。

希德刚出场时遭到两头"犀牛"的攻击，这两头长着奇特大角的巨兽并不是犀牛，而是生活在3000多万年前的雷兽（brontothere），它们被认为是最早的巨型哺乳类。最早的雷兽只有小狗那么点大，逐渐演化成了肩高2.5米、体重两三吨的庞然巨兽，比现代最大的犀牛更大更重，但脑子比犀牛小得多，大脑可能只有橘子大小。雷兽的鼻骨末端上翘变形，长成巨大的独角，这根 70 厘米高的心形巨角看似坚硬，其实外层包裹着柔软的皮肤，很容易受伤损坏，因此无法用来保护自己。好在它们巨大的体形已经足以让捕食者望而却步，这根醒目的巨角只是顶在头上的奢华装饰，用来展示风采、吸引异性，最多不过是跟情敌推推搡搡地比划两下而已。影片中的雷兽哥俩对捣蛋的希德穷追不舍、凶神恶煞，实际上它们是素食者，而且无法咀嚼硬草，只吃柔软多汁的植物叶片，难怪希德吃掉了一棵蒲公英就让哥俩大发脾气了。另外电影还有一个小小的 bug，沉重的身体和笨重的骨骼证明雷兽无法快跑，没法像发怒的犀牛那样对希德和曼尼发起冲锋。

第二部中整天放屁的大块头同样是一只来自数百万年前的客人，名叫爪兽。它们是生活在欧亚和非洲大陆的有蹄类动物，与今天的马、貘、犀牛同属一类，相貌有点像一匹前腿长、后腿短、长得有些不平衡的巨型怪马，但脚上长的不是蹄子而是爪子。这些爪子可能跟大地懒的巨爪一样，在爪兽进餐时抓取树叶送进口中。吃饭时虽然好用，走路时就不那么方便了，爪兽行走时可能不得不"握拳"用指关节来拄地，速度也可能相当缓慢，无法像马那样迅疾奔跑。

整个系列最帅气的穿越者是一位反派——《冰河世纪 4：大陆漂移》里的"吓破胆船长"，这位海盗船长是一只魁伟如金刚的步氏巨猿①，能一对一单挑成年猛犸象、单手就把剑齿虎希拉掐得半死，战斗力极其强悍。2018 年迪士尼大片《奇幻森林》里有一只硕大无朋的巨猿路易王，就是船长的同族亲戚。现实中的步氏巨猿站起来高达 3 米，体重超过半吨，的确是不可思议的巨兽。不过真正的"吓破胆船长"没机会跟曼尼过招，它们生活的时代远在百万年前，而且是亚洲的原住民，从未到过北美。

---

① 为 3 米高的巨猿船长配音的演员，是身高 1.35 米的影星彼特·丁拉基。他在《权力的游戏》中饰演小恶魔，还为另一部动画片里的大块头：《愤怒的小鸟》中的无敌神鹰献声。

虽然"吓破胆船长"看起来有点像威风十足的大猩猩，但巨猿最近的亲属其实是亚洲的红毛猩猩。古生物学家推测，它们应该有一身跟红毛猩猩相似的飘逸长毛，硕大的脑袋和大下巴，性情可能也像红毛猩猩一般温和低调又喜欢孤独，恐怕很难管得住那一大批海上悍匪。更不用说猿类手上通常长着指甲而不是尖爪，不太可能用来开膛破肚、为这位船长赢得"破胆"的名声。

顺带一提，"吓破胆船长"的海盗船非常具有国际范儿，除了亚洲的步氏巨猿，还有非洲的巨疣猪、美洲的蓝脚鲣鸟、南极的象海豹，以及跟巨猿差不多高、来自澳洲的巨型短面袋鼠，称得上是冰河时代的头号跨国企业了。

配角也出彩：冰河时代的动物社区

当然，影片中的穿越者还是少数，大部分角色确实生活在影片所设定的 2 万年前，为我们还原了一个精彩纷呈的冰河世界。比如迁徙的动物群中出现了高大的后弓兽，看上去既像没驼峰的骆驼，又像粗壮的长颈鹿，脸上也长着跟始祖象有点像的小号"象鼻"，相貌十分混搭。后弓兽生活在南美，3 米高的它们可能是全片唯一跟曼尼差不多高的角色，但空长了这么高的个子的它们很好欺负，在老家南美洲，它们最大的天敌竟然是种大鸟：恐鹤。恐鹤是一类不会飞的食肉巨鸟，有一双健壮的长腿，奔跑迅疾，可怕的钩状喙如刀似斧，是统治南美大陆数百万年的顶尖捕食者，甚至敢于捕食剑齿虎的幼崽。幸好这些凶悍的巨鸟没有跟着后弓兽来到《冰河世纪》的片场，影片中在后弓兽身边带着孩子一起迁徙的大鸟是北美的泰乐通鸟，它们比今天最大的猛禽还要大上一号，翼展将近 4 米，生活方式近似现代秃鹫，主要捡拾动物尸体食腐为生，有时也能捕猎小动物或下水抓鱼。

动物群中还有好几只形似大乌龟的雕齿兽，其中一只倒霉鬼成了鱼龙的口中餐，只留下一个空壳。虽然长得又像巨龟、又像甲龙，雕齿兽却是货真价实的哺乳动物，它们是片中老骗子"快脚托尼"——犰狳的古代亲戚。犰狳的骨板由好几条韧带组成，而雕齿兽则藏身于一整块小汽车那么大的拱形骨甲。这具盔甲由嵌在皮肤里的数千块骨片组成，每块骨片都有2厘米多厚，覆盖整个身体的背面，脑袋上方也有骨盔护住。最大的雕齿兽身长超过 3 米，浑身披甲坚不可摧，完全就是一架沉重坚实的活坦克，最凶猛的捕食者在成年雕齿兽面前也无可奈何。虽然雕齿兽的腹部没有盔甲护身，但也没有哪只猛兽有本事把 2 吨重的雕齿兽翻过身来。影片中还可以看到，一些雕齿兽的尾巴上自带一把"八角流星锤"，球状尾梢上长有角质骨刺，单是尾锤就重达数十公斤，看上去也像是一件威力强大的防身兵器。不过研究人员发现，这根尾巴不太灵活，很难甩动，可能对付不了外敌，只能跟自己的同类互相抽打。

系列第一部中还出现了一批渡渡鸟，剧中笨手笨脚、智商"捉急"的它们基本上就是被自己蠢死的。在英语中，"渡渡"（dodo）这个词就是傻瓜的代名词，比如《狮子王》里小辛巴和小娜娜就曾经用它来奚落犀鸟

▲ 博物馆里的渡渡鸟模型，遗憾的是这些已灭绝的大鸟甚至没有留下一个完整的标本

沙祖"好一只笨鸟"。现实中渡渡鸟脑子好不好使不得而知，但这群"笨鸟"实际上比整个系列所有的动物、包括影片中的尼安德特人都活得更长，一直生存到了数百年前才灭绝。1598 年，远航印度洋的荷兰水手第一次提到了这种不会飞的大鸟，这些生活在毛里求斯岛上的鸟儿身高约 1 米、体重可能达

到三四十斤，在几个世纪前的文字描述和插图之中，常常被描绘成翅膀极短、肥硕笨拙的鸽子模样。毛里求斯岛上食物丰富、又几乎没有天敌，渡渡鸟用不着飞行就能填饱肚子、平安度日，因此翅膀逐渐退化，没法托起肥大的身体。电影中渡渡鸟为过冬而拼命囤粮，为几个西瓜丢了小命，现实中的渡渡鸟很可能也以水果为食。毛里求斯岛上雨季旱季分明，推测这些胖鸟可能在雨季食物充足时大吃成熟水果，拼命把自己养肥，好平安度过饥一顿饱一顿的旱季。

　　肉又多、又好抓的渡渡鸟很快就成了水手们最爱的肉食补给，几乎所有船只经过时都会上岛捕捉几十只渡渡鸟当作存粮。这种肉食储备相当充足，水手们也就吃得很浪费，有人甚至丢掉口感坚韧难嚼的鸟肉，只吃类似鸡胗的砂囊。同时，路过的商船带来了许多岛上原本没有的陆地动物。从船上逃脱的猫咪和狗儿登岛后，成了渡渡鸟从来没应付过的捕食者；老鼠和猴子会偷吃它们每年仅产一两个的珍贵鸟蛋；就连上岛的猪也成了威胁，它们会踩坏渡渡鸟筑在地上的巢。最终的结果是悲剧性的：距离初次出现在人类视野中不到百年时间，渡渡鸟就从这块唯一的栖息地上消失了，连一个完整的标本都没能留下。如今，这些不幸的胖鸟成了最知名的灭绝物种之一，《爱丽丝梦游仙境》作者刘易斯·卡罗尔就非常喜欢渡渡鸟，特意在自己的作品中安排了少女爱丽丝与渡渡鸟的邂逅。可惜，生活在这个时代的我们永远没机会见到这群蠢萌的大鸟了。

跨越冰河时代来到今天的动物明星

　　5部《冰河世纪》电影中出现的众多动物角色，并不是个个都灭绝了，它们中也有好几位仍在这个世界上陪伴着我们，比如地懒老奶奶的爱宠"小宝贝"抹香鲸、给"吓破胆船长"的海盗船当发动机的一角鲸、长着食蚁兽尾巴的毛茸茸版土豚、还有疯疯癫癫又身手不凡的独眼白鼬巴克。第三部中迭戈曾经追捕过一只十分得瑟的北美叉角羚，它们是陆地动物中的跑步亚军，速度仅次于猎豹，论耐力还比短跑选手猎豹好得多，难怪缺乏锻炼的迭戈追不上了。第四部里一度被海盗船绑架的那批超萌小毛球，既像吃太饱的花栗鼠，又像没长大的小水豚，它们的真实身份是来自非洲的蹄兔（hyrax）。这些小家伙虽然长得像鼠，却并非鼠族，而是大象和海牛这两种巨兽的近亲。仔细看就能发现，蹄兔脚上没有爪，而是结实的小蹄子，脚底还有许多厚厚的"胶垫"，好像穿着防滑运动鞋，能帮助它们攀爬陡峭的岩石斜坡。

现存动物中戏份最多的，当属负鼠兄弟克拉什和埃迪。这两只蠢蠢的负鼠成天忙着调皮捣蛋，惹的麻烦比希德还要多，现实中的它们也确实不怎么聪明，按身体比例来看，它们的大脑占比是所有有袋动物中最小的之一。个头比浣熊小不了多少的北美负鼠，大脑只有浣熊的五分之一大。然而，这些脑子不灵光的小二货却是分布广泛、"鼠"口众多的成功物种，还是动物界的头号影帝。

众所周知，澳大利亚是有袋类动物的天堂，其实美洲也有一批长着"育儿袋"的同胞，它们就是负鼠 ①。看似大老鼠的负鼠并非啮齿动物，而是美洲有袋类家族，在中南美洲分布着数十种，而北美洲只有 1 种，就是埃迪和克拉什兄弟俩的原型：北美负鼠（Virginia opossum）。"负鼠"的名字来源于它们有爱的

▲ 负鼠虽然名字叫"鼠"，其实是有袋类动物，负鼠妈妈长有育儿袋，初长成的宝宝离开育儿袋后，妈妈仍会常常把幼崽负在背上

---

① 有趣的是，在英语中，美洲的负鼠（opossum）与它们的澳大利亚亲眷（possum）只有一个字母之差，后者通常翻译为"袋貂"，而生活在印尼苏拉威西岛的"possum"则被叫作"袋猫"。

育儿习惯：把孩子负在背上。负鼠妈妈孕期极短，只需怀孕两周就能产下十几只幼崽。像其他有袋动物一样，小负鼠个头极小，只有蜜蜂那么大点，发育也很不完全，需要在妈妈的育儿袋里度过两个月时间。离开育儿袋之后，负鼠妈妈会经常把孩子们背在背上行动，负鼠宝宝也会紧紧抓着妈妈的皮毛挂在身上，非常可爱。

电影中猛犸象艾莉从小跟负鼠一起长大，坚信自己也是一只负鼠，睡觉时会跟负鼠一样用尾巴缠绕树枝把自己挂在树上，遇到危险还会学负鼠躺下装死，一度让猛男曼尼倍感头疼。装死确实是负鼠的一项绝活，负鼠遇到威胁时不但会一秒原地躺倒原地，而且浑身僵硬、四脚朝天、咧嘴龇牙、口吐白沫、呼吸微弱、心率减半，个别演技比较浮夸的还会全身颤抖，抽搐几下再"死透"。我曾经在洛杉矶一处写字楼门口遇到一只负鼠，影帝附体的它一旦进入状态，拿扫把戳都戳不醒，蜷曲的身体怎么翻都不变姿势，完全配得上一座小金人。不过，负鼠的高超演技并不是有意为之，而是一种不由自主的无意识生理反应。遇到威胁时，它们的肾上腺素当场狂飙，导致应激晕倒，说白了就是——吓晕过去了。这种状态下的负鼠不想装死都不行，哪怕装到天敌走了，还不得不再躺上几个小时才能慢慢苏醒。这种防御手段看似被动，其实成功率不低。负鼠装死时除了生动的肢体语言之外，还会从肛门分泌出恶臭黏稠的液体，完美模仿一具不但暴病死亡、而且已经开始腐烂的尸体形象。毕竟新鲜尸体还有食腐动物肯吃，腐坏的尸体却可能致病。把自己搞得越难闻、越恶心、越"不新鲜"，就越能劝退大部分捕食者。此外，负鼠的生存绝技也不止装死这一种。北美负鼠由于体温比较低，包括狂犬病毒在内的多种病毒都没法在它们体内存活，并且它们还自带蛇毒抗体，不怕响尾蛇的剧毒。这种种超能力外加不挑食、生得多，让北美负鼠出色地适应了环境，茁壮成长。不过它们幼崽存活率不高，成体寿命也很短，而且毛少怕冷、不能住在太靠北的地方，总算是没有鼠口泛滥淹没整个北美大陆。

影帝负鼠来到人类影坛之后，自己虽没拿到小金人，却也在学院奖的殿堂中留下了姓名。2010 年，一只名叫海蒂的北美负鼠走红一时。这只负鼠住在德国莱比锡动物园，因为一双呆萌的斗鸡眼而火遍社交网络，在脸书上拥有数十万粉丝。2010 年，海蒂受邀参加次年二月的奥斯卡颁奖礼，虽然没能成行，却登上了一档电视节目，预测第 83 届奥斯卡金像奖得主①。海蒂预测了三个奖项，成功猜对了当年的影后娜塔莉·波特曼和影帝科林·费斯，只猜错了最佳影片（海蒂当时选择了《127 小时》，这部讲述登山遇险、顽强求生的电影或许让海蒂对智人这个物种心生敬意，可惜该片最终输给了《国王的演讲》）。当年奥斯卡颁奖礼的嘉宾伴手礼包之中，就有一个可爱的海蒂毛绒玩具。遗憾的是，负鼠的寿命通常只有 2 年，颁奖礼后 7 个月，海蒂就离开了这个世界。只有在动画世界中，负鼠哥俩才能长久陪伴着长寿的猛犸象，开启一场又一场刺激又爆笑的冒险旅程吧。

---

① 2010 年预测过世界杯的章鱼保罗生前也住在德国一家海洋馆，可见德国人是有多爱搞这些玩意儿呐！

《海底总动员》：
瑰丽神奇的海洋世界

皮克斯动画的导演安德鲁·斯坦顿感觉自己筋疲力尽，而且完全词穷了——他刚刚动用了一大堆漂亮的画面演示，加上卖萌的角色配音，向老板约翰·拉塞特讲述自己构思的新片：一条很小很小的鱼在大大的海洋里走丢了。整整说了一个小时，对方似乎不为所动。斯坦顿终于忍不住了。

"老板，你到底觉得这个故事怎么样啊？"

"你一开始说'鱼'字的时候我已经打算要拍了。"

这就是《海底总动员》的诞生。2003 年，这部动画片横扫全球影院，成了当时票房最高的动画电影。要知道那时候，皮克斯已经做出了叫好又叫座的《怪兽电力公司》《虫虫危机》和两部《玩具总动员》，而隔壁的神作《狮子王》已经在动画片票房冠军宝座上坐了近十年。但所有这些都比不上两条橙色的小鱼——拉塞特是对的，谁不喜欢大海里的小小鱼呢？

尼莫与玛林：放心吧，没有什么毁童年

《海底总动员》捧红了呆萌可爱的小丑鱼（clownfish），让"尼莫"这个名字成了这些橘红色小家伙的代名词。其实小丑鱼家族有三十多个成

员，故事主角尼莫和爸爸玛林的学名是眼斑双锯鱼（Ocellaris clownfish），不过这个名字太拗口，我们还是就叫它们小丑鱼好了。这种鲜艳的小鱼很好辨认，橙红底色上镶着三道黑色描边的白色宽条纹，是标准的小丑服配色。故事里玛林的太太卡罗尔遭到一条梭子鱼袭击，还是鱼卵的小尼莫在电影开场 5 分钟的时候就失去了妈妈和所有兄弟姐妹，堪称皮克斯史上最惨主角。好在玛林是个好父亲，小心翼翼地把这根独苗拉扯大——虽然，有点过于小心了。

现实中的小丑鱼确实是好爸爸，更准确地说，应该算是"家庭妇男"。小丑鱼的世界是女性当家，雌鱼个头更大，负责保护家园，雄鱼体形较小，专心照顾儿女。因此电影中梭子鱼出现时，是鱼妈妈而不是爸爸奋不顾身地冲上前去保护鱼卵。雄性小丑鱼是尽职尽责的模范父亲，在老婆生下宝贝鱼卵之后，老公会守在边上用鳍拨水，持续不断地为卵中的宝宝提供新鲜氧气，还会替没出世的宝宝洗澡，用嘴仔细清除卵上黏着的微生物。

近几年，网上经常出现一种让人大呼"毁童年"的解释：在现实世界中，倘若雌性小丑鱼死去，雄性小丑鱼会变成雌性，群体中另一条鱼递补为雄性，重新组成夫妻。按这么说，长大后的尼莫就会从儿子变成老公，玛林则是从爸爸变成老婆。这个让人没眼看的说法倒并不是空穴来风：小丑鱼的确身怀变性神功，在鱼群中，只有一雌一雄这两口子可以在户口本上填写确定的性别，剩下几条都是暂时不配拥有性别的备胎。如果雌鱼不幸死亡，雄鱼确实会慢慢转为雌性，而鱼群中的备胎一号成功上位变成雄性，再次进入幸福的婚姻生活。只不过，这个递补老公基本不可能是自己的儿子——虽然小丑鱼都是认真负责的好父亲，但它们对孩子的照料仅限于鱼卵孵化之前，一旦小鱼孵出，慈父就会撒手不管，让孩子们各凭天命，自己谋生。因此，一家三口守在一起不分离的美满家庭只存在于电影里，现实中的尼莫一出生就得自己另寻他处，没机会留在父母家里上演伦理大戏。

如果为尼莫重新规划正常的"鱼生"，故事可能是这样的：小尼莫一出生，最重要的事就是赶快出发，给自己找一处安全的住所——海葵。小丑鱼跟海葵的关系属于互利互惠，称得上是好心房东和模范房客的完美组合：海葵负责保护小丑鱼免受天敌袭扰，它们有毒的触手能阻挡绝大部分捕食者，同时海葵吐出的食物残渣也足以成为小丑鱼的美餐；小丑鱼的回报则是帮助海葵清理讨厌的寄生虫，它们富含氮元素的粪便也是海葵的上好佳肴。还有科学家观察到，小丑鱼会以特殊的姿势在海葵身边游来游去，增加海水循环，带来更多新鲜氧气。

对小丑鱼来说，找到合适的海葵就相当于住进了一套附带自助餐厅和安保系统的超级豪宅，但这等豪宅也不是谁都能住得起：大部分海洋生物都会在海葵的带毒触手面前退避三舍，为什么小丑鱼就能平平安安地悠游其间呢？一种说法是，小丑鱼在跟海葵长期共生的过程中，演化出了毒素免疫力；另一种理论认为，小丑鱼身上特殊的黏液就是它们住进海葵豪宅的身份牌，只要带有这种黏液，海葵就不会将它们识别为食物出手袭击了。影片中父子二鱼游出海葵之前，玛林提醒尼莫擦的"防护油"，就是避免被海葵蜇伤的保护措施。

有好几种鱼类都能在有毒的海葵中安家，但小丑鱼无疑是其中最著名的，它们的别名直接就叫"海葵鱼"（anemonefish）。不过，对没房子的年轻小丑鱼来说，要想找到一所合适的海葵公寓并不容易，由于小丑鱼群体遵循严格的等级制度，所有的小鱼来到新家都得从最底层干起，甘当不配拥有性别、经常被人欺负的受气包，甚至可能会被赶出鱼群、另寻别的海葵。比起现实中刚出生就被迫离家闯江湖的小丑鱼，电影里守着爸爸吃住不愁的小尼莫可太幸福了。

绿蠵龟：爸爸是谁？我没见过

《海底总动员》里的慈父不光是小丑鱼，还有带着孩子们长途旅行的海龟爸爸。遗憾的是，萌萌小海龟跟着爸爸闯世界的情节完全是编剧的好心安排，现实中的小海龟从来没有见过父亲，从"龟生"的第一秒钟开始就要靠自己奋力求生。

全球现存有 7 种海龟，在动画片里出镜的是绿蠵龟（green sea turtle）。这个名字直译过来就是"绿海龟"，但它们的龟壳其实是深褐色的，绿色指的是它们皮下脂肪的颜色。绿蠵龟有长途迁徙的习性，是游遍各大洋的出色旅行者，全球热带和亚热带海洋都能找到它们的踪迹，而《海底总动员》所描绘的美丽大堡礁就生活着全世界最多的绿蠵龟，片中所说的"东澳大利亚洋流"恰是它们真正的旅行路线之一。常年在海上流浪的成年绿蠵龟每隔几年就会返回自己出生的海滩，在这里上演一场场集体约会，完成交配大业之后，雄海龟就此甩手不管，完全不会留下来守着自己的孩子出世。雌海龟会在海滩上挖洞产卵，把卵埋好之后也就离开了，因此小海龟不但没有机会跟爸爸一起旅游，连亲妈的面也见不着。

为了返回自己的出生地繁殖，许多海龟不惜穿越数千公里的广阔汪洋。之所以费这么大劲儿找回原来的"产房"，是因为对它们来说，一片合适的海滩相当难得。沙滩温度过高或过低都会导致小龟孵不出来，海水涨潮也可能会淹没雌龟的埋蛋地点，再加上各路天敌随时对美味的海龟蛋垂涎三尺，成功孵化实在是一件小概率事件。与其冒险选择陌生的地点，还是在自己的老家生娃更安全。

幸运出生的小海龟还没来得及好好欣赏这个世界，就要面对更艰险的考验：这些刚刚破壳而出的小家伙必须迈开自己还不灵活的小脚，尽快爬进大海的怀抱。从蛋巢到大海的这段路，是很多海龟一生中最危险的旅程，不计其数的海鸥、螃蟹、狐狸和浣熊拦在小海龟与海洋之间，捕食这些刚出生几分钟、毫无防御能力的小家伙。事实上，大部分小海龟都没有机会品尝到海水的味道，那些进入海洋的幸运儿也随时可能被水中的捕食者一口吞掉。雌海龟每轮繁殖都会产下几百甚至上千个卵，而顺利活到成年的小海龟还不到其中的百分之一。

健忘的多莉：鱼的记忆真的只有 7 秒吗

《海底总动员 1：寻找尼莫》大获成功的 13 年之后，皮克斯推出了续集《海底总动员 2：寻找多莉》，这次轮到玛林和尼莫踏上寻鱼之旅，找回他们的朋友多莉，一条患有短期失忆症、总是记不住事情的拟刺尾鲷（royal blue tang）。

影片中多莉因为健忘惹出了许多麻烦，她的脑子好像一块坏了的硬盘，持续不断地擦掉刚写入的数据。这个设定很容易让人想到一个流传已久的说法：鱼的记忆只有 7 秒钟[1]，因此这个世界对它们总是崭新的。稍微思考一下就会发现，这个说法实在很不靠谱，倘若鱼的脑子真这么不管用，海洋里就不会有活着的鱼了。事实上，鱼的记忆远远不止 7 秒。在实验中，尼莫的亲戚二带双锯鱼在与伴侣分开 30 天后仍然记得对方，而这还远远不是鱼类中的记忆冠军。盖斑斗鱼能记住自己在什么地方遭到了捕食者的伏击，并且在之后的几个月内避开此地；如果用特定的闪光信号告诉红鲑鱼"开饭啦"，8 个月后它们仍记得这个信号；虹银汉鱼能学会沿小孔从拖网中逃脱，即使 11 个月不加练习也还能记起这个技巧；经过训练学会从一根管子中取食的金鱼，时隔一年仍记得这根管子是什么颜色。多个实验证明，鱼类能够跟着一条经验丰富的领头鱼学会并记住特定的路

---

① 这个说法还有很多其他版本，包括 5 秒、3 秒和一眨眼。

线，就像《海底总动员 2：寻找多莉》中多莉的父母用贝壳给小多莉指出回家的路那样，如果爸爸妈妈足够耐心、教得仔细，这个办法很可能像影片中一样奏效。

除此之外，许多过集体生活的鱼类也证明，它们能记住完整的社会关系，比如谁是老大、谁更能打、谁好欺负，当然也包括区分自家人和外来者、好邻居和陌生人。生活在珊瑚礁中的豹纹鳃棘鲈经常跟邻居海鳝一同捕猎，联手把躲在洞里的猎物赶出来。它们能记住哪些海鳝乐意合作、哪些态度不怎么积极，并很快学会优先邀请那些愿意合作的海鳝。这可都是"7 秒记忆"做不到的。

大多数鱼的大脑都很小，但它们能做到比"记住"更厉害的事。小小的深虾虎鱼喜欢待在海岸附近，在涨潮形成的小水洼里觅食，但这些小水洼并不安全，一旦有水鸟、章鱼等天敌袭击，深虾虎鱼唯一的办法就是一跃跳到旁边的其他水洼里躲避。问题在于，它们个头太小，根本看不见别的水洼，要怎么才能准确地跳对位置，而不是蹦到岩石或沙滩上呢？深虾虎鱼的对策是在涨潮时来一轮搏命速记，在脑袋里绘出整个海岸线的地形图，记住哪些地方地势低凹、能形成水洼，然后在退潮时选择自己的栖身之处，同时牢牢记住自己的逃生地图，以备不时之需。没有人知道它们是如何做到这一点的，对于毫无方向感、在商场里都能迷路的笔者来说，这些不到手掌大的小鱼在这方面至少比我自己厉害多了。

坚决不吃鱼的鲨鱼互助会

在寻找尼莫的路上，玛林和多莉遇到的第一关，就是三条龇牙咧嘴的大鲨鱼。没想到看上去凶神恶煞的哥仨心地格外善良，打定主意决不吃鱼为生。影片中的三条鲨鱼组成了跨种族的兄弟会：打头的布鲁斯是大名鼎鼎的大白鲨（great white shark），旁边的小兄弟是尖吻鲭鲨（shortfin mako shark），长得奇形怪状好像外星人的是双髻鲨（hammerhead shark）。

拜斯皮尔伯格的惊悚大片所赐，大白鲨可能是人们最熟悉也最害怕的一种鲨鱼。好莱坞将它们描述成天生的杀戮机器、嗜血的恐怖化身，不时出现在无数影迷的午夜噩梦之中。成年大白鲨可以说是海洋中的无敌霸王，几乎没有捕食者能搞定这些4米多长、满口利齿的超级大鱼。倘若你看片够仔细，会发现动画片里的布鲁斯嘴里有好几排牙，咧嘴一笑露出密密麻麻的森森白牙，确实让人不寒而栗。在这个细节上，皮克斯动画师尊重事实的做法值得表扬：他们保留了大白鲨最恐怖的地方，哪怕这意味着要多出不少工作量。剧组为布鲁斯制作了202颗牙，而真正的大白鲨口中有多达300颗尖锐的三角牙，排成好几排，每当前排牙齿脱落，后排牙齿就能随时替换。袭击猎物时，它们一旦咬住就会猛力甩头，只消一口就能撕下14公斤肉。凭借着一嘴利牙和惊人的咬合力，巡游在海洋中的大白鲨可谓是大嘴吃八方，既能咬得动坚硬的海龟壳，也能捕杀比自己重一倍的象海豹。幼年大白鲨的颌骨还不够有力，暂时吃鱼为生；待到神功初成，它们就更偏爱脂肪厚、热量高的海洋哺乳动物。海獭、海豹、海狮、海豚都位列成年大白鲨的日常菜单，2020年，科学家甚至观察到一群大白鲨联手猎杀了一头成年座头鲸。

▲ 1975年上映的《大白鲨》至今仍是好莱坞惊悚片的扛鼎之作，也是许多"80后"影迷的童年噩梦

影片里的大白鲨下决心不吃鱼，但在多莉不小心流了点鼻血之后，布鲁斯闻到鲜血当场失控，一秒变回嗜血狂魔，开始疯狂追杀多莉和玛林。编剧很可能在这里想起了关于大白鲨的又一个传说：一个游泳池那么多的水里只要有一滴血，就会引来鲨鱼。这个数据很可能有些夸张，但鲨鱼嗅觉灵敏是不争的事实：它们能闻出一百万份海

水中的一份鲜血，也能在 5 公里之外嗅到血的味道，还可以通过估算气味抵达左右两个鼻孔的时间差，来判断气味来自哪一个方向。

除了嗅觉之外，鲨鱼的视力也不错，很可能还有敏锐的听觉。它们还是所有已知动物之中对生物电最为敏感的，每条鲨鱼身上都有成百上千个微小的电感受器，能探测周围生物产生的电磁场，用来发现藏身海底泥沙中的猎物。而最擅长使用这种"电磁第六感"的鲨鱼，就是影片中布鲁斯的好哥们——双髻鲨，这种脑袋长成锤子的怪鱼绝对令人印象深刻，"头锤"的宽度可以达到整个身长的一半，眼睛和鼻孔都长在这个锤子的末端。超宽眼距搭配秀气小嘴，双髻鲨算得上是海洋世界里的超模范儿高级脸了。这个奇特的构造不仅让双髻鲨获得了更宽的视野，也增加了头部电感受器的分布范围，好比安装了一个更大的无线电天线，能更有效、更精准地感知其他动物发出的生物电。双髻鲨的猎物主要是其他鱼类，以及章鱼、鱿鱼、乌贼等头足类动物。捕食它们最爱吃的黄貂鱼时，双髻鲨会用大锤形的脑袋按住猎物，把身体扁平的黄貂鱼钉在海底大快朵颐。双髻鲨的头锤不但是"恰饭"利器，也为它们带来了不少登上大银幕的机会，凭借诡异的外形，它们在许多关于海洋的大片里都露过脸。2018 年 DC 巨制《海王》之中，亚特兰蒂斯首相维科的坐骑就是一头巨大的双髻鲨。《加勒比海盗》戴维·琼斯船上那批奇形怪状的水手中，也有一个长着双髻鲨的脑袋。

相比之下，尖吻鲭鲨似乎缺乏被好莱坞看中的个人特色，论凶悍残暴比不上大白鲨，论相貌清奇不如双髻鲨，但它们也有自己的绝活——速度。尖吻鲭鲨是最快的鲨鱼，它们的游泳速度可以达到 50 公里每小时，比大白鲨快一倍。它们成为海中闪电的秘诀是更高的体温，我们通常认为鱼是冷血动物，任何时候摸上去都冷冰冰的，但尖吻鲭鲨的体温比周围的水温要高出 4—7 摄氏度。借助独有的热循环系统，它们能自主维持比环境略高的体温，也就因此获得了比其他鱼类更强大的运动能力。不过这套 buff

也有代价：尖吻鲭鲨的能耗相当高，它们每天的日常活动都会消耗自身体重的3%，必须保证足够的食物摄入才能维持"开机状态"。为了吃饱，它们有一个容量占体重10%的超大的胃，消化速度也比其他鲨鱼更快。

在鲨鱼兄弟会的三位成员之中，尖吻鲭鲨的知名度最低，名头远不及大白鲨那么响亮。事实上尖吻鲭鲨保持着鲨鱼中最强咬合力的纪录，影片中那口歪歪扭扭的烂牙其实非常致命。同时它们的大脑所占身体的比例相当大，意味着它们很可能是最聪明的鲨鱼之一。恐怖片"深海狂鲨"系列正是选了尖吻鲭鲨做主角，剧中这些迅捷的猎手经过基因改造后拥有了超强大脑，化身为比大白鲨更可怕的高智商异能杀手。

鲸鲨运儿和白鲸贝利

人们记录到最大的大白鲨有6米多长，已经是海洋里罕见的庞然大物，但它还远远不是个头最大的鲨鱼。世界第一大鱼的殊荣属于在《海底总动员2：寻找多莉》中出镜的鲸鲨（whale shark）。有记录的最大鲸鲨个体长达18.8米，超过一辆公交车。它们是世界最大的鱼类，也是地球上最大的动物之一，在现生的所有动物之中，只有部分鲸类比它们更大。

身为鲨鱼的一员，鲸鲨的外形比许多鲨鱼还要可怕，不仅体形庞大，还有一张骇人的巨口。单是这张嘴就宽达1.5米，在海中巡游时宛如一个会游泳的黑洞，似乎能把周遭的一切吞没其中。上文提到大白鲨的牙齿有300多颗，鲸鲨的牙齿则有300多排，只不过极为细小，丝毫没有生噬血肉的威力。这种样貌惊人的大鱼其实是人畜无害的温柔巨人，只吃浮游生物和小鱼。它们进餐的方式就是张着大嘴向前游，吸进一大口海水，再从鱼鳃排出去，水中的微小浮游生物就留在口中了。鲸鲨的食谱包括海洋里人人爱吃的磷虾、螃蟹和虾的幼体、水母、鱿鱼和一些小鱼，没有任何大

▲ 张着大嘴的鲸鲨看上去似乎能把身旁的潜水员一口吞掉，事实上它们性情非常温和，只吃小鱼小虾

型动物，对人类更不构成任何威胁，许多潜水员都有过与这些温和的大鱼水下同游的美妙经历。

电影里的鲸鲨运儿是个近视眼，眼神差到游着游着就会撞墙。其实鲸鲨的视力并不特别糟糕，只不过相对于它们庞大的体形，它们的眼睛实在显得有点小而已。反倒是运儿的好伙伴白鲸贝利更可能有近视的麻烦——白鲸的视力不算太好，幸亏它们拥有更强大的替代品：回声定位。

跟许多其他鲸豚类一样，白鲸（beluga）使用回声定位系统来导航、定向和彼此交流。它们凸起的大脑袋里有一个装满特殊脂肪的球形腔，叫作额隆。白鲸在水中游泳时发出一系列快速、高频的咔嗒声，声波穿过额隆聚成一个波束，在水中迅速传播，碰到物体时就反射回来，成为只有白鲸自己能解读的声波密码。靠着这种独有的"摩尔斯电码"，白鲸能了解到数百米开外物体的形状、大小、距离，甚至内部结构。电影中贝利正是通过这种独门绝技，挽救了在水管中迷路的多莉 ①。这一神奇的"特异功

---

① 声呐定位离开水后，精度就没那么好了，更容易受到噪音干扰，因此贝利靠声呐追踪载着多莉的卡车还是有一定难度的。

能"比眼睛还管用，白鲸能利用回声定位在黑暗浑浊的深水中找到食物、避开障碍。白鲸的老家在寒冷的北极，借助回声定位，它们在冰盖下潜游时，就能准确地找到冰上的呼吸孔。

除了用于回声定位的电报般的咔嗒声，白鲸还能发出另外十来种不同的声音，没有声带的它们能用喷气孔吹口哨，磨牙声、溅水声都是它们"曲库"里的自带音效，宛如鸟鸣般的高频歌声为它们赢得了"海中金丝雀"的美誉。爱说爱唱的白鲸拥有绝佳的听力，能听到人类听不到的极高和极低频率，糟糕的是，这也意味着它们比我们更容易遭受噪音的困扰。研究证明，海上船只发出的声音已经对许多地方的白鲸造成了影响，会分散它们的注意力，扰乱进食、社交和导航功能。在《海底总动员2：寻找多莉》结尾，回到大海的贝利恐怕不得不加强锻炼自己的回声定位本领，努力应对更多更复杂的噪音干扰。

致命诱惑：闪闪亮的"深海恶魔"

在找回尼莫的路上，玛林和多莉捡到了一副潜水镜，这正是带走小尼莫的牙医掉下的，上面写有他的名字和地址。正在多莉努力想看清字迹时，前方竟然适时地出现了一盏"阅读灯"，明亮温暖的灯光吸引着两条小鱼不由自主地向它游去。没想到，这盏暖暖的小灯背后竟是一个吓人的食鱼狂魔——驼背鮟鱇鱼（humpback anglerfish），鮟鱇鱼也叫灯笼鱼，这个幽灵般的夺命灯笼就是它们捕食的利器。

都说深海生物因为四周太黑，谁也看不见谁，所以大家都是凑合着随便长长，丑点就丑点。鮟鱇鱼显然是把这个段子当了真，一个个全都生得牛头马面，咧嘴龇牙，相貌堪比鱼界钟馗。它们脑袋上伸出一根丝状的长鳍条，末端晃荡着一个发光器官，里面共生着一些能发光的细菌。在这些细菌的帮助下，这盏"小灯笼"发出温暖的黄色荧光，鮟鱇鱼就举着它的小灯笼在漆黑不见底的深海中四处游荡，如同举着一根以光为饵的钓鱼竿。一旦其他鱼类被灯光吸引，误把这团小小的闪光当作美食，等待着它们的就是鮟鱇鱼那张恐怖的大嘴，和嘴里宛如钢针一般向内倾斜的利牙。所有的鮟鱇鱼都是肉食者，它们的下颌能够伸缩，胃部也可以膨胀，能吞掉比自己大一倍的猎物。深海中食物稀少，因此它们从不挑食，逮着机会就要填饱肚子。

奇特的是，只有雌性鮟鱇鱼采取这种方式觅食，每一盏在黑水中飘来飘去的幽灵灯笼背后，都躲着一个青面獠牙的"母夜叉"。雄性鮟鱇鱼并不自带发光器，难道它们就不需要吃饭吗？答案是它们还真不吃饭！许多雄性鮟鱇鱼不但从不自己觅食，甚至连完整的消化系统都没有，它们唯一的生存机会就是在自己饿死之前，赶快找到长期饭票——一个老婆。

20 世纪的科学家最初捕获鮟鱇鱼时，所有的标本都是雌性的，人们一度以为这些鱼类根本没有雄性。直到多次解剖后，他们才震惊地发现，雌鱼体表和体内像寄生虫一样的东西竟然就是雄鱼。雄性鮟鱇鱼出生时没有"灯笼"，取而代之的是超大的眼睛和敏锐的嗅觉，它们需要动用全套感官，尽快在伸手不见五指的幽深海洋里找到一条雌鱼，然后当即一口咬住这位路人女士的身体，不管她是貌比天仙还是丑胜无盐，总之这辈子就要跟她相依相守，永不分离了。咬进雌鱼的皮肤之后，雄鱼会分泌一种独特的酶，把自己的嘴巴给融化掉，彻底与雌鱼融为一体。两条鱼的血管彼此相连，雄鱼从此就靠吸取雌鱼的营养为生，而它的回报就是为雌鱼提供精子，共同孕育下一代。可想而知，在茫茫深海之中，遇到另一半的概率实在不高，只要碰上就不能放手，哪怕对方已经名花有主也不例外，因此许多雌性鮟鱇鱼身上都挂着不止一个老公。虽然未必做得到一心一意，但鮟鱇鱼的"婚姻"很可能是动物界最长久的：只要雌鱼活着，它和它的老公（们）就永远是拆不散的伴侣。

不过，并不是所有的鮟鱇鱼都有这么扭曲的婚姻观。比如出现在《海底总动员》中的驼背鮟鱇鱼就不乐意一辈子吃老婆的软饭，它们的雄性只是短暂附在雌性身上，一旦完成交配大业就一别两宽，各自出发寻找下一次艳遇。

玛林和多莉在《海底总动员 1：寻找尼莫》里遇到了发光的鮟鱇鱼，到了《海底总动员 2：寻找多莉》，它们又遇到了另一个亮闪闪的深海恶魔：巨大的发光乌贼。在漆黑的深海之中，自带发光特效是一个非常实用的功能，多达 76% 的深海动物都会发光。除了用于觅食捕猎，它们也会用亮光来吸引伴侣、恐吓天敌或者制造"闪光弹"。许多深海乌贼会排出一大团发光物质，就像其他乌贼和墨鱼喷射墨汁一样，亮光晃得捕食者眼前一花，它们就能趁机逃走。有一种深海乌贼甚至会"壮士断腕"，直接抛掉自己能发光的腕足，让 blingbling 的腕足分散捕食者的注意力，自己溜之大吉。此外，它们也用闪光彼此交流。群居的洪堡乌贼（Humboldt squid）闪闪发光的身体就像一个精美的显示屏，给体表的花纹提供了"背景灯"。它们只需变换体色和纹样、再打上醒目的背景光，就能在自带的"显示屏"上跟同伴交谈了。科学家已经从它们的"光语"中发现了 28 种基本样式，就好像字母表上的 28 个基础字母，只消排列组合，就能喊话"嘿，我在追前面那条蓝色的鱼呢，别跟我抢""那么橙色那条留给我吧，当心，你差点撞上我了"。

不过，现实中的玛林和多莉不需要担心，它们永远不会遇到这些发着光的可怕食鱼怪。小丑鱼和其他珊瑚礁鱼类居住在温暖的浅海，而鮟鱇鱼和发光乌贼都栖息在数百米深的海底，在自然环境中，它们是碰不到面的。

章鱼汉克：真的不是外星生物……吗？

多莉寻找自己父母的路上得到了许多海洋动物的帮助，章鱼汉克称得上是其中最酷的一个。这只太平洋红章鱼（Pacific red octopus）是动物救助中心的老住户，一心想要留在人类的庇护之下，千方百计逃避"出院"放归大海。影片中汉克多次从水族箱里逃脱，带着多莉一路闯进海洋馆，飞檐走壁无所不能，还有一身变色伪装的超凡本领，堪称海洋中的超级特工。这些情节可不是剧组的无端想象，现实中的章鱼身负多项"特异功能"，身手不凡加上聪明绝顶，每每颠覆人们对"低等动物"的认知。

2016年，一只住在新西兰国家水族馆的章鱼实现了它的自由之梦：它趁半夜没人的时候逃出水族箱，爬过展厅，进入了一条长50米、直接通到大海的排水管。这一壮举让网友大呼章鱼成精，简直就是《海底总动员》中的情节成真了。

许多研究海洋生物的科学家都有一个共识：章鱼是最难对付的研究对

▲ 看上去就很聪明的章鱼们总是给人一种外星生物的错觉

象，总是能以各种匪夷所思的方式从实验室里逃脱。这些"海中胡迪尼"们倚仗的第一神技，就是几乎无所不能的缩骨神功，再小的缝隙都能钻得过去，明明有盖的水族箱似乎根本就关不住它们。这份独门"软功"得益于它们独特的身体构造，章鱼浑身上下只有钩状的喙是坚硬的，其他部分全都柔韧无骨。只要喙能过得去，它们能挤过只有硬币那么大小的出入口。片中汉克说自己没法穿过排水管，算是一个小小的 bug，只要它想，完全是能过去的。另外，章鱼的神经系统并不集中于大脑，大部分神经细胞都分布在八个腕足上，换句话说，它们的每条腕足都有某种程度上的"独立意识"，赋予了它们极佳的运动能力和反应能力。倘若一条章鱼想要从水族馆逃脱，只消大脑总部下达指令"我们从这个鬼地方逃出去吧"，腕足分部就会自主判断哪些动作如何完成，无需大脑耳提面命控制每一个细节。

电影中汉克大部分时间都在水族箱外活动，长时间离开水对它似乎根本不是什么难事。所有的章鱼都能通过皮肤吸收氧气，当它们无法用鳃瓣在水里呼吸时，它们依靠皮肤呼吸也能撑很久。有了这一"外挂"，章鱼可以在水陆之间来去自如，跳出鱼缸探个险完全不在话下。

影片中汉克的另一个神技是自带"隐形衣"，通过变换体色模仿周围环境，它能完美地将自己隐藏在背景之中，好几次骗过了水族馆工作人员的眼睛。这一伪装本领归功于章鱼特殊的皮肤细胞，它们能使用这些变色细胞作为自带的迷彩服，同时，改变体色也是它们引诱猎物、恐吓天敌、警告同伴、彼此交流的方式。不过现实中章鱼的内置"调色盘"没有汉克那么齐全，大部分种类只能变出红色、橙色、黄色、棕色、黑色和白色。有些章鱼不仅能用颜色来做伪装，还能上演更高超的变身术。著名的拟态章鱼（mimic octopus）能模仿至少十五种不同的动物，比如伸出腕足模仿有毒的蓑鲉或水母，将腕足拖在身后模仿扁平的比目鱼，或是藏起六只腕足、伸直另外两只，让自己看起来像一条致命的环纹海蛇。拟态章鱼能根据当前情况决定自己"变身"成什么动物，遇到烦人的小鱼骚扰，它们会变成超级捕食者海鳗，而想吃螃蟹的时候就会模拟雌蟹求偶，诱惑雄蟹上钩，堪称海洋世界的"魔形女"。

高超的"密室逃脱"技能不光需要身体素质，更要有聪明的头脑。照理说，章鱼作为无脊椎动物的一员，在演化树上处于比较原始的位置，很难想象它们能有多聪明。然而这些头足类动物的智商极高，相对于身体比例而言，章鱼拥有无脊椎动物中最大的大脑，甚至超过了不少脊椎动物。实验室章鱼能学会区分不同的形状和图案，拧瓶盖、开插销、走迷宫对它们都是小菜一碟；曾有一只住在大学实验室里的章鱼反复朝灯管喷水，多次导致实验室断电，最终逼得研究人员不得不把它放归大海；新西兰一家水族馆的章鱼养成了小偷小摸的坏习惯，连夜造访其他鱼缸偷吃螃蟹，然后假装没事人一样溜回自己缸里；野生章鱼则无师自通地找到了免费午餐的窍门，它们时常从渔民的陷阱里偷走诱饵，自己全身而退，还曾有"神偷"索性爬上了捕蟹船，打开存放渔获的船舱大吃一顿，然后大摇大摆地拍屁股走人。这些智商惊人的动物甚至懂得使用工具，BBC 曾拍到条纹章鱼收集椰子壳，做成"活动房屋"来藏身，毯形章鱼则抓着有毒的葡萄牙战舰水母作为防身武器，它们自己对这种毒素免疫，可以使用这些带毒的触手保护自己、捕捉猎物。

章鱼汉克身上还有无数迷人的特质：三个心脏，强力吸盘，自带毒素，断臂重生……这些出神入化的海洋特工没准儿真的是奇妙的外星来客，假以时日，人们还会揭开多少关于章鱼的秘密呢？

魅力大堡礁：正在逝去的伊甸园

两部《海底总动员》呈现了无比奇丽的珊瑚礁生态，出镜的海洋生物多达数十种，除了主角眼斑双锯鱼和拟刺尾鲷，还有牙医诊所鱼缸里的好心大叔镰鱼、刺鲀和清洁虾，魔鬼鱼学校的小同学管海马、蝴蝶鱼和小飞象章鱼，各种鲜艳的海兔、海星、海胆、海葵……它们的家就在澳大利亚大堡礁，全世界最大的珊瑚礁群落。

珊瑚礁素有"海中热带雨林"的美誉，全球浅海珊瑚礁的总面积不足整个海洋的0.1%，却是多达25%的海洋生物物种赖以生存的家园。作为全球最大的珊瑚系统，大堡礁生长着约400种珊瑚，它们和500多种海藻一起，庇护着1500多种鱼类和3000多种软体动物。全球七种海龟中的六种在大堡礁一带繁殖，同样选择此地生儿育女的还有多达170万只海鸟。这里还拥有全球最大的儒艮种群，以及30种鲸鱼和海豚。丰富的生物多样性构成了大堡礁无与伦比的美，这里气候温和，食物充足，是无数海洋生物的完美伊甸园。

然而，这个伊甸园正在消失。近30年来，大堡礁已经失去了超过一半的珊瑚，其罪魁祸首就是珊瑚白化。宏伟的珊瑚礁是由无数微小的珊瑚虫建造的，这些小生命并不是独自埋头苦干，它们有一群好邻居——虫黄藻，通过光合作用生产营养物质，为珊瑚虫提供了绝大部分生存所需的能量来源。但是，一旦水温升高，哪怕只高一度，珊瑚虫就会开始驱逐与其共生的虫黄藻，导致珊瑚失去原本艳丽的色彩，变成没有生机的森森白骨，这一过程就被称为珊瑚白化。没有了虫黄藻，珊瑚虫就失去了营养来源，开始挨饿。倘若环境条件恢复，一些珊瑚能够重新接纳虫黄藻，但大部分都会逐渐死亡。近年来，全球气候变化导致海洋温度升高、海水酸化加剧，使珊瑚白化的过程逐渐加快、间隔缩短。2014—2017年发生了有记录以来持续时间最长、规模最大的珊瑚白化现象，全球多达70%的珊瑚礁遭到了不同程度的破坏。数据显示，未来20年之内，我们还将失去现存珊瑚礁的60%。

正常情况下，珊瑚礁的直径每年只能增长1至3厘米，而它们死亡的速度远比这快得多。因饥饿而死亡的珊瑚虫快速腐烂，留下的骨架无法继续生长，最终会在海水侵蚀之下崩解坍塌。大堡礁的形成始于 2400 万年前，如今，它有可能在数十年内抵达生命的末日。尽管澳大利亚政府已经制定计划保护这一海洋天堂，但在全球温度继续上升的前提下，一切措施都无法从根本上挽救受损的环境。

珊瑚礁的消亡不仅意味着尼莫、玛林和多莉们失去家园，对人类自身也是巨大的损失。如果目前的趋势持续下去，滨海国家的珊瑚礁所支持的近海渔业、旅游观光行业都将遭受打击，经济损失将高达数千亿美元。珊瑚礁还保护着海岸线，对海浪的冲击形成缓冲作用，降低狂风巨浪的破坏力。倘若没有了这条防线，近海国家将遭到更多风暴和洪水的袭击。为了无数海洋生灵，也为了人类自己，我们需要尽最大努力留住美丽而脆弱的珊瑚礁，留住多姿多彩又至关重要的海洋世界。

你认识它吗?

在电影世界里寻找现实生灵最有趣的地方就是，你总会遇到一些意想不到的奇特家伙！现实世界中的它们有时跟银幕角色形成不可思议的反差萌，有时候则比电影里的形象更令人惊讶。

◀ 狼獾

说起"金刚狼",脑子里就浮现出面容刚毅、一身肌肉的休·杰克曼？其实现实版的"金刚狼"狼獾就长这样，五短身材，毛茸茸短腿，还很臭。

▶ 针鼹

超级可爱的针鼹，虽然长得像刺猬，实际跟鸭嘴兽同属一族，是自带育儿袋、会产卵的哺乳动物。《神奇动物在哪里》中人见人爱的小萌物嗅嗅跟它很像吧？

▲ 耳廓狐

《疯狂动物城》里尼克的搭档芬尼克总是扮成无辜小宝宝，一张嘴说话却是一口烟嗓，现实中的耳廓狐比电影里的扮相更无辜，精灵般的尖尖大耳不但听力超群，还有助于在沙漠中散热。

▲ 双冠蜥

还记得《哈利·波特》系列中的蛇怪巴斯里斯克吗？现实中有一种名叫双冠蜥的美貌小怪兽；也被直译为蛇怪蜥蜴，虽然不能靠目光杀人，但也有自己的独门绝活：水上行走。

▲ 北美鼠兔

可爱度爆表的"真鼠版皮卡丘"北美鼠兔。我国也是二十多种鼠兔的家
园，这些肥美溜圆的小可爱是高原生态系统的关键基石，没有它们就没有
藏狐和兔狲的幸福生活。

双髻鲨

▲ 双髻鲨

这张充满个性的脸有些熟悉吧?《海王》《加勒比海盗》《海底总动员》······
以海洋为主题的大片里总少不了双髻鲨这位经典配角,凭借奇形怪状的长
相,即使只是打个酱油也让人过目难忘。

▲ 马岛獴

《马达加斯加》中有一种被翻译成"伏狼"的凶恶野兽，是环尾狐猴朱利安国王和臣民们的头号大敌。"伏狼"其实是当地特有的马岛獴，在没有大型食肉动物的马岛，它们就是称霸一方的顶级捕食者了。

普通狨　皇柳狨　金叶猴

▲ 皇柳狨

▲ 普通狨

《里约大冒险》系列中的南美街头帮：普通狨和皇柳狨。现实中的它们比动画片里更可爱！

▲ 金叶猴

《功夫熊猫》里的金猴并不是金丝猴！我国特有的川金丝猴拥有标志性的蓝脸和朝天鼻，相比之下，小黑脸、爆炸头的金叶猴更像影片里金猴的样子。

《里约大冒险》：
叽喳大派对的幕后故事

全球七大洲各自有着自己的独特气质，如果说非洲最狂野、澳洲最奇特、南极洲最清冷，那么南美洲一定最艳丽——鲜橙，明黄，亮绿，宝蓝，属于南美的颜色就像住在南美的鸟儿们一样缤纷多彩。动画大片《里约大冒险》呈现的就是这样一个迷人的世界，从里约街头嘉年华，到亚马逊雨林深处，在初来乍到的鹦鹉布鲁眼中，整个巴西如同一场永不结束的盛大派对，活色生香，异彩纷呈。

同影片里一样，现实中的巴西也是一个热闹的鸟类王国。目前全世界有大约10000种鸟，巴西一个国家就拥有1800多种，其中200多种是巴西独有，《里约大冒险》的主角小蓝金刚鹦鹉就是其中之一。遗憾的是，现实中的"布鲁"和"珠儿"们仍然濒危，还没有过上影片中自由自在的幸福生活。

巴西蓝精灵的真实故事

2019年是小蓝金刚鹦鹉（Spix's macaw）与人类正式相识的200周年。1819年，一位名叫斯皮克斯的博物学家在巴西见到了这种蓝宝石般美丽的鹦鹉，收集了第一个标本并以自己的名字命名。由于栖息地偏远隐蔽，这些神秘的蓝精灵很少为人所见，但数量还不像今天这么稀少。进入

20 世纪，随着伐木导致的森林面积锐减，小蓝金刚鹦鹉的栖息地急剧丧失，数量越来越少。同时，这些漂亮可爱又聪明伶俐的鸟儿也吸引了非法宠物贸易者的注意。20 世纪 80 年代，偷猎者一次就能抓走数十只小蓝金刚鹦鹉。《里约大冒险》中捕鸟人洗劫鸟儿们的家园、小布鲁被抓走卖到异国他乡，都是当时雨林中上演的真实悲剧。而不少穷人也像电影中的贫民窟少年费尔南多一样，协助盗猎团伙卖鸟为生。在失去家园和遭遇盗猎的双重打击之下，不出十年，小蓝金刚鹦鹉几乎已经从人们的视野中完全消失了。2018 年，小蓝金刚鹦鹉在 IUCN 红色名录上被标记为"野外灭绝"，最后的小蓝金刚鹦鹉生活在人类的圈养庇护之下，而科学家始终没能像《里约大冒险 2》里那样，在亚马逊雨林深处找到它们的大家族。

电影中的男主角布鲁千里迢迢从美国明尼苏达来到巴西"相亲"，按照鸟类学家图里奥的说法，布鲁是全世界最后一只雄性小蓝金刚鹦鹉，关系到种群延续的大业。故事的真实版本并不浪漫，却更为悲伤：1990 年，人们在小蓝金刚鹦鹉曾经的栖息地发现了一只单身汉，却没有为它找到同类伴侣，只能让它与一只蓝翼金刚鹦鹉姑娘配对，"婚姻"没能成功。5 年之后，人们在同一地点放飞了一只圈养的雌性小蓝金刚鹦鹉，希望它能在旧居自己找到同类。然而不到两个月，这位现实版的"珠儿"就撞上了电线，不幸死亡。又过了 5 年，一只野生雄性从当地消失，此后再没人在野外见到过它们闪耀的蓝羽。

过去的数十年之中，虽然小蓝金刚鹦鹉遭到了人类的大规模捕猎，也有不少人为保护它们而奔走，很多环保组织工作人员像图里奥一样，在全世界寻找生活在圈养条件下的小蓝金刚鹦鹉，希望它们参与人工繁育计划。但是，这一工作进展并不

▲《里约大冒险》的故事有真实原型，然而在现实中，小蓝金刚鹦鹉的故事并没有那么一帆风顺

顺利。小蓝金刚鹦鹉被《华盛顿公约》^①列为濒危物种、禁止国际贸易，按照巴西的法律，买卖这种鹦鹉也属违法。这没能制止盗猎和黑市交易，反而让宠物主人们不敢承认自己养了这种鹦鹉。影片中琳达在图里奥的劝说之下，亲自陪着布鲁去里约"找对象"，现实中的买主却大多不愿意"曝光"自家的宠物，以免给自己惹来更多麻烦。

　　直到2003年，落难的"蓝精灵"等来了自己的王子——卡塔尔的一位王子^②慨然出手，从鸟舍和私人手中买下了大部分小蓝金刚鹦鹉。在这位王子创立的阿尔·瓦布拉野生动物保护中心，30多只小蓝金刚鹦鹉建立了基因档案，通过人工授精繁育，尽可能增加"鸟口"。这位不差钱又有爱心的中东土豪还为这些鸟儿买下了巴西的数千公顷土地，重新种植小蓝金刚鹦鹉喜欢的树木，清除外来入侵物种，打算重建它们的野外家园。遗憾的是，王子本人在2014年去世，没能看到蓝精灵们重回家乡。卡塔尔的小蓝金刚鹦鹉们被移交给德国的保护协会，并开始陆续送回巴西。如今，小蓝金刚鹦鹉的全球数量已经达到了100多只，期待在不久的将来，"布鲁"和"珠儿"们能够重回野外，在亚马逊的美丽雨林里自由飞翔。

了不起的鹦鹉家族

　　可爱的小蓝并不是《里约大冒险》中唯一的金刚鹦鹉，在这两部热

---

① 《濒危野生动植物物种国际贸易公约》（CITES）是一份国际协约，由世界自然保护联盟的各会员国政府起草签署，1975年正式执行，中国于1981年加入，目前共有183个成员国。这份协约对野生动植物进出口实施限制，确保国际交易行为不会危害到物种本身的延续。由于这份公约是在美国的华盛顿市签署的，因此又常被简称为《华盛顿公约》。

② 这位卡塔尔王子名叫谢赫·沙特·本·穆罕默德·本·阿里·阿勒萨尼（Sheikha Saud bin Muhammad bin Ali Al Thani），虽然名字很长，我还是把它完整地写下来，表示对这位出手拯救濒危物种的已故王子的尊重与感谢。

热闹闹、载歌载舞的"鸟片儿"里，还有不少鹦鹉家族成员出镜露脸。宝蓝与明黄撞色、配色格外大胆又时尚的琉璃金刚鹦鹉，红绿蓝三色、像空中宝石一样的绿翅金刚鹦鹉，黄灿灿金闪闪、宛如披着一身太阳光芒的金色鹦哥，好几种小巧玲珑、颜色艳丽的锥尾鹦鹉……除了这些酱油龙套之外，戏份多的也有好几位。第二部与小蓝们争夺地盘、踢球决战的是一大群绯红金刚鹦鹉，大反派奈杰尔是一只葵花凤头鹦鹉（sulphur-crested cockatoo）。这位给鸟贩子做帮凶的奈杰尔并不是南美"本地鸟"，而是不远万里从澳洲来的。葵花凤头鹦鹉生活在澳大利亚和新西兰，在当地多到成灾，有时连城市居民也不堪其扰。

鹦鹉家族相当庞大，目前有 300 多种，其中一半都生活在南美洲。巴西是金刚鹦鹉的大本营，雨林之中常常可以见到这些璀璨艳丽的鸟儿群飞而过。金刚鹦鹉会啃食黏土来补充微量元素，在亚马逊西部，每天都有成百上千的金刚鹦鹉集体飞来啄黏土吃，宛如红土河岸上开出的似锦繁花，非常漂亮。电影中布鲁和珠儿一家来到亚马逊丛林，"吃土"就是孩子们学到的第一课。

影片中布鲁一度是一只不会飞的鸟，虽然翅膀不给力，但一双爪子几乎跟"手"一样好使，能开锁，会翻书，爬高上树也不在话下，从鸟贩子手中逃脱的一路上展现了相当厉害的攀爬技巧。与大多数鸟类脚爪三前一后的形状不同，鹦鹉的脚趾是两根朝前、两根朝后，非常适合攀援，也擅长抓握。长着同样结构的还有啄木鸟、杜鹃、一部分猫头鹰，以及布鲁和珠儿的好朋友巨嘴鸟拉斐尔一家。

影片中的主角布鲁和反派奈杰尔都堪称聪明过"鸟"。被当作宠物养大的布鲁会玩滑板车、能接电路板、懂空气动力学和杠杆原理，还画得出鹦鹉版的"维特鲁威鸟"。而葵花凤头鹦鹉奈杰尔不但是身强体壮的凶横打手，还是表现力超强的天才演员，在第一部里装可怜骗过了救助中心的门卫，第二部里更是飙了一段情感丰富、张力十足的莎剧片段《哈姆雷特》。现实中的鹦鹉们大多数都很聪明，按身材比例来看，它们拥有跟类人猿差不多大的大脑，好奇心强，善于学习。曾有一只名叫亚历克斯的非洲灰鹦鹉学会了数百个单词，而且并非机械地"鹦鹉学舌"。研究人员认为亚历克斯完全理解自己在说什么，它能识别几十种物体、形状、颜色和数字，被认为拥有 5 岁孩子的智力水平。这只聪明的鹦鹉甚至做到了灵长类都没做到的事：提问。曾有一次，亚历克斯照着镜子问："什么颜色?"研究人员告诉它"你是灰色的"①。要知道，迄今为止所有在实验室里学过手语、尝试与人类交流的类人猿，都没有问过哪怕一个问题。

如此聪明可爱的鹦鹉们自然成了爱宠人士的心头好，早在几个世纪之前，充满异国情调的鹦鹉就是宫廷贵族和豪富人家的宠物。不过，选择它们的代价也不小：鹦鹉的寿命相当长，《里约大冒险》里琳达捡到布鲁时还是小女孩，布鲁伴她度过了整个童年和少女时代。现实中很多鹦鹉都能活好几十年，将它们带回家往往意味着大半辈子的彼此相伴。这些聪明的鸟类很容易感到寂寞，需要大量时间陪伴，否则可能像人一样出现严重的抑郁症和自残行为。许多鹦鹉还是严重的"话痨"，它们平时的叫声可不怎么动听，音量也相当不小。包括金刚鹦鹉、葵花鹦鹉在内的不少种鹦鹉在野外都是群居的，习惯于跟亲朋好友、左邻右舍闲聊天，当它们跟人类相处时，最好也别指望它们安静下来。

事实上，人们对这些充满灵性的鸟儿的爱，已经给它们带来了不小的伤害。全球 300 多种鹦鹉之中，已有三分之一处于濒危状态，宠物贸易就是野外种群减少的重要原因之一。每年都有数以百万计的鹦鹉作为宠物被交易，在野捕和运输过程中有大量野鸟死亡，只有一小部分能到达消费者手中。对那些尚未实现人工繁育的鹦鹉种群来说，每一只家养爱宠看似幸福的生活背后，都有数十只同类丧生。目前在我国，只有玄凤、虎皮、桃

---

① 随后，在仅仅重复了 6 次之后，亚历克斯就学会了"灰色"这个词。

脸牡丹鹦鹉这三种鹦鹉允许作为宠物饲养，其他所有种类都依照《华盛顿公约》定级保护，禁止私人饲养和交易买卖。爱它们，请让它们过自己的生活。

布鲁的好朋友们

有国外影迷统计，两部《里约大冒险》中出现了四五十种鸟，除了各式各样的美丽鹦鹉之外，还有不少其他鸟儿加入了这场缤纷热闹的嘉年华。布鲁初到里约遇见的"桑巴歌舞二人组"中，胖乎乎小红鸟佩德罗是一只红冠蜡嘴鹀（red-crested cardinal），戴啤酒瓶盖帽子的小黄鸟尼科则是一只金丝雀（canary）。哥俩都是身材小巧、歌喉动听的鸣禽，而金丝雀作为歌手的名气更大。这种玲珑可爱的小黄鸟早在 17 世纪就进入了欧洲的宫廷，是当时贵族仕女十分流行的爱宠。随着人工繁育技术成熟，普通人家也逐渐养得起金丝雀。如今全世界有许多地方都有金丝雀俱乐部，还会举办专门的鸟展，评判谁家的鸟儿唱得最好听。几个世纪以来，金丝雀不但陪伴过寂寞的闺中少女，也挽救过无数劳动者的生命：人们发现这些小鸟对有毒气体极为敏感，因此 20 世纪的矿工在下井前常常先放进一只金丝雀，检测矿井中毒气的含量。20 世纪 80 年代起随着科技发展，这种原始的探测方式逐渐被淘汰，但人们并没有忘记小鸟们在技术落后的年代为采矿人作出的贡献。如今，"煤矿里的金丝雀"仍然常常用来指代那些在危机来临前发出预警的勇敢者。

布鲁和珠儿在雨林里遇到的恩爱夫妻是一对巨嘴鸟（toucan），有趣的是，"老公"和"老婆"还不是同一种。老公拉斐尔是一只托科巨嘴鸟（toco toucan，也被翻译为"鞭笞巨嘴鸟"），是动物园最常见、最有名的一种巨嘴鸟，有着鲜亮的橙色大嘴和颇具喜感的蓝眼圈。老婆伊娃则是一只厚嘴巨嘴鸟（keel-billed toucan），长着一个红橙绿蓝紫俱全、辨识度极高的彩虹巨喙。动画片中伊娃唱起歌来杀伤力巨大，其实巨嘴鸟的叫声并不难听，有点像青蛙的呱呱声。

按身体比例算，巨嘴鸟有着鸟类中的头号大嘴，一些物种的嘴甚至占到整个体长的一半多。这副五颜六色的大嘴是巨嘴鸟的标志，虽然看上去大得夸张，实际上分量很轻，巨嘴鸟并不会被这副巨大的鸟喙压得抬不起头来。水果是巨嘴鸟的主食，它们会用这副巨喙把果实切开，然后脑袋往后一甩，将水果整个吞下去。嘴大给它们省了不少力气，相当于自带超长餐具，屁股都不用挪动一下就够得着周围的食物。除了吃饭省事之外，这副巨嘴还是高效的温度调节系统，可以在闷热的雨林里帮助巨嘴鸟快速散热、调节体温。平时巨嘴鸟们还会用这副大嘴来玩击剑"角斗"，也会叼着果实抛来抛去地当球玩。

影片中拉斐尔不但是宠妻狂魔，也是好脾气奶爸，总把"老婆开心，日子舒心"当作口头禅，对自家的调皮孩子则是束手无策、宠溺有加。现实中的巨嘴鸟的确非常恩爱，对伴侣相当忠诚，夫妇二人一起孵蛋育雏，一起保护和喂养雏鸟。常常与巨嘴鸟混淆的犀鸟，相比之下多少就有点保护过度：犀鸟小两口选定树洞婚房之后就会把洞口封起来，雌鸟一旦开始"坐月子"就再不出窝，自己和孩子的一日三餐全由雄鸟送来，直到雏鸟长大到树洞住不下，这种关禁闭式的家居生活才能结束。

虽然都长着醒目的大嘴，巨嘴鸟和犀鸟其实并无亲缘关系，前者生活在南美，鸟喙光滑规整；后者居住在亚洲和非洲，嘴上常常附带一个巨大的冠状脊。这种虽然不沾亲不带故，但就是越长越像的奇妙缘分，被生物学家称为"趋同演化"，简单说就是两种生物住处差不多、口味差不多、习性差不多，因此各自"发明"了相似的工具来达到相似的目的。巨嘴鸟和犀鸟分别在不同的大陆占据着相同的生态位，这两副远隔重洋却又不谋而合的大嘴，就是趋同演化的优秀案例。

反派也有铁杆粉丝

大反派奈杰尔在《里约大冒险2》里卷土重来，这一次并非势单力孤。他身边多了两个帮手，确切地说，是一个跟班小马仔加上一个超级大粉丝。

戴小礼帽的小食蚁兽（tamandua）查理是大食蚁兽的近亲，现实中的它们跟动画片里一样身披小马甲，只不过像穿反了一样是背后开口。比起孔武有力的大食蚁兽，它们体形要小许多，看上去更加呆萌，也没有大食蚁兽扫帚一样的毛毛尾，取而代之的是一根能卷起来的长尾巴，能稳稳地缠住树枝，帮助它们在树上活动。它们的小短腿在地面上远不如在树上灵活，影片中飞不起来的奈杰尔骑着小食蚁兽到处跑，想必倍感这个"坐骑"实在不给力。跟大食蚁兽一样，小食蚁兽也是吃蚂蚁和白蚁的能手，会用锋利的爪子撕开蚁巢，用黏糊糊的长舌头舔白蚁吃。看上去呆头呆脑的它们嗅觉异常敏锐，仅凭气味就能找到食物，每天能挖几十个蚂蚁窝、吃掉多达9000只蚂蚁。

蠢萌蠢萌的查理似乎并不是心甘情愿要给坏蛋当脚力，相比之下，奈杰尔身边的另一位绝对是自觉自愿的狂热追随者。披着一身鲜艳装束的盖比在影片大部分时间都以箭毒蛙的身份出现，她疯狂爱上了这只忧郁深沉的葵花鹦鹉，却因为自己身带剧毒而不能接触。"世界上最遥远的距离，是你就在我身边，我却不能触碰你"，这份深情虐恋最终带来了一个堪比罗密欧与朱丽叶的悲剧结局，盖比以为自己毒死了奈杰尔，跟着服毒殉情，博得了围观群众一片掌声。可惜这个感人的结局还没等幕落就被破坏了：看上去毒得不能再毒的盖比根本就没有毒，是一只"伪箭毒蛙"。

所谓的"伪箭毒蛙"并不是一个物种，而代表了一种非常聪明的生存手段。在箭毒蛙生活的南美洲，许多捕食者都认得它们鲜艳的体色，对它们避而远之，决不侵扰。不少生活在同一区域的无毒蛙就此学会了钻空子，同样披上了一身色彩鲜明的外衣，冒充箭毒蛙宣称"我毒着呢，莫挨老子"。这一招在生物学上名叫"贝氏拟态"，指的就是人畜无害的"小绵羊"们披上狼皮，摇身一变假装超级厉害的危险人物，用假身份来保护自己。当然，使用贝氏拟态的动物们通常不会像盖比这么入戏，自己还是知道自己几斤几两的。

　　事实上，哪怕盖比真的是一只箭毒蛙，她也完全可以大胆地追求自己的爱情，不用担心一个没留神就害死心上人。箭毒蛙（poison dart frog）是一个大家族，其中虽有不少使毒高手，也有很多毒性微弱，甚至干脆无毒的蛙。箭毒蛙的名称来自一个广为流传的说法：美洲土著使用它们的毒液来涂抹箭头，制成致命的毒箭，只要一丁点就足以毒死好几个人。然而在 170 多种箭毒蛙之中，仅有 4 种被用于制作毒箭，绝大部分都配不上这个唬人的名头。即使是有毒的物种也并非个个见血封喉，不单毒性没有传说中那么强，剂量也不够大。毕竟绝大多数箭毒蛙都是超迷你小可爱，体长只有一两厘米，比孩子的小手指还要小，人类对它们来说实在太庞大了。极少数像黄金箭毒蛙这样的"蛙界欧阳锋"，其毒素经过提纯之后每 1 克能杀死 1.5 万人，确实是罕见的奇毒，但由于个体实在太小，每只蛙恐怕连 1 毫克毒素都生产不出来。大部分蛙毒远远没有这么烈性，作用在人体上顶多引起红肿和剧痛，远不到致命的程度。

　　就算盖比碰巧是箭毒蛙之中特别毒的少数派，只要肯做出一点牺牲，一样可以跟意中鸟长相厮守——箭毒蛙自己并不产生毒素，它们的毒性全靠食物积累，想要身怀剧毒，就必须持续补充有毒的蚂蚁、蜈蚣等食物。盖比只要不吃毒虫，就好比《倚天屠龙记》里蛛儿的妈妈为爱情放弃了"千蛛万毒手"，从此安心洗手做羹汤，不用担心失手谋害亲夫了。事实上现在很多作为宠物饲养的箭毒蛙都是如此，只要不喂有毒的食物，养在家里就是安全的。

狂野亚马逊歌舞秀

初入亚马逊雨林，歌手组合佩德罗和尼科被这里的原生态魅力深深吸引了，打算要办一场"狂野亚马逊"超级歌舞秀，没想到海选过程事故频出，把两只"城里鸟"吓得不轻。其实这短短一两分钟的海选片段才更像一场真正的亚马逊大秀，尽显野性丛林的风采。

群众演员中知名度最高的当属水豚（capybara），这些长着长方形脑袋的大耗子近几年风头正劲，是火遍互联网的"亚马逊泡澡大爷"。水豚是全世界最大的啮齿类动物，算起来还是家养小豚鼠的近亲，因此叫它一声大耗子也不算冤枉。这些超级大鼠成年后能长到 1 米多长、近百斤重，还曾经发现过 81 公斤的"硕豚"。住在雨林里的它们离不开水，总是一大家子住在河边，没事就泡在水里嚼水草，还能在水里睡觉。虽然看上去敦实得像个秤砣，它们游泳技能相当高超，潜水的本事也不错，一口气能在水下憋气五分钟。

水豚的性格非常温和，许多网红视频都喜欢标榜它们"能跟所有动物做朋友"，现实中它们也的确人畜无害，不过与其说是朋友，不如说是口粮——南美洲几乎所有的捕食者都爱吃水豚，从美洲狮、美洲豹等大猫，到凯门鳄和森蚺，以及各种猛禽，都乐于将水豚肉排当作一道美餐。电影里，海选中唱歌的小水豚就被一只美洲豹吞下了肚，另外几只载歌载舞的水豚瞬间被河中跃出的红腹食人鱼（red-bellied piranha）啃成了骨头架子，用生命贡献了全场最惊悚

▲ 脾气超级好的水豚是许多动物园的"网红"，不过千万不要以为它们温顺就随便上手去摸，这些超级大鼠拥有一口好牙，吃起草来堪比碎纸机，被咬一口可不是玩的

的演出。现实中的食人鱼效率虽然没这么高，也确实拥有拆解水豚这种大坨美餐的能耐。这些名字吓人、性情凶猛的小杀手长着一口利齿，锋锐如刀，切肉断筋不在话下，当地土著部落甚至会使用这些鱼牙来磨飞镖、刻木头、剪头发。食人鱼通常结群游动，像鲨鱼一样对血腥味极其敏感，倘若有受伤的动物落水，新鲜血液瞬间就能引来大群凶猛的食人鱼将其生吞活剥。不过，也并不是所有的食人鱼都这么凶残，数十种食人鱼中，大部分以吃鱼为生，还有少部分素食者。

　　其他登场的选手还包括一只被自己的大长腿绊倒的美洲鸵、像大橙子上插了把羽毛扇一样的圭亚那动冠伞鸟、脑袋上翘着一撮呆毛的麝雉、说唱高手白喉三趾树懒姑娘、玩杂技的松鼠猴和南美貘、跳龟速版巴西战舞的亚马逊河龟以及一只在凯门鳄嘴里敲打击乐的绿旋蜜雀。最后这一位很容易让人想到"鳄鱼与牙签鸟"的故事，牙签鸟为鳄鱼剔除嘴里的肉渣，鳄鱼则保护这位私人牙医的安全，听起来是非常和谐友爱的互利共生。很可惜，这只是个不靠谱的传说。牙签鸟的原型名叫埃及鸻，并非美洲原住民，而是住在非洲；它"服务"的对象也不是凯门鳄，而是非洲的尼罗鳄。假如一条鳄鱼在你面前张开大嘴，你会发现它的牙缝相当宽，基本没机会被肉塞住。而且尼罗鳄换牙的频率很高，不太可能遇到牙疼难忍求助小鸟大夫的事儿。事实上，并没有人观察到埃及鸻具有给鳄鱼剔牙的习惯，也没有可靠的影像资料作证。如果真的有哪只埃及鸻跑到鳄鱼嘴里，不但没有什么牙惠可拾，自己会不会葬身鳄腹也很难说。

为了它们，请留住雨林

　　比起第一部，《里约大冒险》第二部加入了更多的动物角色，多到这一章都写不过来了。给鹦鹉冠军杯做解说员的南美貘（South American tapir）长得像一头装了半个象鼻子的猪，其实是斑马和犀牛的美洲大表亲；另一位解说员巴西卷尾豪猪（Brazilian porcupine）跟我们熟悉的豪猪恰好相反，身上带刺、尾巴没刺，专门用来卷曲抓握树枝；比赛开球时被当成硬币抛的线尾娇鹟（wire-tailed manakin）是亚马逊真正的舞王，求偶撩妹时能跳出堪比迈克尔·杰克逊的太空步；布鲁和老丈人一起遛弯儿时遇到的亚马逊河豚（Amazon river dolphin）披着一身可爱的粉红衣，自带高科技回声定位系统，能在浑浊不见物的河水中行动自如；影片结尾负责解决反派大 Boss 的森蚺（green anaconda）是全世界最大的蛇类之一，能够长到惊人的 5 米多长，是童年阴影恐怖片《狂蟒之灾》的主角……

虽然大多数演员只是露脸跑了个龙套，它们可都是亚马逊的明星物种，每一种动物背后都有着自己独特的故事。令人悲伤的是，这些故事正在滑向越来越不乐观的未来。

亚马逊雨林是全球生物多样性最丰富、同时也是现状最令人担忧的地区之一。这片庇护着全球十分之一已知物种的森林正在迅速缩减。在雨林所处的巴西和其他南美国家，大部分当地人仍然使用刀耕火种的原始方式开垦农田和牧场，用来种植大豆和养牛。这种方式对雨林造成了极大的破坏，与此同时，钻探石油、修建公路和水电站等诸多工业活动也对雨林构成了严重的威胁。森林面积锐减不仅让动物们失去家园，也对地球气候造成了深远的影响。随着树木遭到砍伐，光合作用减弱，氧气下降的同时二氧化碳排放大量增加，使得全球变暖的进程进一步加快。气温上升、降水减少导致干旱，反过来又会危及雨林的正常生态，陷入难以打破的恶性循环。

2019 年下半年，亚马逊野火登上了全世界的新闻头条。当地农民大量砍树、放火烧荒，而森林损失导致干旱加剧，使得火势失去控制，酿成大范围野火。2019 年亚马逊地区森林砍伐率持续上升，近万平方公里的森林被毁，比前一年增加了三成；而当年该地区发生了 8 万多起火灾，比往年多了 77%。遗憾的是，这场举世瞩目的灾难没能带来实质上的转折。2020 年，野火灾情虽然已经从新闻头条上逐渐淡去，却很可能比前一年更严重。仅在当年 8 月的前 10 天，亚马逊地区就发生了超过 1 万起野火。与此同时，森林砍伐量仍然在成倍增加，雨林仍在以惊人的速度倒下，毫无放缓的态势。在 2020 年的第一个月，砍伐量就比去年同期翻了一番。

《里约大冒险》中布鲁和朋友们全力阻止的砍树行动，对亚马逊雨林而言只是杯水车薪，更大规模的砍伐每天都在上演，而现实中的动物们并不像动画片里那样，总能在千钧一发的最后时刻得到拯救。科学家认为，整个亚马逊已经危在旦夕：截至 2018 年，亚马逊雨林已经损失了 17%，研究表明，一旦砍伐率达到 20%—25%，整个生态系统将无法实现自我修复，生机勃勃的雨林将无可挽回地走向荒漠化，大量动植物可能因此灭绝。倘若目前的砍伐速度持续下去，亚马逊距离这个临界点仅剩 20—30 年时间。

作为普通人，或许很难干涉异国他乡的环境政策，但至少可以尽量支持环境友好的产品，在日常生活中节能减排、助力延缓气候变化，为遥远雨林中的珍禽异兽多留住一点生机。

动物界的
大明星

狼篇：
我心目中的好莱坞第一帅

这一章写给魅力无限却常年演配角、备受追捧也承受了最多误解的"大灰狼"们。

"狼叔"休·杰克曼向来是个认真的好演员。在 2000 年的第一部《X战警》里饰演金刚狼的时候，杰克曼一度跑去研究狼的习性和行为，以便更到位地演出一只野性不羁、勇敢无畏、强悍又悲情的"独狼"。这个魅力十足的角色确实赢得了全球影迷的心，也让杰克曼从此成了大家口中的"狼叔"。遗憾的是，"狼叔"和不少人一样犯了个错误：

"金刚狼"（Wolverine）根本就不是狼！

"Wolverine"的真实身份名叫狼獾，又叫貂熊。一种动物沾了狼、獾、貂、熊四个名字，着实让人有点晕乎。事实上这个家伙跟狼和熊的关系都并不特别亲近，甚至不属于犬科，只能算是食肉目下面的一位远亲。较真而论，"狼叔"得改成"獾叔"或者"貂叔"才合适。而狼獾本尊看起来也是其貌不扬，远没有 1.88 米的杰克曼那般英武。按照设定，原版美漫中的角色身高只有 1.6 米，正是因为个头矮、脾气暴才得到了"狼獾"这个外号。狼獾的体形属于矮胖型，大个儿的个体也不过 1 米多长、三四十斤。敦实的身形和小短腿，一身黑褐皮毛，再配上一张长着小圆耳朵的熊脸，看上去不怎么像狼，倒是像一头长尾巴的迷你版小黑熊。

当然，哪个超级英雄也不会顶着一个憨憨的形象行走江湖，能给超级英雄"冠名"，自有它的厉害之处。狼獾虽然长得憨，却是出了名的不好惹。跟电影里的金刚狼一样，狼獾不但攻击力超强，脾气也相当凶猛暴躁，以至于英语中使用"发怒的狼獾"形容发飙炸毛之人。尽管没有金刚狼的钢筋铁骨和自愈超能力，自身的体格和咬合力也不算出众，狼獾打起架来却是相当的不要命，即使遇到狼和熊也是没在怕的。2003 年在美国黄石公园，曾有一只豁出命的狼獾试图从一头黑熊嘴里抢食——黑熊的体形足有狼獾的十倍大。可惜故事的结局并不怎么励志，这位勇士悲壮地成了黄石公园有记录以来第一只死于黑熊爪下的狼獾。

想当年"掌法江南第二"的风波恶曾经曰过：明知打不过，也要打一打。这话想必狼獾们再认同不过了——干不过天敌，至少可能干得过猎物。凭借这一股不惜命的劲头，小身材的狼獾往往能拿下比自己大好几倍的猎物，连驼鹿这样的庞然大物也常常成为它们的口中食。不过，拼命三郎也并非只知道拼命，有便宜可占总比亲自上去玩命要实惠得多。大部分狼獾与其说是猎手，更像拾荒者兼小强盗，日常寻找动物尸体、捡捡其他捕食者的剩饭，或是干脆打劫别人的猎物。一部分特别聪明、艺高胆大的家伙还会从猎人设下的陷阱里偷走野兔，或是冒险猎杀其他食肉动物的幼崽。捡腐肉、吃尸体、杀别人家孩子这种事听起来很不酷，不是超级英雄所为，不过狼獾们可没有什么偶像包袱。它们甚至专门长了一颗特别的牙，可以向嘴巴内侧转 90 度，更高效地撕扯（经常是冻硬了的）腐肉。狼獾生活在欧洲和北美洲的寒冷地带（所以澳大利亚出身的杰克曼不认识它们也难怪啦），身居苦寒之地，想吃口热的显然没那么容易。这些没底线的小匪徒们在并不算友好的环境里活得相当不错，花样百出地找口饭吃，还懂得存粮备下顿，遍地积雪就是它们的免费天然大冰箱，吃不完的东西埋起来便是。

金刚狼的阿德曼钢爪是《X战警》系列的一大标志，官方海报多次使用了它辨识度超高的三道抓痕。不过，三根爪子的设计显然只适用于人手。真正的狼獾和食肉目的亲戚们一样，每只"手"上有五根利爪。这些爪子的主要作用倒不是捕杀活物，而是帮助狼獾在冰天雪地的北方森林中行走，攀爬陡崖峭壁或高大树木。此外，从雪地里刨食也是一项重要的功能。狼獾会刨出自己在"地下冰柜"里储藏的存粮，也能闻到并挖出被深雪盖住的动物尸体。狼獾妈妈们还会用爪子给幼崽刨洞做窝，可以深达两三米。比起电影里的超长伸缩爪，狼獾们宁愿选择毛茸茸又强有力的大爪子，走路上树、吃饭搭窝都好用。

除了自带雪鞋之外，狼獾另有一样行走在冰天雪地中的法宝：一身厚密防水的好皮毛。狼獾的毛发不仅保暖，而且像鸭子羽毛一样具有疏水性，即使雪花在身上融化，雪水也渗不进去。有趣的是，"狼叔"杰克曼在拍戏期间倒是跟狼獾们不谋而合：在所有"X"系列电影拍摄期间，他每天早上都要洗个冰透的冷水澡。这个习惯是在拍摄第一部《X战警》时养成的，当时杰克曼早晨5点起来洗澡，发现没有热水。作为整个好莱坞出了名的好丈夫，杰克曼不想吵醒熟睡的妻子，只能自己咬牙忍着洗完了澡，却意外发现这种"想咆哮想暴走又必须强忍住"的感觉简直就是"金刚狼"这个角色附体，内心的痛苦与隐忍恰如这个无声的冰冷淋浴。从此"狼叔"每次扮演金刚狼，都要特意洗个冷水澡来"找感觉"。对于不怕冷的狼獾来说，大概只会嘲笑人类弱爆了吧。

在《X战警》续作《金刚狼》三部曲中，罗根透露了自己的身世："金刚狼"这个名字是他自己起的，源于印第安姑娘凯拉·银狐讲的一个故事：狼獾神爱上了月亮，却因为上当受骗踏足尘世，再也没法回到天上去，只能夜夜对着月亮哀嚎。这个似乎挺浪漫的传说显然又一次弄混了"狼"和"狼獾"——狼獾并没有嚎叫的爱好，倘若这些暴脾气毛球看过这部电影，保不齐会破口大骂编剧诋毁自己的形象。不过，现实中狼獾的确是印第安一些部族的图腾。故事里的狼獾没有跟月亮谈恋爱，反而成了世界的创造者。在加拿大魁北克的因努族传说中，狼獾造了一艘像诺亚方舟一样的大船，让各种各样的动物住在里面。不久后下起大雨，所有的陆地都被淹没，聪明的狼獾命令水貂潜水找回了一些泥土和石块，用它们堆成了一座岛。这个"狼獾岛"就是如今所有人与动物一起居住的世界。神通广大的狼獾在许多故事里都是一个淘气又快乐的家伙，有点像北欧神话里的捣蛋神洛基，常常捉弄其他精灵，偷走极光，带来火种，甚至拥有死而复生的能力。比起悲情英雄金刚狼，机智又顽强的小盗贼狼獾过得实在是逍遥多了。

盘点那些叫"狼"不是狼的角儿

"金刚狼"恐怕是中国影迷最熟悉的一只"狼"了，既然连他都被剥夺了"狼籍"，谁才是大银幕上的真狼呢？麻烦的是，挂着狼名号却并非狼族的脸熟角色还有不少。

不知道是不是"狼"这个形象太过深入人心，许多跟狼不沾边的动物在汉语里都被安上了带"狼"字的俗名。黄鼬别名"黄鼠狼"，黄腹鼬雅号"香菇狼"，连萌力无敌的小熊猫，都被莫名其妙地起了个一点不萌的名字"九节狼"。远在非洲的弟兄们也没能幸免，《狮子王》里的"土狼"就是最著名的一个冤假错案——这个糟糕的译名完全就是张冠李戴，

▲ 这个满脸无辜的小萌货才是真正的土狼

跟刀疤联手的反派们真实身份是斑鬣狗。尽管同样生活在非洲，土狼跟鬣狗长得也十分相像，但土狼从不捕猎大型动物，甚至连动物尸体也不捡，专吃白蚁。土狼像食蚁兽一样，也有一条又长又粘的舌头，专门用来从蚁穴里舔舐，一个晚上就能吃下 25 万只白蚁。聪明的土狼从不实施"灭门"，也不破坏整个白蚁堆，一次只吃一部分，免得往后没得吃。这种害羞的动物通常只在夜间出来觅食，像电影里那样跟狮子打群架，对土狼来说可是想都不敢想。长得不壮、跑得不快的土狼远远没有鬣狗那么能打，遇到敌人只能使出一招"屁滚尿流"，从肛门腺分泌出一种臭气熏天的液体来把对方熏跑。

2006 年有一部恶搞动画片《疯狂农庄》，里面的大反派是一只郊狼（coyote），在故事结尾出于邪不压正的剧情需要，被公奶牛好一顿胖揍。在北美，郊狼确实是农场的一大祸害，尤其在西部地区是家畜损失的罪魁祸首。而跟片中剧情一样，用强壮的大公牛来看守农场、赶走郊狼也被证明确是一个行之有效的办法。只不过动画里的大反派腰细膀阔，皮毛火

▲ 北美常见的郊狼，气质上比狼要鸡贼一些

红，一看就是凶神恶煞的坏蛋长相，现实中的郊狼反而长得没有这么凶。郊狼比狼的体形小一号，看上去"单薄"一点，尾巴也习惯耷拉着而不是平举着，更像是狼的小马仔。事实上它们也的确会尾随捕猎的狼，试图分得一杯羹，而狼往往对这些小跟班并不友好。郊狼真正的好朋友是美洲獾，这对基友常常一起打猎，一起觅食，一起探险，亲密画面不亚于卡通场景，可惜还没人把它们搬上银幕。

假如《疯狂农庄》设定在亚洲，这只反派"红狼"多半要由豺（dhole）来担纲主演。作为"豺狼虎豹"之首，豺在中国可能是别称最多、身份最谜的动物："红狼""红狗""土狗""豺狼""山狼""红豺"各种排列组合，名字虽然一大堆，名声却不怎么好。大多数人可能都没有见过豺的真容，却知道它凶残嗜杀，口味还重，有些地方的方言里干脆就管它叫"扒沟子"——对，扒的就是你想的那个沟子。至于豺到底会不会这一招绝世武功，就有点不好说了。理论上似乎可行：豺体格不算大，捕猎大型动物的时候靠体重压不倒，攻击正面风险高，腹部和肛门相对脆弱无防

▲ 作为"豺狼虎豹"之首，豺看上去其实很有几分可爱

护，确实是软肋。但是作为犬科动物，豺的爪子可没有熊科、猫科那么好使，奔跑追击之中能不能一掏就中，是个问题。不管怎么说，擅长团队作战的豺确实有着不错的战斗力，还善于长途奔袭，能轮换追猎好几个小时。不同于许多猛兽的一口封喉，豺群更喜欢攻击猎物的腹侧和眼睛。这些个头并不大的矫健杀手敢于挑战虎、豹、熊，在印度，甚至有过豺群猎杀小象的记录。迪士尼大片《奇幻森林》原著《丛林之书》里，就出现过一大群可怕的红豺，宛如蝗虫一样走到哪里吃到哪里，连狼群都敢正面硬刚。不过，尽管豺的捕食手段残忍，却是非常团结的和睦家庭。豺群内部没有狼的等级制度，也不存在"头豺"优先，开饭时总会让幼崽先上餐桌，也会照顾带仔的雌性，堪称对外狠辣、对内温柔的好当家。

遗憾的是，啸聚山林的"猛兽之首"如今境况非常堪忧，已经被IUCN 红色名录列为濒危物种，野外数量持续下降的同时，家园也只剩下中国、印度、东南亚境内十分零散的几处栖息地。在中国，豺曾经并不罕见，如今却比狼要稀有得多，野生种群近乎全灭。豺消亡的原因除了一度被误认为"害兽"猎杀，更主要的是因为栖息地被破坏，伐木、开荒等人类活动导致豺失去了赖以生存的山林。江湖上令人闻之色变的传说还在流传，"豺哥"本尊却已不在江湖，这不仅是一件憾事，更是严峻的危机：失去顶级捕食者，往往意味着生态系统已经大幅恶化。

说回《丛林之书》，这本出自诺贝尔文学奖得主吉卜林之手的奇幻故事，实在比迪士尼电影精彩太多了。书里有不少动物没能在片中亮相，除了豺群，还有一只老是被错认成豺的小反派：胡狼塔巴克。塔巴克是一只亚洲胡狼，也叫金豺（golden jackal），是大反派老虎谢尔可汗的小跟班，时不时跑到狼族的家里讨要剩饭，活脱一只背后有大佬的黑社会小马仔，还患有狂犬病，形象颇为猥琐。现实中的亚洲胡狼确实有点像专捡大哥剩饭的小混混：它们并非狼或豺那样出色的猎手，通常只捕食小型动物，更多时候是不挑不拣的食腐一族。实在没有蛋白质可吃的时候，亚洲

▲《丛林之书》里猥琐的小混混塔巴克，常常被翻译成"豺"或"豺狼"，其实真身是一只
  亚洲胡狼

胡狼甚至会变成素食者，以水果和植物根茎果腹。这种生活虽然比不上
豺和狼那么霸气，食腐的习性却给胡狼家族带来了狼和豺都没有的荣耀：
埃及神话中，冥界死神阿努比斯就长着胡狼头，负责将死者的灵魂引入
来世。

　　有趣的是，现实中的"塔巴克"们还真的会给自己找一只老虎当靠
山。在印度，人们已经发现，单身的亚洲胡狼会挑一只老虎，在安全距离
内一路跟着"大哥"，发现猎物还会给老虎报讯。另一些胡狼则会厚脸皮
地黏上狼群，混迹其中打打秋风，捡点小甜头。无论是虎还是狼都能容忍
这些跟屁虫的存在，只要不碍自己的事，也就懒得驱赶它们。不过亚洲胡
狼的忠诚度并不怎么可靠，一旦"老大"不幸丢了性命，胡狼也毫不介意
把死老虎当作一顿美餐。

　　近年来名头最响的狼族，当属史诗级美剧《权力的游戏》里史塔克
家的冰原狼。只不过，这六只象征着史塔克家族的动物在原著《冰与火之
歌》里是狼，剧版使用的"替身"是北方因纽特犬，这种狗是为了"看起

来像狼"而专门培育的，是不少影视作品中狼族的真身。史塔克家大小姐珊莎的狼"淑女"在剧中死亡后，珊莎的扮演者苏菲·特纳还收养了这只"替身狗"。若是一只货真价实的狼，可是无论如何没法带回家当宠物来养的。

原著里的冰原狼（direwolf）在现实中确有原型——曾经生活在北美洲的"恐狼"（dire wolf），从两者的名字就可以看出是马丁老爷子的文字游戏。按照原作，冰原狼的体形超过一匹小马，抵得上大猎犬的两倍。史上真实存在的恐狼虽然没有这么惊人的大个头，比现在的大多数灰狼还是要魁梧得多，平均体重达到六七十公斤。恐狼生活的更新世原本就是一个巨兽横行的时代，这批史前狼族要与可怕的剑齿虎、美洲狮、短面熊竞争，以庞大的乳齿象、野牛、大地懒为食，非得身怀绝技不可。恐狼的武器就是一口巨大可怖的利齿，尤其是犬齿的咬合力是所有已知犬科动物之中最强的。凭借着一口好牙，"自带牛排刀"的恐狼纵横北美逾十万年。可以想象，当年这些狼群所到之处，回荡着食草巨兽临死前的哀嚎，纵是单身闯荡的剑齿虎也要退避三舍。然而，这种强大的动物并没能存活到今天。根据地质年代测定，恐狼灭绝于大约9500年前，这个时间节点，恰好是智人进入美洲大陆后不久。史前人类并不一定具备大规模猎杀恐狼的实力，但他们的狩猎工具和技巧足以将大型食草动物变成自己的口中食，这直接导致了多达90种北美巨兽在1万多年前被团灭。一旦猎物消失殆尽，高度依赖大型食草动物的恐狼种群也就无以为继了。

《权力的游戏》第一季，怎么看都像第一男主角的艾德·史塔克说死就死，而在现实中的北美大陆，怎么看都是顶级捕食者的恐狼同样也是说没就没。传奇结束得如此仓促，倒是给自家人留下了一线生机：现存的狼是恐狼的近亲，体形没有恐狼那么大，也不像恐狼那样非"硬菜"不吃。这种相对灵活的适应性使得它们躲过了灭绝，填补了恐狼空出的生态位，至今繁衍不息。

一个十分不靠谱的爱情故事

　　土狼、郊狼、红狼、胡狼、恐狼都不是狼，历数了一批"假狼"，你有没有发现，大银幕上真正的狼并没有我们以为的那么多？事实上，狼在电影里亮相的机会虽不少，却很少以自己的真面目出现。

　　从"小红帽""狼来了""三只小猪"开始，"大灰狼"就坐实了反派的位子，而且今不如昔，颇有从首席反派沦落到反派跟班的趋势。《雷神3：众神的黄昏》死亡女神海拉的宠物，《纳尼亚传奇》冰雪女王的仆从，《功夫熊猫2》孔雀沈王爷的卫兵，《爱宠大机密2》马戏团团长的打手，《疯狂动物城》黑科技研究所的看守……似乎狼族惯于听从坏蛋们的号令、专门负责龇牙咧嘴扑向主角，堪称是流水的反派主子、铁打的大坏狼。

　　从动画片和奇幻片里走出来的狼族也没能获得好名声。在许多惊悚片和恐怖片的设定之中，"狼群"往往代表着黑暗、冷酷、残忍的自然之力。无论是《人狼大战》里跟连姆·尼森叔同归于尽的"老婆灵魂狼"，还是《冰封36小时》里用血的教训告诫主角们不可逃票的"代理检票狼"，都是渲染恐怖气氛必不可少的关键群演。2018年巨石强森和超级大猩猩联袂出演的《狂暴巨兽》之中，那头拆掉半个芝加哥的逆天巨狼拉尔夫，则是"由于狂妄的人类瞎鼓捣而失控的自然之力"的化身。

　　那么，狼族什么时候才是它们自己呢？

　　倘若纪录片不算在内的话，2010年的动画片《丛林有情狼》大概是难得的"把狼当狼看"的影片了，至少颠覆了"大灰狼是坏蛋"的刻板印象，而且从某种程度上来说，它还是一个真实的故事。

　　在这部以加拿大狼群为主角的动画电影中，"上等狼"（电影中称为"阿尔法狼"）凯特和"底层狼"（电影中称为"欧米迦狼"）亨弗雷谈了一场非常好莱坞式的恋爱：按照好莱坞的传统，金童玉女配一对作不得数，非得是公主嫁穷小子、王子娶灰姑娘才算浪漫。不但两只主角收获了美满爱情，东部狼群的"阿尔法狼"加斯和西部狼群的"欧米伽狼"莉莉也配成了一对，以联姻的方式成功制止了两个狼群的一场血战。可惜，这一罗曼史从狼的角度来看十分不靠谱：现实中的凯特就算不嫁给加斯，也不能嫁给亨弗雷；而且，"联姻带来和平"这种买卖，也绝对不划算。

在狼群中，"阿尔法夫妇"通常翻译为"主雄"和"主雌"，是整个狼群的家长，也是唯一有繁殖生育权的狼夫妻。一般情况下，一个狼群家族的所有年轻成员，都是阿尔法夫妇的儿子女儿、继子继女或是侄儿侄女。欧米伽们不但不能染指阿尔法，哪怕是跟另一只欧米伽私订终身也不行。地位低的雌狼一旦怀孕，可能会遭受群体排挤，甚至生下的小狼崽也保不住性命。这种看似很不"狼道"的做法实际上有它的道理：现实中的狼群并没有电影里那么大，一个狼群（pack）的平均"狼口"只有6—8匹，十几匹狼已经算是不常见的大群了。有记录最大的狼群不过36只，远没有电影里动辄大几十只那么壮观。毕竟狼是食肉兽，群体太大就没有足够的猎物供给这么多张嘴。狼群的规模决定了它们养不起太多小狼崽，阿尔法夫妇坚持独享交配和生育权，就是为了最大限度地保障自家儿女的存活率，不允许别人的孩子抢走有限的资源。狼群中的主雄是动物界罕见的好丈夫，对主雌忠贞不贰，并不像狮王或猴王那般坐拥庞大的"后宫"，所有新生狼崽都是阿尔法两口子的亲骨肉。整个狼群都会尽心尽力地抚养这些"王子"和"公主"（通常来说，也就是狼群其他成员的弟弟妹妹），自然不会容许某个成员随随便便地恋爱生娃。等到孩子们"男大当婚女大当嫁"，会选择离开自己的家族，到别的狼群去成家。如果一个狼群不幸失去了主雄或主雌，也会接受外来成员"入赘"。这样看来，"狼公主"凯特在现实中根本不会看中自己家族的底层成员亨弗雷，毕竟亨弗雷不但没有交配权，还很可能是自己的兄弟或表亲。凯特更可能做出的选择是出走到东部狼群，与别家公狼组建新家庭。换句话说，现实中凯特和加斯自己建立一个新家族的概率要高得多了。

那么，万一现实中的加斯真的就看上了莉莉，两个狼群能"联姻"吗？这明显只是属于我们人类的逻辑：团结力量大。动物们可不一定这么想。狼群并不是规模越大越好，过大的群体捕猎效率未必更高，反而可能出现"狼多肉少"的麻烦。同时狼族的领地意识很强，并不会跟其他族群分享地盘，就算是"亲家"也不行。要知道在野外，抢地盘之争是狼最主要的死因，狼们可不会为了爱情就在领土问题上妥协。无论是思春少女被别家的公狼拐跑，还是钻石王老五被失去主雄的雌狼们"招赘"，都不会带来两个大群体的合二为一。

顺便说一句，电影里的"少年狼"们集体参加"月下长嚎"大型卡拉 OK、小伙子靠唱情歌来撩妹，可能会让现实中的狼族笑掉大牙。狼群对月长嚎是一个广为流传的经典镜头，一说到野狼，普通人脑海中出现的画面多半是夜色中的一只狼仰天长啸、背景是一轮巨大的满月，由此还衍生出了不少关于狼和月亮的悲情传说（抱歉啦，卢平教授）。实际上狼族对月亮并没什么特别的想法，月下长嚎只不过是因为狼群在夜晚比白天更活跃，而抬头向天的造型能叫得更响、传得更远而已。至于它们到底在嚎什么，交流的内容可能多种多样："这是我们的地盘！别过来！""嘿兄弟，我们在这儿呢。""大家集合，别走丢了。""打猎时间到，动身吧！""各位注意，有入侵者！""警报解除，大家安啦。"当然，独狼也会通过嚎叫向其他狼表明自己的存在，可能会因此引来姑娘的回应。不过，狼妹妹们的择偶标准并不包括"唱歌不跑调"这一项，只要能

▲ 狼的形象总是跟月亮联系在一起

从嗥叫中判断出，正在刷存在感的这只狼小伙交流没障碍、身体没毛病、不是自己亲兄弟就行。要不要继续发展，就要看别的指标了。

既然从许多方面来看都不甚靠谱，为什么说《丛林有情狼》讲了一个真实的故事呢？这部动画片确实来自一个真实事件：狼族重回美利坚之旅。

《丛林有情狼》的编剧史蒂夫·摩尔接受采访时说，他的灵感来自一篇报道：1995年，美国从加拿大引进了一批野狼，投放到了黄石公园保护区，其中一只却似乎不想成为美国狼。它项圈上的GPS追踪信号显示，这匹狼一直在向北跑，不停地跑，就好像它执意想回到原籍加拿大。故乡有什么让它如此惦念不已呢？是狼群，或是幼崽？鉴于狼对"婚姻"的忠诚，说不定是它放不下自己在北方的伴侣？亨弗雷和凯特的故事就这样诞生了——一对"被移民"到美国爱达荷州的野狼，千方百计要返回位于加拿大阿尔伯塔省的家乡。

美国为什么要千里迢迢从加拿大引进狼群呢？因为在那时，偌大的黄石公园已经近70年没有一只狼了。

黄石公园建于1872年，这块九千平方公里的荒野曾经是野生动物的乐土。然而，彼时没有任何法律保护它们。美国政府一度允许猎人在黄石公园大开杀戒，不久后出台的新法律虽然禁止猎杀公园内的大多数动物，但狼、熊、美洲狮等全部不在受保护范围之内。当时，在黄石公园所覆盖的三个州——蒙大拿州、怀俄明州和爱达荷州，由于农民捕杀，狼的数量本就已经在下降。政府鼓励杀狼无疑带来了致命的影响。20世纪初，政府又出台了"控制捕食者"政策，试图进一步减少食肉动物的数量来保护黄石公园的鹿群。当时，所有公园管理者、护林员、猎手、游客可以随意杀死他们遇到的任何食肉兽，许多人还认为他们保护了手无寸铁的无辜小鹿，完全是"惩恶扬善"之举。上有法律，下有民意，狼群在政府和民众的联手绞杀之下数量锐减，从繁荣昌盛到局部灭绝并没花多少年的工夫。

记录显示，黄石公园的最后一匹狼死于 1926 年。此后 70 年，再也没人在这片广袤土地上听到群狼的嗥叫声了。

消灭了"大灰狼"，这里似乎应该成为鸟语花香、歌舞升平、没有血腥、没有杀戮的童话世界。然而，现实偏偏往反方向拐了一个弯。

狼没有了，鹿就多了。接下来的几年之中，黄石公园的加拿大马鹿（elk）数量急剧增加，突破了公园的承载极限。鹿群很快就把草地啃得千疮百孔，树苗也遭到严重破坏，鸟类和啮齿动物难以觅食，原本在这里安居乐业的河狸也失去了它们最爱的柳树和白杨树。失去植被导致土地变得贫瘠，水土流失造成土壤松动，甚至使河流都改了道。整个黄石公园的生态系统显著恶化，大自然不是迪士尼，不会遵守"坏蛋打跑、天下太平"的剧本。

20 世纪 80 年代，美国开始考虑将狼群带回落基山。这一计划备受多方争议，一度受到许多组织的强烈抨击。经历了长达十几年的扯皮，总算是"挺狼派"占了上风。1995 年 1 月，第一批从加拿大贾斯珀国家公园捕获的"移民狼"入住黄石公园拉马尔山谷，这便是《丛林有情狼》的故事原型。不过这 14 匹狼可没机会跳上房车回家，它们先在圈起来的几个大围栏里住了一段时间，然后才放到野外。次年 1 月，又有 17 匹狼加入。监控数据显示，狼族是伟大的生存者：1996 年 12 月，这批狼已经形成 9 个族群，"狼口"达到 51 只。而狼群重引入计划实施的 5 年后，黄石公园已经有了 118 只灰狼。直到 2020 年，这个数字基本维持在百只上下，而整个北落基山狼群重引入计划区域内的数量达到了近千只。

狼回来了，鹿就少了。马鹿是灰狼最喜欢的猎物，每只狼平均每年捕杀 22 头马鹿。狼群不仅直接猎杀马鹿，也会迫使它们缩减活动范围，不敢再肆意踏足那些原本被啃得最厉害的优质草地。马鹿的日子过得不像没有狼的时候那么舒坦和无忧无虑，也就不再能保持那么高的生育率了。水边的树木开始生长，河狸们回来了，重新筑起了水坝。一度被马鹿吃光的浆果也有了富余，熊得到了更多食物，也慢慢回到了黄石。狼吃剩的鹿肉喂饱了狼獾、乌鸦、喜鹊和白头海雕。顶级猎手灰狼的回归甚至还使得二流猎手郊狼的日子没从前那么好过，被郊狼欺负得抬不起头来的狐狸可就开心了。野兔、花鼠、地松鼠、鸟类、昆虫……生物链逐级向下铺开，每一环都重新扣回了合适的位置。

这个故事并非说明"狼是好人，鹿和郊狼是坏蛋"。它的真正意义在于告诉我们，生态系统总能以自己的方式维持微妙的平衡。大自然知道一块土地能长多少植物、喂饱多少鹿、养活多少狼。任意取掉链条中的一环，会使这种平衡遭到干扰，物种多样性会减少，环境会被破坏，而且并不总能简单轻易地得以恢复。

事实的确没有那么简单。狼群回归并没有一次性解决所有问题，生态系统遭受的破坏无法在短时间内靠单一因素实现完全修复——大自然不是迪士尼，"正义归来、乐园重现"的剧本它也同样不肯遵守。

狼群究竟在多大程度上挽救了黄石公园，科学家们还存在争议。不少人认为狼对生态系统的影响力并没有那么大，也有人相信狼群的归来对于黄石来说已经太迟了。但所有人都认同的一点是，彻底消灭狼群是一个巨大的错误，如今绝不能再重蹈覆辙，让黄石回到一个世纪之前没有狼的时候。保持一个健康完整的生态系统，远比损坏之后再想方设法修复要容易得多。

▲ 如今生活在黄石公园的野狼数量已经达到了上百只

永远的最帅配角

像《丛林有情狼》这样让狼族唱主角的影片实在是少之又少，大多数时候，狼族都是人类的陪衬，是陪在主角身边负责耍帅却总不在舞台中央的终极配角。经典老片《与狼共舞》中，邓巴少校身边有一只忠诚的狼"两只白袜"；《斯巴达300勇士》中，在旷野中度过少年时代的列奥尼达也有一只狼作伴；《奇幻森林》里的主角莫格利索性就是被狼养大的狼孩，从小陪在身边的是勇敢的狼爸阿克拉和慈爱的狼妈妈拉克莎；至于连拍5部就为掰扯一段三角恋的《暮光之城》，那只备胎熬成女婿的小狼狗男二号……不不不，我拒绝承认他是狼。

诸多狼配角之中，戏份最多、责任最重的一只，当属《阿尔法：狼伴归途》里那只阿尔法了。这里的阿尔法不是"主雄"，而是一只可爱又忠诚的小母狼（电影中是用真狼、狼狗与CGI结合拍出来的）。被狼群抛弃的阿尔法偶遇了跟部落失散的史前智人小伙，共度了一段荒野中的回家之旅。影片的结尾是阿尔法和她的小狼崽们住进了人类部落，从此成为与人类并肩狩猎、同吃同住的第一群狼，阿尔法也就被艺术化地处理成了"人类历史上的第一只汪"。事实上，我们挚爱的狗儿们的确是从灰狼驯化而来。"家犬"在分类学上至今仍然是狼的一个亚种，换句话说，狗只是一种狼而已。

所以，汪星人真的是这样开始跟人类作伴的吗？

《阿尔法：狼伴归途》的故事发生在2万年前的欧洲，这个时间和地点都大致不差。传统上认为，家犬驯化于1.5万年前，最后一个冰河时代末期。近些年又有研究考证，这个时间应该再往前推，最古老的一只家犬生活在3.6万年前。也有科学家认为犬的驯化不止发生了一次，在欧洲和亚洲都分别出现了独立的驯化过程。无论采信这段时间之中的哪一个节点，狗都是最早开始陪伴我们的动物，是人类最古老的盟友。

假如史前人科达和阿尔法的故事曾经真的发生过，那么，阿尔法一定是一只非常特别的、有点不合群的狼。因为它实在是太像狗了——在还没有经历"驯化"这个漫长的改造过程之前，就已经表现得忠诚、可靠、为人类伙伴舍生忘死，同时还很萌，简直比你家那只啥也不会只知道吃的狗子更像一只合格的狗。在真实的历史上，狼族和智人的关系更可能是从相互利用开始的。在《阿尔法：狼伴归途》影片开头，科达所在的部落将一群野牛赶下山崖，这确实是史前智人所使用的狩猎方法。而这种方式不仅给自己，也会给其他种族带来丰足的食物。狼群很可能会发现，只要跟着这群穿着兽皮、拿着长矛、神经兮兮但好像还不笨的"两脚兽"，就能捡到吃的——别忘了，当时的地球处在冰期，天寒地冻之中，狩猎并不容易，免费午餐对狼来说是巨大的诱惑，哪怕得到这顿午餐需要稍稍冒点风险，接近那些并不熟悉的、用后腿走路的"毛皮怪"。

随着狼群越来越多地在部落周围出现，捡拾人们吃不完的兽骨，小心翼翼地在黑暗中窥视人们点燃的火堆，甚至偶尔走近一些，好奇地用鼻子碰碰满地乱爬的人类幼崽，却没伤害他们……史前人类逐渐接受和习惯了狼的存在，邻居变成了伙伴，伙伴又成了朋友。某种意义上，也可以说是狼族"训练"了我们。

这样的关系并非像《阿尔法：狼伴归途》之中进展得那么迅速。从第一群狼靠近人类留下的动物尸体，到狼与猎人一起在旷野中追逐野兽，经历了成千上万年。狼族和人族的联盟，在一开始必定相当松散而脆弱，既不是"一见钟情"也不会"一拍即合"。在相互试探的过程中，人们自然会对那些脾气温和、攻击性小、对人比较亲近的狼更友善，给它们更多食物，而这样的狼也会更倾向于待在人的身边，并且诞下性格温顺的小狼崽。久而久之，跟人相处多的狼越来越不怕人，慢慢产生了交流和互动，开始注意到并且能够明白人发出的信号。当人类从游牧渐渐转向定居，身边的狼也学会了保护营地和家畜，逐渐将自己视为人类的家庭成员。伴随着这种趋势，外形的变化也产生了：头骨变宽，面部变短，尾巴卷曲。甚至连牙齿和消化系统都发生了转变，从食肉动物变成了杂食向，比野狼更擅长消化食物中的淀粉，跟人类的口味更加契合。

——狼变成了狗，至于那些朝着黑夜中一双双绿眼睛扔石头的家伙，他们的后代正在汪声四起的营地（小区）里，乖乖地捡起自家宝贝刚拉的"黄金"呢。

而那些没被驯化的狼，日子过得也还不错。没有狗粮、专用香波和两脚兽的爱抚，它们依然是强悍的动物。尽管栖息地已经缩减到只有从前的三分之一，狼的分布仍然很广，是除智人之外领地最为广阔的猎手。在许多人迹罕至之地，是狼群统治着贫瘠的荒原、冰封的雪野和幽深的山林。

在与人类争夺生存权的同时，狼族以顽强、勇敢和智慧赢得了人类的尊重。从北美的印第安猎手到东亚的蒙古骑兵，以狼为图腾的部族数不胜数。许多印第安族人相信，狼是世界的第一个居民。北欧居民会讲述可怕的巨狼芬里尔如何在"众神的黄昏"之中杀害了强大的主神奥丁。而每一个去到罗马的游客，都会听到罗马城的建造者罗穆洛斯和雷穆斯兄弟受母狼哺育的传说。正如那句流行的鸡汤"受得起多大的赞美，就经得住多大的诋毁"，曾经站上过先民神坛的狼族，想必并不在意当今的好莱坞把自己描绘成什么样。反派也好，配角也罢，反正人类那些披着"狼皮"的故事，归根结底都是在讲自己的故事嘛。

兔 + 鼠篇：
那些萌翻好莱坞的门牙小毛球

　　从米老鼠、兔八哥的时代起，好莱坞就显示出了对"门牙小毛球"经久不衰的宠爱。这些招人爱的小家伙一路蹦上了大银幕，从给喵星人、汪星人跑龙套，到自己成为主角，没人数得清兔子和老鼠出演了多少部电影，可以肯定的是，观众仍然欢迎它们再多演几部。

　　电影里总有愚蠢的大个子人类不分青红皂白，把兔族和鼠族一律称为"啮齿类"（rodent），倘若在片场敢于如此蔑称，很可能会挨上兔大明星的一记飞踢。虽然同样有着终生不停生长的门牙，但兔子并不属于啮齿动物。"Rodent"是鼠族的专用名号，而兔子们早在8200万年前就与鼠辈分了家。不过，天生无辜脸的小兔子和一副机灵相的小老鼠都是电影中的卖萌担当，功能和职责都差不多，想必片酬也在同一档位。因此这一章节还是把它们放在一起，看看有哪些毛茸茸的小捣蛋偷走了聚光灯。

野兔 VS 家兔

　　中文信奉"能省则省"，所有长耳朵、大门牙、蹦蹦跳的小家伙在中文里只有一个共同的名字：兔子。相比之下，英语就麻烦得多，当你想翻译"兔年"时就会遇到一个问题：到底是"Rabbit 年"，还是"Hare 年"呢？

事实上，这两个单词对应着兔子国的两大家族：野兔（hare）和穴兔（rabbit）。注意了，家兔可不是野兔驯化来的，穴兔家族中的欧洲穴兔才是家兔的祖先。

早在古罗马时期，欧洲穴兔就已经不幸被人们看中、养起来

▲ 野兔和家兔相比，棱角分明的脑袋和更长更大的耳朵让野兔看起来明显更粗犷一些

吃肉了。到了中世纪，兔子在餐桌上扮演的角色空前重要：在那个不能随便吃肉、动不动就要斋戒的年代，为了强行满足吃货们的需求，教皇宣布——兔肉不算肉！斋戒期间也可随便吃！从此，驯养兔子成了一大产业，祖上传自欧洲穴兔的家兔们被选育出了不同的品种，除了负责长膘，也开始负责长毛（毛皮兔）和卖萌（宠物兔），再往后还学会了演戏。

电影里那些眼睛大大、脸颊鼓鼓、蹦蹦跳跳的小毛球，基本都是穴兔 / 家兔。2016 年有一只兔子立志要让世界更美好，于是考上了警校，来到了动物城，遇到了一只痞帅痞帅的狐狸搭档——《疯狂动物城》里的兔警官朱迪就是一只欧洲穴兔。另一部动画大片《爱宠大机密》里，一口沙嗓的反差萌兔小白显然是一只宠物家兔，而萌翻英国的比得兔一家则是棉尾兔（cottontail rabbit）。2011 年有一部萌贱喜剧《拯救小兔》，棉尾兔主角 E.B. 在男主的车前盖上拉了一堆彩色糖豆。顺便提一句，对兔子们来说，糖豆由于含糖量太高不能多吃，真便便倒是可以吃的。兔子们经常会吃掉自己的第一轮便便，这些软软绿绿的小屎球属于消化不完全的产物，里面还有不少营养，不能浪费。在兔子们看来，这批屎不是屎，而是一顿完整大餐的后半顿。吃完自体加工的后半顿饭，拉出来的干硬小屎球才真

正属于厕所，不会再返回餐桌。

Rabbit 家族频繁上镜，并不意味着大银幕就没有 Hare 什么事。比起温顺乖巧、圆润可人的穴兔/家兔，野兔的耳朵更长、脸更有棱角、个大腿长，看起来就更"野"一些。另外，正如名字揭示的那样，穴兔住在洞穴里，而野兔并不会打洞。2012 年有一部众星云集的《守护者联盟》，里面那只拥有休·杰克曼声音和休·杰克曼肌肉的复活节兔子就是一只野兔。2010 年奇幻大片《爱丽丝梦游仙境》里的两只兔子：穿小西装的白兔（White Rabbit）和疯疯癫癫的三月兔（March Hare），虽然名字使用了不同的单词，但看长相这二位应该都是野兔才对。有趣的是，"三月兔"的月份并不是随便取的。英语里有句俗话"像三月的野兔一样暴躁"，野兔的繁殖季在春天开始，每年三月初春，欲火烧身的单身兔们会变得特别躁动。不仅公兔开启暴走模式，就连母兔也会变身暴力兔女郎，随时随地亮出兔爪来上一场拳击，打跑那些自己看不上眼的追求者。虽然兔子们平时是与世无争、爱好和平的一族，到了找对象这种万万不能含糊的场合，也会龇出兔牙为爱而战，变身《爱丽丝梦游仙境》里那只永远处于三月状态的抓狂疯兔。

现实版皮卡丘

2019 年真人动画《大侦探皮卡丘》是宝可梦迷的一场狂欢，由"小贱贱"瑞恩·雷诺兹献声的"黄毛电耗子"嘴炮依旧，萌到犯规，着实让全球影迷齐齐爆发充满渴望的呐喊：我也想养一只皮卡丘！

现实中虽然没有皮卡丘，却有一种毛球生物同样萌度爆表——鼠兔（pika）正是皮卡丘（Pikachu）的原型，较真而论，"黄毛电鼠"应该是"黄毛电兔"。

兔子国天下三分，数完野兔和穴兔，第三个家族就是鼠兔科。鼠兔没有兔家标志性的长耳朵，也没有皮卡丘的毛毛尾。这些巴掌大的小毛球长着小小圆圆的耳朵，四条小短腿，相貌介于"鼠"和"兔"之间，实在让人怀疑是不是兔家哪位老王跟隔壁耗子家暗通款曲的产物。不过鼠兔的确是货真价实的兔，跟其他兔子一样，它们总共有 6 颗门牙，而且是严格的素食者。而鼠类有 4 颗门牙，大部分都是不挑食的杂食动物。

鼠兔住在亚洲和北美的大山里，平时的主要工作是吃草和攒冬粮。夏天它们会孜孜不倦地把草搬回家储存起来，冬天就不必冒着风雪严寒出门吃饭了。勤劳的鼠兔对待过冬粮的态度非常认真，粮草被堆成小垛，还会铺叶片垫起来，力求保持最佳口感。也有部分特别懒的家伙不肯自己动手，而是选择趁邻居不在家，跑到别家洞里偷走存粮。

不同于安静的兔子们，鼠兔就像电影里叨叨不停的皮卡丘一样话痨，通过不同的叫声，鼠兔能辨认亲朋好友、谈恋爱说情话、跟抢地盘的对手骂战。遇到天敌来袭时，它们会发出高亢尖锐的警报声，因此在英语里，鼠兔有个别名就叫作"口哨兔"。

鼠兔这么可爱，大家都爱吃。像活体火锅丸一样溜圆肥美的鼠兔是许多食肉动物的佳肴，在我国青藏高原，几乎所有的捕食者都吃高原鼠兔。没有量多又美味的高原鼠兔，就没有兔狲、藏狐、香鼬、金雕等一大批动物界网红。在山地生态系统中，需要维持足够多的鼠兔，才能养活上一层级的捕食者，但这些爱打洞的小家伙一旦数量泛滥，也会加速草场退化。在许多地区，鼠兔作为破坏草场的罪魁祸首遭到捕杀，被毒杀的鼠兔又会导致捕食者二次中毒，殃及不少猛禽和小兽。生态平衡原本就是一个复杂的动态过程，加上人类的需求和利益裹挟其中，使得问题更加复杂。全球29 种鼠兔中，已经有好几种迈入了濒危动物的行列，其中就有我国新疆的伊犁鼠兔。我们人类作为聪明的两脚兽，需要找到更完美的相处方式，与这些不带电的野生皮卡丘以及它们喂饱的诸多其他动物一道和睦共处。

大鼠 VS 小鼠

简洁的中文不但用一个字打发了兔子家,同样也用一个字概括了比兔家更庞大的鼠家。要知道,啮齿目有两千多个物种,占据整个哺乳动物家族的四成多。但这两千多种动物在汉语中全部都一言以蔽之:鼠,别名老鼠,呢称耗子,雅号灰大仙,真实身份可能是外星系入侵地球的吱星人。

人丁兴旺的鼠鼠家族出了很多知名影星,其中最为出"鼠"头地的一位就是小家鼠(mouse)了。最老牌的大明星米奇已经诞生近一个世纪,自1928年登上汽船威利以来,90多岁的米老鼠和女朋友米妮至今仍是全世界粉丝的心头好。比米奇年轻一点的小鼠杰瑞,也已经在电视屏幕上跟汤姆猫斗智斗勇了80年,堪称全蓝星最机智也最抗打的一只"超鼠"。

尽管现实中任何人都不希望家里有老鼠做窝,但所有人都乐于在银幕上看到它们。狡黠可爱的小家鼠在电影中虽然总是找麻烦搞破坏,但在故事的最后,它们总会凭借机智勇敢、善良真诚赢得所有人的心。《捕鼠记》里的天才鼠为了阻止老宅被卖,给两位男主制造了无穷无尽的麻烦,最终却正是它为兄弟俩实现了更大的梦想;《绿里奇迹》的死刑犯在阴森的监狱中备受欺凌,也正是会玩把戏的"小叮当先生"为这些悲惨的人们带来了唯一的安慰;《精灵鼠小弟》里身手不凡的斯图尔特不但成了人类家庭的一员,连猫咪雪铃在经历了一番冒险之后,也喜欢上了这只机灵勇敢会开车的小白鼠。小鼠跟宿敌喵星人的关系早已不再你死我活不共戴天——至少在屏幕上,猫咪和小鼠似乎已经讲和了。每个看过《猫和老鼠》的观众都知道,天天打打闹闹的杰瑞和汤姆根本就是一对谁也离不开谁的好基友,好几次救过对方。聪明的小鼠在《加菲猫》里成为大橘加菲的伙伴,带他走遍全城寻找被绑架的欧弟;它们甚至一度在《猫狗大战》中加入了猫咪一方,召集大批"鼠军"协助坏猫咪实现邪恶计划,与狗子们争夺蓝星统治权。

小鼠在银幕上出尽风头，大鼠——褐家鼠（rat）也没闲着。2019年大鼠家的一位无名英雄拯救了地球：《复仇者联盟：终局之战》开头，正是一只大鼠踩到遥控装置，把蚁人斯科特从量子世界里放了出来，协助复联团队穿越时空拿到了无限宝石。值得一提的是，这位没有留下姓名的大鼠并不是CG，而是一只训练有素的真鼠。某种意义上说，也算是耗子英雄拯救了地球。

在英语中，大鼠的名号并不是个好词："Rat"有奸细、小人、叛徒之意，《哈利·波特》系列中小矮星彼得背叛了哈利的父亲，他的变身"斑斑"就是一只褐家鼠（brown rat）。名声不佳并不影响大鼠源源不断的片约，《鼠国流浪记》《小鸡快跑》《坚果行动》《了不起的狐狸爸爸》都有大鼠出镜，最拉风的一只当属忍者神龟里养大四只"龟儿子"的变异鼠大师。现实中的褐家鼠虽然不会忍术，但绝对算得上身怀绝技的"下水道忍者"，它们运动能力惊人，垂直跳高距离超过0.77米，水平跳远距离超过1.2米，还能不停游泳长达72小时。同时这些小家伙还非常聪明，学习能力和记忆能力超群，在迷宫般的下水道里也不会迷路，在城市里混得风生水起。在巴黎这样的国际大都市，"鼠口"比人口还要多。

我自己最喜欢的一只"银幕鼠"是《美食总动员》的主角、天才小厨师小米。什么都能吃的褐家鼠确实是做厨师的好苗子，再加上小米天资聪颖，努力学习，执着于梦想又不失一颗友善的心，种种讨人喜欢的优点使得老鼠小米最终成了大明星，也让《美食总动员》大获成功，拿到了当年的奥斯卡小金人。为了小米和它的家人朋友，皮克斯团队可谓是精益求精，在影片制作的一年多时间里，工作室一直养着好几只宠物大鼠，让动画师可以随时观察它们怎么跑、怎么跳、怎么吃、怎么玩。影片里的小米个子小到能藏进林圭宁的厨师帽，但动画师为它做出了115万根毛，要知道一个普通人的正常发量也不过11万，连皮克斯的专业电脑也很难渲染这么多鼠毛。为了节省内存，动画师们牺牲了所有人类角色的脚趾。

加入三足鼎立的时代

在小鼠和大鼠的带领之下，鼠鼠家族逐渐走出了属于自己的熠熠星途，从猫儿和狗儿的爪下分得了影坛的一杯羹。随着小毛球们打入宠物市场，不少铲屎官发现在猫猫狗狗之外，养一只鼠鼠也别有一番乐趣。电影中的宠物界也从猫狗搭配演戏不累，变成了喵汪吱三家共同统治人类的新局势。不过，对大多数人来说，在家养只大老鼠多少还是有点膈应。宠物店里大部分的啮齿家族成员，是用腮帮卖萌的仓鼠和短腿界网红豚鼠。

2008 年的动画片《闪电狗》就是一部"喵汪吱"联袂出演的大作，热血直男大白狗、街头酷女郎小黑猫、又呆萌又彪悍的小仓鼠，三只动物联手打跑了坏蛋、救出了美女，从此幸福地生活在一起，捎带手还狠狠地黑了一把虚伪拜金的好莱坞。另一部毛球卖萌大片《豚鼠特工队》则是豚鼠主演、仓鼠搭戏，飙车、窃听、搏击无所不能，大家一起过了一把特工瘾。有趣的是，虽然豚鼠在现实中腿短屁股圆，一副体脂率超标的肥宅范儿，在影片中却经常扮演特工、间谍和 DIY 工程师，银幕形象非常酷炫。《爱宠大机密》里的豚鼠诺曼就是一只无所不能的鼠界奇才，由于这个角色实在有戏，剧组特别做了一部番外短片，让我们见义勇为的诺曼出手制止了邻居家的一起命案。

顺带一提，豚鼠家有一位大名鼎鼎的远亲，名叫毛丝鼠（chinchilla），也是宠物界炙手可热的一枚新星。如果你对这个名字感到陌生，它的"花名"你一定听过：毛丝鼠别名龙猫，也就是宫崎骏电影里那个所有人看完都想抱走的暖暖大绒球。全世界共有两种毛丝鼠：长尾毛丝鼠和短尾毛丝鼠，二者都有一身光滑柔软的皮毛，毛茸茸大圆球镶上一双黑豆眼、插上一根毛毛尾，完全具备了萌物的一切特征。大约 100 年前，一个美国工程师从智利带走了 11 只长尾毛丝鼠，千里迢迢回到美国开了养殖场。今天宠物店里的龙猫，大部分都是这 11 只野生长尾毛丝鼠的后代。

尽管龙猫在宠物市场上很容易买到，但野生的两种毛丝鼠都已经成了濒危物种。毛丝鼠的老家在南美洲安第斯山脉，它们拥有所有陆生哺乳动物中最为密实的皮毛，因此当地土著常常使用毛丝鼠皮来做衣服，由于捕猎数量少，并没有造成任何毁灭性的影响。随着殖民者抵

▲ 不少人养过的"龙猫"毛丝鼠

达南美，人们开始大规模捕杀毛丝鼠用于毛皮贸易，"龙猫"们的命运就此倾覆。数以百万计的毛丝鼠皮被贩卖到欧洲和北美，滥捕一直持续了300多年。到了19世纪末，毛丝鼠在野外已经相当罕见。遗憾的是，种群下降趋势还在继续，21世纪的头15年，野外毛丝鼠的数量减少了90%之多。倘若盗猎依然持续，萌萌的龙猫可能很快就会从原本属于它们的家园永远消失。

以吃货形象出道的松鼠和它的朋友们

松鼠家是另一个影星辈出的鼠鼠家族，许多动画片里都有这些蹦蹦跳跳的小家伙甩着大尾巴的身影。说起来影坛也是一个刻板印象严重的地方，松鼠的形象总跟"吃货"结结实实地绑在一起，几乎所有银幕松鼠都对美食（尤其是坚果）有着坚定的执念。前有《冰河世纪》的獠牙松鼠斯克莱特为了一枚橡果上天入地不撒手，后有《坚果行动》里的苏利不择手段抢劫坚果店，到了《查理的巧克力工厂》，神神道道的德普厂长索性雇来了一大群松鼠员工，专门负责嗑坚果，也算是让这批狂热的坚果爱好者找到了最合适的岗位——哪怕松鼠们监守自盗边嗑边吃，超高的工作效率也足以弥补那点损失了。

松鼠的吃货形象倒也不算冤枉了它们，这些小家伙的确热爱坚果，此外也不会拒绝其他植物种子、蘑菇、昆虫甚至鸟蛋。许多松鼠都有埋食物的好习惯，把一时吃不掉的松果埋起来作为冬季存粮。麻烦的是，野外"小金库"并不保险。藏起来的食物可能被其他动物偷走，甚至整个领地都可能被别的松鼠抢走，导致辛辛苦苦囤起来的食品柜也拱手让人。更忧伤的是松鼠的记性并不完美，虽然大部分时候还是能成功找到食品库，但也不排除有时藏得太好，连自己都想不起来了。忘记好吃的藏在哪，对松鼠来说虽然是一件悲伤的事情，但对整个森林常常是件好事，埋在土里的种子得以发芽长大，协助植物繁殖扩散，为大森林添上一抹新绿。

　　影片中的松鼠形象，大部分都是披着火红毛衣、顶着两簇天线耳毛的欧亚红松鼠（Eurasian red squirrel），和它们麻烦的美洲亲戚灰松鼠（grey squirrel）。松鼠家的另一位小表亲花栗鼠（chipmunk）则在《鼠来宝》里一曲成名，不仅有奇奇和蒂蒂两大影星，还出演了真人动画《魔法奇缘》里吉赛尔公主的小宠物皮普。花栗鼠最大的萌点就是鼓鼓囊囊的腮帮子，学名"颊囊"，是两个超级能装的小口袋。带着这两个便携式"购物袋"，花栗鼠囤起食物来比松鼠的效率高了不少。体重不过几十克的花栗鼠能储存好几公斤的食物用来过冬，整个冬天都可以躲在温暖的树洞里，过着吃饱就睡、醒了再吃的肥宅生活，一直睡到春天才起床出门。

　　小小萌萌的花栗鼠跟土肥圆网红旱獭是亲戚。亚洲的旱獭主要活跃在各种表情包里，而生活在北美的美洲旱獭则是近水楼台先得月，被好莱坞相中，获得了与老牌影星比尔·默瑞合作的机会——喜剧片《土拨鼠之日》里的土拨鼠（groundhog）就是它啦。与亲戚们不同，土拨鼠并不储存食物，过冬的方式就是把自己尽可能吃胖，靠保质保量的一身膘度过北美的严冬。"土拨鼠日"就是美国和加拿大每年2月2日庆祝的一个节日，人们相信，在这一天，如果土拨鼠从洞里出来，在晴朗的天空下看到了自己的影子，它就会退回洞里接着睡，冬天还将再持续六个星期；倘若当天是阴天、土拨鼠没看到自己的影子，开开心心地出窝活动，就意味着春天快要来了。这个说法并没有科学依据，但老美们乐此不疲。《土拨鼠之日》故事发生地宾夕法尼亚最喜欢过这个节，早在1840年就开始庆祝土拨鼠日了。至今宾州每年都举办盛大的节日庆典，多年来的庆祝中还产生了好几只明星鼠。另一个土拨鼠铁杆粉丝聚集地则是威斯康星州，2015年在该州森普雷里市的土拨鼠日上，土拨鼠吉米咬了市长的耳朵，第二天市长就发布公告赦免了吉米的不当行为，一时传为佳话。

松鼠家还有一位出镜率不高、却十分老资格的明星，就是《爱丽丝梦游仙境》里动不动就睡过去的睡鼠（dormouse）。这个角色早在1865年出版的原著里就登场了，是白兔、三月兔、疯帽匠的小伙伴，总是说着说着话就睡着了。现实中的睡鼠虽然不会秒睡，也确实是动物界的睡神一枚。它们每年冬眠长达6个月，10月中旬就铺好被子去会周公，次年四五月份才会醒来，倘若天冷还可能睡更久。冬眠期间它们的心率和呼吸都会下降90%之多，几乎全靠体内脂肪存活。照睡鼠这样，每年天一冷就上床睡觉，睡梦中啥也不干就能减肥，醒来一看时令已经入夏，刚好减脂成功可以穿上美美的比基尼，简直是我理想的人生了！

▲ 萌萌的睡鼠过着不少人心中的完美"鼠生"：睡过一冬，醒来就瘦

出人意料的"非主流"吱星人

前面说过，啮齿类是一个非常庞大的家族，从1米多长、好几十斤的水豚，到只有半个手掌大、不到4克重的侏儒跳鼠，都是"吱星"的原住民。星球大了什么鼠都有，虽然大多数鼠家成员都长得鼠头鼠脑、一眼

就能认出身份，也有那么几位看上去并不特别像耗子，相貌颇有几分非主流。

迪士尼动画大片《欢乐好声音》里，拥有斯嘉丽·约翰逊性感烟嗓的摇滚歌手豪猪艾希，就是一位不折不扣的吱星人。别看豪猪（porcupine）名字里带"猪"字，它们跟猪可没有什么关系，算是豚鼠的远房大兄弟。豪猪家最有辨识度的特征就是一身吓人的长刺，这些刺极其尖锐，结构中空，走动时哗啦啦的响声明明白白地宣告"别惹我，我扎着呢"。生活在美洲的几种豪猪更狠，它们身上佩戴着多达 3 万根尖刺，刺上还长有微型倒钩，一旦刺进体内很难拔出来，能给捕食者带来相当大的痛苦。

影片里艾希在台上唱到激情四射，刺也跟着射了出来，给反派骆马女士扎了一身"暴雨梨花针"。豪猪能发射"暗器"，是不少片子里常见的误解：事实上豪猪并没有这种本事，它们的刺是特化的毛发，无法用肌肉的力量弹射出来，但很容易脱落。遇到危险时它们会甩动尾巴、倒退着发起攻击，尾巴抖动时尖刺可能从自己身上掉下来扎入敌人体内，造成了豪猪把刺当飞镖射的误会。

豪猪刺的特殊结构非常实用，带微型倒钩的豪猪刺比光滑的针头更容易穿透皮肤，同时也更不易脱落移位，这启发了外科医学的临床应用。根据豪猪刺设计出的皮下针和手术钉不但固定效果更好，也减少了患者的痛感。仿生学再次为我们证明，每种动物都是演化的杰作：无论看上去多么不起眼，它们都可能身怀绝技，藏着值得人类研究学习的种种"秘籍"。

另一位常常出镜却总是被认错的吱星人，就是《纳尼亚传奇》里憨厚忠诚的河狸夫妇——没错，河狸也是一种"大耗子"。正如影片中一样，河狸是严格的一夫一妻制，婚姻维持终生。老公跟老婆一起承担养家糊口带孩子的职责，也负责保护全家的领地不受其他河狸入侵，堪称动物界少有的居家好男人。不过，许多字幕将河狸一家翻译成"海狸"是不对的，河狸（beaver）只在淡水湿地安家，并不向往星辰大海。同属啮齿家族、常常与河狸混淆的海狸鼠（coypu／nutria）其实也不住在海边，二者都有鲜艳的橙色大门牙，但海狸鼠的尾巴跟老鼠一样，河狸则有一条扁平的桨状大尾巴。

龇着可爱门牙的河狸在《疯狂动物城》里也有亮相，是以一队戴着安全帽的建筑工人形象出现的。自然界中的它们确实是辛勤的伐木工和建筑工，日常工作就是勤勤恳恳地用牙啃树，树皮幼嫩的小树当作食物，结实粗壮的大树作为木材来修筑水坝。全世界最大的河狸水坝达到了惊人的850米长，使用了上千棵树，已经修了40多年，是好几代河狸一口一口啃木头筑出的浩大工程。为了运输木材，河狸甚至还会修建"运河"，把拖不动的木头放到水里漂起来运送。倘若主坝遭到破坏，勤劳的河狸可以在一夜之间基本修复回原样。

河狸修水坝是为了打造自己的"庄园"，水坝隔离出的池塘就是河狸的住所，它们在池塘里修建精巧的"河狸小屋"，出入口位于水下，内室分出起居室、餐厅、婴儿房和通风口，甚至还有专门的区域用于从水里回到"室内"时晾干身体，免得湿漉漉的皮毛弄湿干燥舒适的卧室。冬天河狸还会为自己的豪华小别墅抹上泥浆，结冰之后堪比混凝土，又结实又保暖。

▲ 爱啃树、会造坝的河狸是动物界的首席建筑师，也因此成了许多工科院校的吉祥物，比如大名鼎鼎的麻省理工大学和加州理工大学

北美与欧亚大陆都有河狸居住，尽管一度因珍贵的毛皮和香腺遭到捕杀，如今河狸家族仍有数以百万计的"狸口"。这么多河狸不辞辛劳地筑水坝，对环境实施了相当大规模的改造。事实上，河狸被认为是除人类之外，对地表环境改造最多、影响力最大的动物。然而，它们为其他动物邻居带来

的好处比人类更多，造成的破坏可远不能跟人类相比。勤劳的河狸造出了水坝和池塘，保留了大面积的湿地，为许多别的动物提供了生存空间。在北美，濒危物种中有近一半都依赖湿地生存，湿地生态系统对物种多样性至关重要，从这个意义上说，河狸堪称是许多湿地动物的守护天使。另外，河狸水坝还能帮助清除河道中的沉积物和污染物，维持河流清洁，减少水土流失，对河道下游防洪防汛也有很大的助益。

河狸对生态环境如此重要，幸运的是，我们一时不用担心失去这些不辞辛劳的小工人。北美河狸和欧亚河狸目前都是无危物种，北美河狸坚强地挺过了19世纪的毛皮热潮，而欧亚河狸从20世纪末仅存1200只恢复到了数十万。在许多有河狸分布的国家，这些勤快的动物都备受欢迎。北美河狸是加拿大的国家象征之一，它的形象登上了加拿大的第一枚邮票，也是全世界第一枚选择动物图案而不印国家元首的邮票。在美国，河狸是工科院校的常见校徽，鼎鼎大名的麻省理工学院、加州理工学院都以河狸作为吉祥物，为本校的工科生代言。在我国新疆生活着数百只蒙新河狸，它们是欧亚河狸的一个亚种，受到环保组织的精心保护，还为它们专门修建了"河狸食堂"供它们用餐。愿"吱星建筑师"们在蓝星的溪流之畔快快乐乐地生活下去，啃树伐木时，可别忘了多加小心！

猴篇：
或许是比智人更有天赋的影星

　　早在电影发明之前的六七千万年，一群长得像老鼠一样的小动物踏上了演化的漫漫征程。彼时恐龙已经从地球上消失，这些小家伙惊奇地发现，没有了那些恐怖的大块头，它们想去哪里就可以去哪里。毛茸茸的小爪子小心翼翼地迈出了丛林下的阴影，抽个不停的小鼻子试探着伸向了陌生的世界，小家伙们很快开始了对整个星球的探索。随着这些小动物踏上不一样的土地，它们自己的身体也悄然发生了变化，体形变大了不少，大脑也越来越发达。有的选择以树为家，有的宁可住在地上；有的获得了灵巧的双手，有的使用尾巴作为"第三只手"；有些保留了几分祖先的样貌，有些则变得高大、强壮、聪明。再后来，它们中最能折腾、最不消停的一群，学会了直立行走，脱去了绝大部分体毛，拥有了复杂的语言、逻辑、社会关系，开始种地、造屋、建立文明，直到发明了电影，把自己的影像投射在无数块闪动的银幕上——其中也有不少属于表亲后裔的影像。

　　如今，灵长类似乎代表着演化的巅峰，多达数百种猴儿、小猿和大猿一同分享"万物之灵长"的荣耀。其实千万年前，无论是我们人类，还是老法师拉飞奇、电臀国王朱利安、街头小神偷阿布，都还只是大自然中的小角色，鼠头鼠脑、谨小慎微、四处捉虫子讨生活。"人是猴子变的"这个说法，从严格意义上说不够准确，"变成人"的并不是任何一种现存于世的猴子，就像表兄弟姐妹的后代变不成我们自家的直系血亲一样。所有的现存灵长类都是人类很久很久前分家的表亲,数百万年前曾拥有共同的祖先,随后就像一根树枝长出的两个分枝一样,不会再合并到一起了。尽管早已走上不同的演化道路,但追溯到远古时代,我们原本一脉相承。或许正因为如此,电影里的猴儿角色,总比别的动物显得多几分亲切。

朱利安国王和他的大小毛球

梦工厂的《马达加斯加》系列至今拍了三部,只有第一部真正发生在马达加斯加:四个没谱主角逃离纽约踏上冒险之旅,坐着集装箱一路漂到马达加斯加岛,遇上了以朱利安国王为首的一大群狐猴。在影片最早的剧本中,朱利安国王是个小得不能再小的角色,只有两句台词,但配音演员表现实在太好,导演和编剧当即决定为朱利安国王增加戏份。结果证明这些戏精狐猴果然没让剧组失望,环尾狐猴朱利安和它的左膀右臂——“大毛球”莫里斯和“小毛球”莫特成功地抢走了主角的风头,凭借热辣舞技和蠢萌做派,让全球上亿观众记住了这个无厘头“马岛三人组”。

马达加斯加这个独特的岛屿确实是狐猴的主场。作为世界第四大岛,马达加斯加在8000多万年前从非洲大陆漂离,从此孤悬海外,岛上的动植物们也就因此与世隔绝,走上了与大陆物种完全不同的演化之路。如今在马岛的诸多动物之中,超过90%都以马岛为唯一的家园,在地球上其他任何地方都找不到,这其中就包括大约一百种狐猴。有趣的是,狐猴家族从灵长类共同祖先那里“分家另过”的时间晚于马岛与大陆“失联”的时间,换句话说,狐猴的祖先并非马岛本地土著,而是“外来户”。古生物学者们推测,它们很可能是抱着浮木倒树当作筏子,漂洋过海登上马岛的。最早一批上岛的狐猴祖先,可能是几个不巧赶上风暴的倒霉鬼,也可能是心怀星辰大海的冒险家。无论怎样，它们从此就在这里安心当上了"岛主"，世世代代不曾离开。时间证明它们的选择相当明智：自恐龙灭绝之后，马岛就不再有大型食肉动物，当时只有耗子那么点大的狐猴祖先得以在此安居乐业，而它们生活在欧洲、北美甚至中国的同类都没能撑下来，最终将更广阔的大陆让位了给其他灵长类亲属。

虽然名字里有"猴"字，狐猴其实不是猴。它们是灵长类之中最为原始的一类，这个古老的家族与其他表亲分家最早，亲缘关系也最为疏远。马岛气候温暖湿润，食物丰足，捕食者少，又没有其他猴儿前来竞争，堪称是狐猴们的伊甸园。在此安居的狐猴们衣食无忧，"不思进取"，并没发展出其他灵长类亲戚们那样的高智商。电影中朱利安国王本尊、和它的一大帮臣民脑子都有点秀逗，远不如那两只给企鹅打工的黑猩猩聪明。

朱利安国王是一只环尾狐猴（ring-tailed lemur）。拜这部动画片所赐，环尾狐猴很可能是全世界最出名的一种狐猴。影片中的朱利安国王是舞林高手，现实中的环尾狐猴虽然不会斗舞，却有一种更劲爆的对决方式：斗臭。雄性环尾狐猴的胳膊上长有一个特殊的腺体，能够散发出奇臭无比的气味。每当两只雄性想要争个高低，就会把自己毛茸茸的尾巴全部抹上这种强烈的味道，然后拼命扇向对方。不过这些雄性争抢的并不是王位，环尾狐猴是雌性当家，因此现实中顶多只能有"朱利安女王"。电影里莫里斯吐槽朱利安这个国王是自封的，看来狐猴女士们并不怎么买这位兄台的账。除了《马达加斯加》里的风骚草裙舞，环尾狐猴流传最广的造型当属"猴儿打坐"表情包了。戏精附体的它们经常摆出盘腿打坐、禅意十足的造型，仿佛在参拜太阳一般。实际上这是因为环尾狐猴的代谢率不高，通过晒日光浴，它们能够让太阳晒暖身体，而不必动用自己宝贵的能量来维持体温。

环尾狐猴是动物园里最常见、也最容易繁殖的狐猴，国内国王都有不少动物园养着大群大群的"朱利安"和小崽子，游客很容易见到它们上蹿下跳、打打闹闹的身影。看似猴丁兴旺的环尾狐猴却是一个濒危物种，在野外的生存状况远没这么乐观。目前野生环尾狐猴仅有 2000 只左右，比野生大熊猫多不了多少。不仅是环尾狐猴，全球 107 种狐猴之中，有 103 种都面临着灭绝的风险，其中 33 种已经被评定为"极度濒危"，距离灭绝仅仅一步之遥。世界自然保护联盟将狐猴列为全世界最濒危的哺乳动物类群，多达 90% 的狐猴物种可能在短短的 20 多年之内永远消失，甚至可能包括一些尚未被发现的种类。自从 2000 多年前人类抵达马岛定居，至少有 17 种狐猴已经灭绝，当时人们曾发现过大猩猩那么大的巨型狐猴，而如今最大的狐猴也不过是一只肥猫大小。

虽然狐猴的现状已经相当危急，但保护工作并不容易。马达加斯加是全世界最穷的国家之一，许多居民至今仍然捕杀狐猴当作肉食来源，或是活捉这些美丽的动物作为宠物，贩卖到其他国家。除了直接猎捕之外，森林砍伐导致狐猴失去栖息地，也是它们面临的重大危机。不断增长的人口

▲ 环尾狐猴摆出经典的"拜日式"

挤占了狐猴们的生存空间，大量砍伐森林给牧场和咖啡园腾地方，一度在整个岛上随处可见的狐猴，如今仅仅生存在马岛 10% 的地盘，而且数量仍在持续下降。

总是跟在朱利安国王屁股后面的小毛球莫特，就是狐猴中现状堪忧的一族。长着一双可爱大眼的莫特是鼠狐猴（mouse lemur）家族的一员，IUCN 红色名录列出了总计 40 种鼠狐猴，仅有 2 种暂时无危，其他几乎全部处于濒危状态。鼠狐猴是体形最小的灵长类，其中最小的仅有十几厘米长、30 克重，比一个鸡蛋还要轻。超迷你的体形加上激萌的长相，使得它们成了宠物市场上炙手可热的异国萌宠，深受非法宠物贸易的危害。实际上这些小家伙虽然长得可爱，却并不适合作为宠物饲养。鼠狐猴是夜行动物，白天睡大觉不理人，晚上却会闹翻天。它们习惯于使用大小排泄物和恶臭的分泌物来标记领地，用不了多久家里就会臭气熏天。并且，鼠狐猴拥有所有灵长类中最小的大脑——仅有 2 克重。看看影片里蠢得连朱利安国王都受不了的莫特就知道，这些小家伙可没有足够的智商来做一只合格的智人伴侣。

比起因"萌"招灾的莫特，现实中的大毛球莫里斯则面临着更多恶意带来的不幸。莫里斯是一只指猴（aye-aye），是狐猴大家族里非常特立独行的一个成员。这种浑身漆黑的夜行动物不但长得不算萌，气质还有点诡秘。科幻大师道格拉斯·亚当斯曾经描述，指猴"就像是用其他动物的不同部位拼凑起来的一样，看起来像一只长着蝙蝠耳朵、河狸牙齿的大猫，尾巴宛如一根硕大的鸵鸟毛，还有一根枯树枝似的中指，一双巨大的眼睛仿佛可以穿透你"。这个看似七拼八凑的混乱组合实际上是一件极其精妙的造物，每一个零件都有自己的功能。当一只指猴比出中指，它并不是在骂人，而是要吃饭：指猴会像啄木鸟一样敲敲树干来找虫子，超大的耳朵能听出树干的中空之处。然后指猴会用像啮齿动物一样终生生长的锋利门牙，在木头上啃出一个小洞，伸出骨瘦如柴但极其灵活的中指，把虫子从里面拽出来。糟糕的是，这种特别的觅食方式被当地人认为是不祥的预兆，许多马达加斯加人相信，一只指猴用中指指向某人，就预示着此人的死亡或是全家的噩运。更有甚者坚信指猴会通过茅草屋顶潜入住宅，用中指刺穿颈部动脉来杀人。在民间传说中，指猴成了恶灵的化身，以至于一些村民只要看到指猴就会将其捕杀。就连指猴独特的名字"Aye-aye"都来自马达加斯加语的"我不知道"，因为当地人认为说出恶灵的名字会带来厄运。这样的迷信为指猴带来了灭顶之灾，20世纪时一度被认为已经灭绝，如今数量也非常稀少。事实上，指猴并不邪恶，还可能挺聪明。按身体比例来算，它的大脑容量不小。在电影里的"马岛蠢萌三人组"之中，莫里斯好歹算是比较正常的一个。但愿这部票房大热的系列影片能为现实中的指猴多带来一些关注，洗清它们毫无根据的恶名。

顺便讲讲《马达加斯加》第一部中的反派"伏狼"，这是狐猴们最怕的恶煞凶神，连狮子亚历克斯对大群"伏狼"也忌惮三分。这些反派现实中的名字叫作马岛獴（fossa），跟狐猴们一样只生活在马达加斯加岛。真正的马岛獴并不像狼，更像一只缩小又拉长了的美洲狮，身体细长灵活，行动敏捷矫健，特别擅长爬树，虽不属于猫科，却颇有猫的风采。马岛獴个头不大，却已经是整个岛上最大的食肉兽。在几乎没有竞争对手的马达加斯加，这些矫捷轻灵的猎手纵横全岛，大杀四方，所有种类的狐猴都是它们的猎物，即使是那些个头跟马岛獴差不多的大型狐猴也不例外。好在现实中的马岛獴并不会像影片里那样大规模地成群结队，不至于将狐猴们赶尽杀绝。事实上，马岛獴的数量跟许多种类的狐猴一样稀少，同样面临着栖息地丧失的危机。它们并不是凶残嗜血的大坏蛋，而是马达加斯加这个独特的生态环境之中一个重要的角色。

轻功非凡的"丛林宝贝"和它的亚洲亲戚

2019 年"真狮版"《狮子王》里,小辛巴多了一大群一起嗦虫的小伙伴,其中有一只长着水灵灵大眼睛、成天蹦蹦跳跳的小毛球——婴猴(galago),它另一个可爱的别名叫作"丛林宝贝"(bush baby,源于它们的叫声酷似婴儿啼哭的声音)。影片中它出场虽然不多,却有一个特别帅气的高光时刻:大家一起扒拉虫子吃的时候,婴猴平地腾空跃起,半空中轻巧地抓住了一只蝴蝶,再气定神闲地轻轻落地,顿时就把土里刨食的诸位给比了下去。

婴猴家的所有成员都生活在非洲,数量相当不少,小日子过得很是滋润。婴猴有一双堪比弹簧的强健后腿,能跳起两米多高,还有又粗又长的毛毛尾帮助它们在空中保持平衡,抓只蝴蝶自然是小菜一碟。不过现实中的婴猴跟辛巴的用餐时间不太一样,狮子通常在黄昏时分最活跃,而婴猴则是夜行动物。它们有一对灵活的蝙蝠耳和敏锐的夜视眼,在黑暗中也能毫不费力地捕捉到小昆虫。除了捉虫,它们也吃蚯蚓等其他无脊椎动物、水果、种子,甚至树胶也被它们看作一道美食。

▲ 在《狮子王》里短暂出镜的婴猴

在千里之外的东南亚,住着几位婴猴的近亲:懒猴和蜂猴(loris / slow loris)。这些小家伙的相貌跟婴猴十分相似,只是屁股上少了那根大尾巴。它们没有婴猴的卓绝"轻功",甚至根本不会跳跃,只会在枝叶间像树懒似的慢慢移动。不过它们的"挂功"超强,一连几个小时抱着树枝也不会手脚抽筋。蜂猴还有一项独门绝技:用毒。它们肘部内侧长有毒腺,虽然毒性相当微弱,但在灵长类这个圈子里也是海内独步的奇门武功

▲ 在我国有分布的蜂猴，无论多可爱，都不适合养在家哦

了。蜂猴会舔自己胳膊上的毒腺，让唾液带上毒性，还会用毒液给幼崽洗澡，保护幼崽免遭天敌侵害。许多网红视频中展示的蜂猴"卖萌"，双臂高举过头，双手交叉，摆出投降姿势，其实就是受惊吓的蜂猴准备舔毒腺来武装自己了。

这手三脚猫的使毒功夫在一定程度上保护了这些行动缓慢、笨手笨脚的小动物，却没能让它们免遭人类的捕猎。蜂猴萌萌的外表让它们沦为了非法宠物贸易的首要受害者，它们在圈养条件下极难繁殖、在野外要抓却很容易，所有声称人工繁育的蜂猴实际上都来自野外捕捉。走私者会拔掉它们的牙，再将它们带到黑市高价出售。现有的 9 种蜂猴全部是濒危物种，状况远不如它们的非洲亲戚。尽管网上有很多家养蜂猴的可爱视频，但它们绝对不是合适的宠物，非常挑食、容易生病、很难照料，更不用说还带有毒性，也有与主人相互传染病毒的风险。对普通人来说，不购买、不饲养，也不要给展示家养蜂猴的视频点赞，就是对这些与世无争的小家伙最好的保护。

隐居东南亚的"尤达大师"

即使不是《星球大战》系列电影的粉丝，也肯定在什么地方见过尤达大师的尊容——这个相貌清奇的绿色生物是绝地武士的导师，武功深厚，精通原力，身材矮小却德高望重，就连他的倒装句也充满了莫测高深的睿智风采。尤达大师的种族问题一直是个谜，整个《星球大战》系列都没有透露他究竟来自哪个星球，不过在地球上倒是可以找到一丝端倪：在东南亚的热带岛屿上有一批个子小小、眼睛大大的生物，除了颜色不绿之外，长相与尤达大师简直别无二致。

▲ 相貌让人一见难忘的猴儿版"尤达大师"眼镜猴

眼镜猴（tarsier）是灵长类中十分独特的一族。它们看上去有点像指猴或鼠狐猴，又有点像婴猴和蜂猴，但比起那些大老鼠似的"低等猴"，眼镜猴似乎更接近我们心目中的猴儿标准照，有着一张可爱的圆脸盘和朝向前方的大眼睛。事实上，它们的确是狐猴和懒猴这类比较原始的"原猴"和猕猴等更为高等的"真猴"之间的"中间态"。

眼镜猴最引人注目的就是它那双超级大的眼睛，每只眼球都跟自己的大脑一样大。演化生物学界大牛理查德·道金斯曾描述眼镜猴整个猴就是"一双会走路的眼睛"。由于眼球实在太大，很难在眼窝中转动，眼镜猴另辟蹊径，长出了极为灵活的脖子，像猫头鹰一样几乎可以转动360度。这么一双大眼睛自然是夜行动物的专利，眼镜猴的夜视能力相当好，听觉也是一级棒，对人来说伸手不见五指的黑夜，对它们来说就是游戏和开饭时间到了。眼镜猴是现存唯一一种完全食肉的灵长类动物，主要捕捉昆虫和蜘蛛，也乐意抓些蜥蜴、小蛇、雏鸟甚至小蝙蝠来当一道"硬菜"。

现实中的眼镜猴虽然不会使光剑，但身手也极为灵巧。看似球形身材的它们其实长着一双长腿，能水平跳跃3米多，跳高成绩也有1.5米，差不多是自己身高的十倍。靠着这双隐形大长腿，眼镜猴能像个毛茸茸的树蛙一样在树上跳来跳去，行动十分敏捷。它们超过体长两倍的尾巴能协助保持平衡，还自带一双"黏性手套"——眼镜猴细长的手指末端呈吸盘形，长有带黏性的肉垫，帮助这些大号跳跳糖稳稳地抓住树枝。

小巧玲珑的眼镜猴是小猴界的丑萌担当，或许因为相貌奇特又实在很难饲养，比起抓活的做宠物，更多当地人会把它们做成标本出售。在人类捕杀与栖息地锐减的双重夹击之下，"尤达大师"的日子并不好过。没有达可巴星供它们隐居，这个已经在地球上演化了 6000 万年的古老种族只能继续在越来越小的雨林中躲藏，静悄悄地出没在潮湿燠热的暗夜里，躲避着远房表亲智人的追杀。

南美丛林中的淘气小魔怪

南美洲是灵长类动物的怪咖游乐场，全球将近三分之一的灵长类都以这片大陆为它们唯一的家园，在世界任何其他大洲都找不到如此丰富的种类。它们中许多成员都秉承独特的非主流审美，长相古怪，特立独行：板着一张马桶垫圈脸的白面僧面猴，下巴上挂着巨大"音箱"的吼猴，像长了五条腿似的蜘蛛猴，比毛绒玩具还要蓬松的绒毛猴，白眼圈配黄手套、像小松鼠一样迷你的松鼠猴，还有外形奇特得几乎不像猴、足以在诸多怪咖之中脱颖而出的狨家族。

拥有四五十个成员的狨族个个长相诡异又别具萌感。最小的侏狨体重只有 130 克，身为猴子却比一只仓鼠还要轻；银狨全身雪白，宛如跳跃在林间神出鬼没的小幽灵；棉顶狨长着一头白发，凌乱有型的白毛披散在肩，造型十分朋克；金狮面狨完全就是一只超微缩版的"金毛狮王"，长着酷似非洲大猫的鬃毛和狮鼻，通体金黄却顶着一张小黑脸①。狨家族身材小巧，隐藏在浓密的枝叶间很难被发现，即使在它们的老家也不易寻找，普通人更是只能在动物园小猴馆一睹芳容。不过，好莱坞倒是给了它们一个难得的露脸机会，虽然饰演的角色不怎么光彩……

---

① 金狮面狨还有三位像玩排列组合一样的本家兄弟：黑毛金脸金屁股的黑狮面狨、金毛黑头黑尾巴的黑脸狮面狨，黑毛金头金尾巴的金头狮面狨，念不上两遍保证把你绕晕。

动画大片《里约大冒险1》里有一群小偷团伙，经常偷走游客的财物，还帮着反派葵花鹦鹉奈杰尔绑架了布鲁和珠儿。这些小家伙就是普通狨（common marmoset），也叫棉耳狨，它们脑袋两侧的两束白毛酷似冬天戴的棉耳罩，十分好认。巴西是普通狨的故乡，在首都里约就住着不少普通狨，像影片里那样成群结队，只是群体没那么大，通常十来只为一个家庭。这些淘气的小魔怪们只有巴掌大，剧中奈杰尔能轻松把猴子王拎起来丢上天，一大群的普通狨也打不过几只鸟。现实中的普通狨倒是时不时会跟鸟儿们发生点冲突：它们爱吃水果、花蜜、植物种子，常常会与鹦鹉和巨嘴鸟争夺食物。

同样设定在巴西的续作《里约大冒险2》之中，反派小帮手则换成了小可爱皇柽柳猴（emperor tamarin）。皇柽柳猴体形跟普通狨一样小巧，巴掌大的小脸上长着一脸银白色的大胡子，卷曲下垂，很有贵族范。据说这把优雅的胡子酷似德国皇帝威廉二世，促狭的动物学家因此给这种超萌小猴起了这么一个皇家名讳。历史上的威廉二世是一位穷兵黩武的好战君主，而长着威廉二世同款胡子的皇柽柳猴却是不折不扣的和平主义者和雨林模范公民，它们常常跟其他的狨猴一同生活，分居大树"公寓"的不同楼层，平时互不干扰，还会一同警戒天敌。雄性皇柽柳猴是慈爱的好父亲，带娃的时间比妈妈还要多。生活在动物园的皇柽柳猴则因亲人爱玩、活泼开朗的好性格获得了饲养员的格外青睐，这么可爱的小猴子，给反派大 Boss 当宠物可实在是委屈了。

亚马逊的"红骷髅"和现实版的"夜猴侠"

漫威大片《美国队长1》里，美队使用的血清绝对是一项厉害的发明：给好人用，能把柴火棒般的弱鸡小男生变成一身腱子肉的美国队长；

给坏蛋用，就能变出一个吓得人做噩梦的红骷髅。九头蛇领袖施密特注射血清之后，不但没能拥有巧克力腹肌和"美国翘臀"，反倒一举毁了容，还要顶着这副面孔在《复仇者联盟：无限战争》里复出，可见当反派的代价实在不小。

于是我第一次看见白秃猴（bald uakari）的照片时震惊不已：这货是当了多少次大反派，才拥有了这么一张酷似红骷髅的脸呢！

虽然名字叫作"白"秃猴，但这种猴子实际上并不怎么白，不看脸的话基本就是一只正常的棕色猴儿。然而一旦转过脸来，那根本就是红骷髅再世，一张面孔鲜红鲜红，发型也十分独特：前半个脑袋是光头，后半个脑袋是板寸，丑得个性十足，简直比正牌红骷髅还要令人记忆深刻。

白秃猴这张血红的脸看着吓人，在自己族类之中却是性感的标志。白秃猴住在南美的亚马逊雨林，气候湿热，虫子又多，很容易得疟疾，一旦得病就会脸色苍白。血色鲜红的猴脸代表身体健康，对疟疾免疫。因此在白秃猴群体中，长得越像红骷髅越受欢迎，若是脸蛋不够红，就会被视为体弱多病而找不到妹子。倘若"红骷髅"施密特本尊来到亚马逊，一定会被当成全民偶像备受追捧吧！

漫威宇宙里还有一只没出场的猴儿，确切地说，只是借用了猴儿的名号。在 2019 年的《蜘蛛侠：英雄远征》之中，好基友内德为了替小蜘蛛隐瞒身份，情急之下胡编了一个外号"夜猴侠"（Night monkey）。内德很可能是个动物爱好者，因为他随口瞎编的这个名号还真是确有其"猴"——夜猴是另一种南美洲特有的猴类，这些圆圆胖胖的小家伙看起来并无小蜘蛛飞檐走壁的风采，反而有点像胖乎乎的内德本人，圆脸上眨动着一双圆眼睛，耳朵小得几乎看不见，更显得整只猴儿像个可爱的大毛球。夜猴虽然比不上其他猴儿上蹿下跳的敏捷身手，但也很擅长在树上活动，摘取树上的水果当作美餐，还能捕捉飞虫来补充蛋白质。值得一提的是，夜猴实行严格的一夫一妻制，而且雄性夜猴都是模范老公，不但会保护自家爱妻不被别的猴儿欺负，还会在哺乳期悉心照料老婆。它们也是动物界少有的好父亲，通常是夜猴爸爸而非妈妈负责充当带娃的主力，大部分夜猴宝宝都是在爸爸怀里抱大的。不知道从小失去父亲的小蜘蛛，会不会对此羡慕不已呢？

美洲最聪明小猴的熠熠星途

　　如果在美洲大陆搞个猴儿大比拼，小巧的侏狨（pygmy marmoset）很可能获选南美最萌的猴，吓人的秃猴（uakari）则多半被封为南美最丑的猴，至于南美第一聪明猴的桂冠，恐怕没有谁会跟卷尾猴（capuchin）竞争。这些小猴子的厉害之处在于，它们懂得使用工具，会拿石头砸碎坚果和贝类，也会将有毒的千足虫碾碎抹在背上当作驱蚊剂，而且这些经验能在群体中代代传承，猴娃们会向长辈学习实用的生存技巧。别看这些小把戏看似简单，在动物界，"使用工具"可是高智商的标志。即使在以聪明著称的灵长类大家族，使用工具也是黑猩猩等大猿做的事儿，并没有多少猴子懂得利用工具来让自己的小日子更便利。

　　聪明的卷尾猴自然而然地成了科学家的宠儿，在动物行为和心理研究领域，这些小猴子是实验室里的常客。最著名的一个实验发生在 2005 年，耶鲁大学的几位科学家决定向卷尾猴传授经济学的奥妙：他们用小银片当作货币，教一群卷尾猴如何用钱来换食物。卷尾猴们很快就学会了拿钱买苹果、葡萄和果冻，当研究人员调整这些食物的"市场价格"时，它们也迅速跟着调整了"预算"，用手里有限的资金多买便宜食品，减少花在昂贵食品上的开销。实验证明这些小猴子完全明白金钱的价值，研究过程中还发生了多次盗窃乃至抢劫事件——曾有一只卷尾猴抢了满满一盘"银币"就跑，把实验室搅得天翻地覆。唯恐天下不乱的研究人员们甚至教会

▲《加勒比海盗》《老友记》《博物馆奇妙夜》的影迷想必都不会忘记可爱机灵的卷尾猴

了卷尾猴赌博，并发现它们跟失去理性的人类赌徒没什么两样，赔了钱会想着或许继续赌就能翻盘，赢了一小笔则会想要赢更多。更糟糕的是，卷尾猴们无师自通地学会了"钱色交易"，充分说明脑子太灵活也不是什么好事儿 [1]。

机灵的头脑加上超高的颜值，让卷尾猴拥有了进军影坛的雄厚实力。好莱坞对这些伶俐乖巧的小猴子青睐有加，卷尾猴或许是出演大片最多的非人灵长类动物——《加勒比海盗》系列里巴博萨船长的宠物猴杰克、《阿拉丁》男主的小伙伴阿布、经典美剧《老友记》里罗斯的好朋友马塞尔，还有《神探飞机头》《宿醉》《废柴联盟》……由于卷尾猴聪明机敏、容易训练，许多影片都没有采用 CG 特技，而是直接动用真猴演员，效果比电脑特效更好。《加勒比海盗1》里面有一个镜头，小猴子将阿兹特克金币交给巴博萨船长时，后者微笑着说"谢谢，杰克"，扮演杰克的卷尾猴也跟着邪魅一笑，这个镜头完全是演员猴自己的临场发挥，无论是导演还是教练都没有事先安排。

聪明的卷尾猴家族诞生了不少明星演员，比如在《老友记》里扮演马塞尔的同一只卷尾猴，随后又出演了《冒牌天神》和《极度恐慌》。最著名的猴影星是一位名叫克里斯托的卷尾猴姑娘，生于 1994 年的她三岁就登上了大银幕，至今已经出演了二十多部影视作品，在《杜立德医生》《美国派》《加菲猫》《我家买了动物园》《宿醉》等众多影片中都亮过相，还客串过几集《生活大爆炸》。克里斯托最成功的角色当属《博物馆奇妙

---

[1] 研究人员发现，一只雄性卷尾猴把自己的代币给了一只雌性，后者欣然接受之后，两只猴随即开始了交配。完事以后，这只收了钱的母猴立即用代币向研究人员买了一颗葡萄。

夜》三部曲中给男主找了无数麻烦的调皮猴子德克斯特,拍摄"打戏"时,这位敬业的好演员真的扇了男主角本·斯蒂勒一巴掌。报道称,为了教会克里斯托打人,教练汤姆·甘德森花了好几个月的时间,直到这个镜头拍摄时还在旁边为她加油鼓劲:"打他打他!再使点劲!"克里斯托的演技备受好评,整个《博物馆奇妙夜》剧组都对她赞不绝口,或许只有老牌明星罗宾·威廉姆斯除外——克里斯托在拍摄中脱离剧本即兴发挥,往这位大咖身上拉了点屎,"罗斯福总统"(罗宾·威廉姆斯在《博物馆奇妙夜 3》中饰演的角色)有点不高兴也是可以理解的。

"久保""大叔"与美猴王

北美洲并没有自己的"本地猴",因此美国大片里各种各样奇奇怪怪的猴,大部分都是从南美洲借来的。而中国人想到"猴"的时候,脑补出来的形象通常都是猕猴(macaque)。亚洲是猕猴的老家,大部分猕猴都生活在温暖的南亚和东南亚,只有一种勇于挑战自我的猕猴居住在北方雪国。它们就是日系风格奇幻片《魔弦传说》里的日本猕猴(Japanese macaque),也叫雪猴,是全世界分布范围最北、生活环境最冷的一种猴。

《魔弦传说》里的猕猴披着一身浓密的白毛,陪着小男孩久保一同穿越一望无际的雪原,寻找父亲留下的剑和铠甲。现实中的日本猕猴同样生活在寒冷地带,厚厚的毛发让它们能够抵御零下 20 度的低温。不过再耐寒的猴儿也不会拒绝难得的温暖,日本长野地狱谷的猕猴就学会了泡温泉,每年冬天都会光顾此地的天然大澡堂,成了世界知名的网红"泡汤猴",当地还特意为这些不付钱的客人修建了专用浴池。

影片中这只充满母性光辉的猕猴是主角母亲的化身,现实中日本猕猴也的确是慈爱的好妈妈。日本猕猴生活在母系社会之中,雌性终生不离开自己的家庭。小猴宝宝从小就在妈妈怀里长大，母猴会一直背着自己的孩子，直到一岁多才逐渐允许它从妈妈背上下来自己到处跑。除了亲生的猴妈，猴娃们还会享受众多阿姨的悉心照料。至于公猴，跟其他猴子一样，五六岁就要离开自家，度过自强不息的少年时代，然后加入别的猴群做"上门女婿"，或者干脆打倒其他族群的老大，自己当猴王。

猕猴是一个猴丁兴旺的家族，有20多种。照理说，中国人最最熟悉和喜欢的石猴孙大圣，也应该是一只猕猴。不过，《西游记》中孙悟空的形象很可能脱胎于印度猴神哈努曼，这只出现在印度史诗《罗摩衍那》中的猴儿神通广大，既能腾云驾雾，也会伏魔降妖，手使一根百变千化的如意金棍，与吴承恩笔下的美猴王颇有相似之处。2015年宝莱坞口碑佳片《小萝莉的猴神大叔》一开场，那个男主带着众人载歌载舞的盛大庆典，就是献给神猴哈努曼的。在印度，还真有一种猴儿被冠以猴神之名，而它们并不是猕猴，而是一种叶猴。

▲ 在印度相当常见的灰叶猴

灰叶猴（gray langur）又名哈努曼叶猴，生活在印度、孟加拉、尼泊尔、斯里兰卡等国家。灰叶猴有一张锅底般的小黑脸，周围一圈灰白毛，模样十分喜感。秉承哈努曼荣耀的它们虽然不会武功，但身手相当敏捷，从十来米的树上跃下也不会受伤。生存能力强大的灰叶猴能适应各种不同的生境，在人口密集的大城市里也活得很滋润。跟其他的叶猴一样，它们以树叶嫩芽为食，也会吃果实、种子、根茎，甚至苔藓和地衣。在印度，这种冠以神名的猴子受到法律和宗教的双重保护，不少寺庙里都有成群的灰叶猴居住。在许多地区，即使猴儿破坏了庄稼，人们也不会伤害它们。想当年大圣西行来到印度，看到异国他乡的猴子猴孙如此备受尊崇，想必很是欣慰吧！

鸟篇：
可萌可贱百变飞羽

生物学祖师爷达尔文曾经曰过：鸟儿是除人类之外最美丽的动物。当我写下这句话的时候，我的猫非常鄙夷地看了看我，显然这话得不到它们的认同。不过我还是得冒着得罪喵主子的危险说一句，鸟类天生就是人们可望而不可即的生物。它们拥有绝大部分哺乳类没有的艳丽羽色和婉转歌喉，更有两脚兽梦寐以求的飞行本领。鸟象征着对美和自由的永恒追求，寄托着在地面仰望蓝天的人们上万年来的梦想。

电影作为"造梦的艺术"，当然不会错过这些梦之精灵。各种各样的鸟在电影中被赋予了极其丰富的文化寓意，它们可以象征光明与纯洁、自由与抗争，也可以带来无尽的恐怖。希区柯克的《群鸟》将海鸥、乌鸦、燕子变成了黑暗力量的化身，上演了一场失控的疯狂"鸟灾"；迈克尔·基顿2014年出演的《鸟人》则给羽翼戴上了枷锁，被现实束缚的"飞鸟侠"只能在荒诞的幻想中飞翔。好在并不是所有的片子都这么丧，我们还是聊一点轻松的——

鸽子：能卖萌，敢参军，还懂艺术

"史皇"威尔·史密斯这两年是越来越放飞自我了，先是给迪士尼出演了一个冒着烟的蓝色生物，然后又跑去演了一只鸽子——2019年的动画片《变身特工》堪称007和黑衣人的恶搞版，"荷兰弟"汤姆·赫兰德在里面饰演一名天才技术宅，为威尔·史密斯饰演的超级特工发明了各种间谍小道具，其中最梦幻的一个发明把特工变成了鸽子，还下了一个蛋。

鸽子确实与间谍工作有着不解之缘，倘若查阅数百年来人类互相耍心眼的谍报史，鸽子必定在其中无数次扮演关键角色，直到今天也没有彻底过时。2020年5月，一只来自巴基斯坦的鸽子在印度遭到"拘留"，只因当局怀疑它是来自巴方的间谍——虽然鸽子的主人表示，他只是放自己的爱宠出去活动活动，跟军事情报什么的完全没有半毛钱关系，但架不住这只"民鸽"的同类在人类世界的名气太响，无数间谍鸽为各自服役的国家立下过赫赫战功，也难免有人看到来自敌国的鸽子就往坏处想了。

事实上，这些整天在广场上溜达的胖鸟的确有它们的不凡之处，非常适合从事谍报这个有前途的职业。《变身特工》里的天才阿宅提到它们拥有将近360度的全方位视野，你很难从背后偷袭一只鸽子；它们还自带"慢放模式"，能看清人类肉眼看不清的快速运动；鸽子甚至能看到紫外线，作为鸟类，它们能分辨出比人类更多的颜色。此外，鸽子比我们以为的要聪明得多。它们能学会跟灵长类动物相当的基本数字技能，还能识别1000多种影像，并将它们储存在记忆中至少1年。已经有科学家发现，经过训练的鸽子能区分印象派和立体主义绘画风格：实验证明，经过学习之后，它们能认出一幅自己此前从来没见过的画是莫奈的还是毕加索的，还懂得把莫奈、雷诺阿和塞尚分到一类，毕加索、马蒂斯和布拉克是另一类。三位研究者因此获得了1995年的搞笑诺奖。之后，其中一位研究者进一步证明，如果学习的条件相同，鸽子和人类大学生在区分梵高和夏加尔的作品上表现相当。

作为一只鸟间谍，懂不懂艺术还在其次，重要的是会飞。影片里汤姆·赫兰德说鸽子的飞行时速差不多是 119 公里每小时，这个数换成比较容易感知的数值，基本上跟飓风的平均风速一样快，属实有那么点夸张了。现实中顶尖竞速赛鸽的瞬时速度最高能达到惊人的 140 公里每小时，中距离的平均速度则不超过 100 公里每小时。实际上它们最厉害的飞行技能不是速度，而是导航。经过训练的信鸽能从 1000 公里之外的陌生地点飞回家，这些小鸟究竟是如何实现"内置 GPS"的，至今仍然是个谜。许多研究者提出过不同的理论，最流行的一个解释是鸽子头部有微小的磁性组织，能感知地球磁场；也有理论认为鸽子有特殊的"第六感"，能利用太阳的位置和体内的生物钟来计算出方向。大部分人相信，由于鸽子的视力和记忆力都很好，它们通过记住熟悉的地标来认路回家。也有科学家认为，它们靠的不是视觉，而是嗅觉——人们总觉得鸟类的鼻子不如眼睛好使，其实许多鸟类都具有不错的嗅觉，能利用气味来觅食、找对象，或者定位。对鸽子来说，真正的答案很可能是这些办法它们都用。美国鸟类学家珍妮弗·阿克曼形容鸽子"就像一位有两部手机、一台笔记本电脑的公司主管"，它会参考手上的所有信息、同时运用多种线索、构建我们人类无法想象的"内置地图"来辨识方向，这张地图很可能整合了天体位置、地磁信号、声波、气味、视觉地标等许多种坐标，而我们至今还没搞明白，它们是如何在小小的脑袋里把这么多坐标整合到一起的。

　　自带超能力的鸽子多年来一直在为人类打工，立下了数不胜数的卓越战功。早在无线电出现之前，波斯和古罗马就懂得用鸽子传递军情了。一战期间，一只勇敢的雌鸽在失去了一只脚和一只眼睛的情况下顽强地送达了关键情报，帮助部队救出了 194 名被敌人包围的士兵，因此获得了法兰西十字勋章。二战期间，英国设立了一个专门颁给动物"士兵"的军功章——迪肯勋章，迄今颁发过 71 次，其中 32 次授予了信鸽。几乎所有的获奖信鸽都凭借出色的飞行能力，穿越暴风骤雨万水千山，将关键情报及时送达，挽救了无数人的生命。其中一只名叫"大兵乔"的鸽子曾在 20

分钟之内飞行 32 公里递送紧急情报，一次就拯救了一百多人的性命。在至关重要的诺曼底登陆行动中，由于担心重要情报被敌方截获，无法使用无线电通信，大量情报都是靠信鸽传递的。2005 年有一部动画片《战鸽快飞》，讲的就是一只勇敢的鸽子在二战期间应征入伍，加入英国信鸽部队，在猛禽巡逻队的阻挠下成功递送情报的故事。不过主角瓦兰特并不是真正的信鸽，而是一只斑尾林鸽（common wood pigeon），这种鸽子并没有被人类驯化。比起训练有素的信鸽特种兵，该算是天赋异禀的编外部队了。

在和平年代，温顺可爱、懂事乖巧的鸽子仍然是人类的亲密伙伴。家鸽被认为是全世界最早被驯化的鸟，早在 1 万年前就已经陪伴在人们身边了。世界许多国家都有大量养鸽爱好者，连查尔斯·达尔文也是鸽子的粉丝，曾在自家花园里养出了许多奇形怪状的鸽子品种，借以研究遗传与基因选择的秘密。这样说起来，萌萌的小鸽子也曾为进化论出过一份力呢。

铁王座上的鸦族大佬们

《权力的游戏》剧迷一定不会对鸦族感到陌生：这部史诗级美剧中出现了两种不同的鸦科鸟类，戏份都相当重要。乌鸦（crow）代表着古老的神秘力量，是在过去与未来之间穿行的预言之翼，也是长城守夜人军团黑衣弟兄的代号。渡鸦（raven）则是学士们的忠诚信使，在七大王国往来传递着各路讯息。其实在英语中这两个词各自指代多个鸟类物种，并无严格区分，大家都是鸦科鸦属的小兄弟，跟漂亮迷人的喜鹊、红嘴蓝鹊、印支绿鹊等大明星也是一家人。

尽管没有鹊家的美貌，鸦族出道原本也不靠颜值，它们凭借鸟界数一数二的天才智商行走江湖，拥有鸟类乃至整个动物世界中都首屈一指的聪明大脑。科学家用一个名叫"脑化指数"的概念来衡量动物大脑与身体的比例关系，简称"脑商"，这个指数越高，代表动物的大脑所占的身体比例越大，也就可以粗略地认为动物越聪明。论大脑的绝对体积，鸦族小鸟显然远远不如狮虎大象，但它们的"脑商"相当不凡。家猫的脑商测定为1.0，被认为是哺乳动物中相当聪明的一种，大象的脑商在1.75—2.36之间，而普通渡鸦达到了2.49的高水平，要知道人类近亲黑猩猩的这一指数也不过是2.2—2.5。①

有许许多多例子可以证明，鸦族的大脑可不是摆设，它们的高智商甚至推翻了教科书上的人类定义——在"80后"小时候，课本上关于"人"的说法是"人类会制造和使用工具，这是我们区别于其他动物的重要特征"。前文已经提过一些颠覆了此概念的动物，当时科学家认为，尽管海獭会用石头砸贝壳、黑猩猩会用树枝钓白蚁，但归根结底，动物只能使用现成的材料，不懂得用材料制作工具。2007年，鸦属的一员——新喀鸦（New Caledonian crow）无情地打了这个定义的"脸"：研究人员在这些野生小鸟的尾巴上安了微型摄像机，发现它们懂得采摘树枝和草茎，把它们做成各种形状，有时是钩状，有时是锯齿，大小宽窄各不相同，用来获取不同的食物。2014年，一只代号"007"的天才新喀鸦完成了更复杂的任务，它需要按正确顺序完成8个步骤，运用一件工具获取另一件工具，才能最终吃到食物。尽管人类科学家百般折腾，设计出了如此"反鸦类"的麻烦事，我们的"007"仅仅用了2分30秒，就干脆利落地完成了任务。

在另一项实验中，秃鼻乌鸦（rook）将笔直的铁丝折成钩子，伸到弯曲的玻璃管中够虫子吃，这一行为完全是无师自通，在此之前，参与实验的乌鸦从来没见过铁丝这种东西。同样是秃鼻乌鸦证实了《伊索寓言》

---

① 人类的脑化指数被测定为7.4—7.8，远超排在后面的海豚和虎鲸。按这一标准，智人依然稳坐智商最高动物的宝座。

中"乌鸦喝水"的可行性：2009年的一项实验中，剑桥大学的科学家在瓶子里放上水，水面上漂着美味的小虫子，但乌鸦伸嘴是够不到的。实验证明，秃鼻乌鸦轻轻松松地使用科学家提供的石头，丢进水里吃到了虫子，还迅速领会到比起丢好几块小石头，选一两块大石头更省事儿。它们甚至还明白不同材料的特性不一致，当研究人员把水换成锯末之后，乌鸦们很快就发现丢石头是白费劲，试了几次就立刻放弃了。此外，短嘴鸦（American crow）会从栅栏上拆下小木片，做成"锥子"从缝隙里掏出蜘蛛；小嘴乌鸦（carrion crow）会拉起渔民的冰钓线，把缠在一起的渔线拉到两脚之间，偷走鱼钩上的食物；在日本仙台，乌鸦学会了拿汽车当成开坚果的钳子：它们把坚果丢在路面上，让来往的汽车压碎果壳，轻轻松松地吃到美味。这些机智的鸟儿甚至还懂得看交通灯，红灯时放下坚果，绿灯时等着车辆开过，下一个红灯再飞下去把果肉收集起来。

多年来，鸦族已经向蓝星两脚兽无数次证明了它们的智商。这些聪明的鸟儿具有独特的交流方式和社会结构，能拆穿科学家设下的各种复杂的陷阱，会通过面部特征来辨认不同的人并互相告诫哪些是"坏人"，甚至还会假装藏起食物来欺骗旁边伺机偷食的同类，而被骗的一方也不会轻易上当。在实验中，如果它们发现自己的同伴做同样的事、得到的报酬却比自己多，它们就会拒绝配合。

乌鸦的智力甚至达到了更高境界：它们会玩。要知道对大多数动物而言，玩耍是一个很奢侈的行为，它代表你完全有能力填饱肚子、活得很好、有多余的精力可以浪费在觅食和交配之外的事情上；还意味着你已经聪明到会感觉无聊，单是吃吃睡睡追妹子的世界已经无法满足你了。没人见过青蛙在荷叶上玩蹦床，也没人看到乌龟跑去跟兔子玩赛跑，但随便在YouTube上搜一搜，就可以看到各种野生乌鸦滑滑梯、荡秋千、利用各种东西来做游戏的视频。在俄罗斯，有人拍到一只乌鸦学会了"滑雪"，它踩着一个瓶盖从屋顶上滑下来，反反复复玩了好半天。这种行为毫无实际的好处，似乎只为了享受一刻充满乐趣的悠闲时光。在全球大约 1 万种鸟类之中，仅有 1% 有过玩耍的记录。

《权力的游戏》大结局中，布兰·史塔克拥有了预知未来的能力，以三眼乌鸦的身份坐上了铁王座。这其实是作者马丁老爷子玩的一个梗——在威尔士神话中，带有神族血统的英雄布兰在战争中阵亡，临死前要求部下砍下自己的头颅，带去伦敦埋葬。布兰的头颅做出了许多预言，向人们传达未来之事，最终他被葬在了伦敦塔下，至今英国仍然流传着布兰的预言：只要伦敦塔上仍有乌鸦群飞，英国就能国泰民安，永不陷落于敌人之手——"布兰"（Bran）这个名字在威尔士语中就是"乌鸦"或"渡鸦"之意。

在欧洲另一个重要的神话体系——北欧神话之中，诸神之父奥丁的身边总有两只渡鸦"福金"（Hugin，意为"思想"）和"雾尼"（Munin，意为"记忆"）。它们每天清晨飞越九重天，聆听神界和人间的一切秘密，晚上回来再一五一十地汇报给奥丁。在希腊神话里，乌鸦是太阳神阿波罗的圣鸟；许多印第安部落都认为乌鸦创造了世人，而澳大利亚土著相信是乌鸦创造了死亡；在中国古代的传说中，九只金乌是天上的九个太阳……鸦族的身影遍及全世界，在各种不同的文化里扮演着不同的角色。对这些绝顶聪明的黑鸟来说，无论是阿斯加德的黄金宫，还是维斯特洛的铁王座，或许都只是一份普普通通的工作而已。它们的世界，可能比我们的更有趣。

"嘲笑鸟"究竟是什么鸟？

说到《权力的游戏》，一定要提一下我们的培提尔·"以乱世为梯"·"敢笑杨过不痴情"·"小指头"·贝里席伯爵，作为本剧头号搅屎棍、行走七季唯恐天下不乱的重要人物，小指头的纹章选得很低调，是一只黑白二色的仿声鸟（mockingbird）。比起别人动辄龙家狼家狮子家的威武霸气，"鸟家"这种名号喊出来实属不够响亮。但身处鲜血四溅、荷尔蒙横飞的"权游世界"，这只栖于枝头冷眼观望群兽拼杀的小鸟，自有一种清醒的幽默感，非常适合小指头这样的聪明人。

《权力的游戏》中大部分纹章都画得不怎么好看，小指头这只仿声鸟倒是还挺写实。现实中的仿声鸟是一类生活在美洲的小鸣禽，看上去灰扑扑的其貌不扬，落在庭前院后恐怕都不会多看一眼。然而鸟如其名，这些小家伙的过"鸟"之处在于，它们跟小指头一样有一根巧舌，能模仿多种昆虫、蛙类和其他鸟的叫声，响亮脆快，惟妙惟肖。英语中"mocking"原有"嘲弄"与"模仿"的双重含义，因此仿声鸟的学名也叫作嘲鸫（mocking bird）。

几年前风靡北美的科幻大片《饥饿游戏》三部曲中，终章片名就叫《嘲笑鸟》（Mockingjay）。电影里的嘲笑鸟是一种杂交生物，正是嘲鸫的后代。按照剧情，政权所在地凯匹特饲养了各种转基因鸟类作为武器，来镇压各辖区的反抗力量，其中一种名叫"叽喳鸟"的转基因鸟能记住并重复人们说过的所有对话，然后返回鸟巢将情报带给凯匹特。辖区人民发现这一点之后，反而利用"叽喳鸟"向中心传递了大量假情报，这些活体窃听器因而被废弃不用，与野外的嘲鸫杂交繁殖出了嘲笑鸟，它们能模仿所有的鸟叫，也能学会人类的歌声。最终，嘲笑鸟成了女主角凯特尼斯的标志，也成了整个反抗力量对抗邪恶政府的精神图腾，寄托着自由和平等的美好梦想。

创作《冰与火之歌》的马丁老爷子和写《饥饿游戏》的苏珊·柯林斯都是美国作家，他们最可能亲眼见到的灵感来源，是生活在北美的小嘲鸫（northern mockingbird）。这是一种勇敢的小鸟，会咄咄逼人地保卫自己的巢，为此常常跟猫咪、狗儿和邮递员爆发伤害性不大、火药味十足的小小冲突，甚至敢于攻击鹰隼等猛禽。这种以小博大、以弱胜强的作风，正是顽强少女凯特尼斯的形象。有趣的是，这些暴脾气小鸟还是鸟界难得的痴情爱侣，能保持一夫一妻多年不渝。雌鸟往往会评估众多追求者谁更能打、更护巢，选择武力值高的雄鸟缔结鸳盟。倘若老公表现不够好，老婆会在繁殖季节内果断换人。想想"小指头"一辈子深爱初恋凯特琳、偏偏在决斗中打不过史塔克、痛失美人芳心，斗篷上戴的仿声鸟似乎也在诉说着失恋的悲伤……

从个小心大的小嘲鸫，到聪明机巧的仿声鸟，再到象征着反叛与自由的嘲笑鸟，这些看似不起眼的小雀鸟总是承载着多层寓意和文化内涵。资深影迷或许会发现，20 世纪 60 年代著名平权电影《杀死一只知更鸟》中，被翻译为"知更鸟"的"mockingbird"其实也是小嘲鸫。电影中说："杀死一只知更鸟是一种罪恶，因为它们除了唱歌给我们听之外，什么错事都没做。它们不破坏花园，不在玉米地里做窝，它们只是为我们唱歌，发自内心的歌。"影片中的小鸟是善良、无辜、纯真与友善的象征，可惜在根深蒂固的偏见和歧视面前，无辜者依然是牺牲品。60 年后的今天，我们的世界风云变幻，所幸人类文明在不断变得更好，小嘲鸫也还在许多人的窗外唱着它们喜欢的歌。

愤怒的小鸟：胖红和它的朋友们

"××大电影"通常被看作烂片的标志，但凡以此为卖点的影片，基本上都好不到哪里去。在众多烂片的衬托下，《愤怒的小鸟》还算得上口碑尚可，在国内外影评网站上都超过了及格线。影迷给出不错评价的很大原因可能是，对于成天"压力山大"却不敢爆发一次的社畜们来说，动不动就炸毛的主角胖红，实在太像理想中的自己。

在这两部欢乐的"鸟片儿"里，脾气火暴、一点就着的胖红撑起了大部分戏码，而现实中的胖红——北美红雀（northern cardinal）不但跟影片里的扮相几乎一模一样，暴躁程度也相差无几。这种生活在美洲的小鸟全身火红，跟动画片里的色号保持一致，配上酷炫的黑色"眼罩"加上黑色"小胡子"，完全是一张"易燃易爆，生人勿近"的不爽脸。不过这身装扮仅限成年爷们，女士和青少年就低调得多，不仅外表换成一身仿佛墨不够了似的褪色红装，眼罩和黑胡子也是聊胜于无。雄性北美红雀的领地意识极强，平时没事就在树上高唱"此路是我开，此树是我栽"，哪怕周围没啥别的鸟也要宣示主权。倘若真的有鸟跑来抢地盘，二愣歌手分分钟化身拼命三郎，扑上去就打，不分个胜负高低决不罢休。这些小暴脾气甚至会攻击自己在玻璃上的倒影，"勇猛过鸟"之余，不免也显得不太聪明。不过，正如暴躁的胖红有一颗善良的心，现实中的北美红雀也有着意外的糙汉柔情：雄鸟对雌鸟特别温柔，小两口会花很多时间对唱情歌，老公还会嘴对嘴地给老婆喂好吃的，恩爱撒糖的甜蜜场面能虐哭不少外国"单身汪"。火红耀眼的北美红雀还是美国人最喜欢的鸟类之一，它被美国50个州中的7个选作州鸟，全美再没有第二个物种有此殊荣。

电影中胖红的几个搭档，"大红"同样是一只北美红雀，"飞镖黄"是我们在《里约大冒险》里认识的美貌歌手金丝雀（canary），"炸弹黑"的身份稍微有一点不好辨认，毕竟自然界没有哪只鸟自带爆炸特效。有粉丝凭外观认出"炸弹黑"是一只普通潜鸟（common loon），即一种像大胖鸭子一样的黑色水鸟。《海底总动员2：寻找多莉》里脑子不大好使的红眼炸毛海鸟贝基就是一只普通潜鸟，不过现实中的它们很少上岸，更不会跟鸽子一样抢爆米花吃。虽然看上去憨实又蠢萌，这些胖鸟的战斗力很可能长期以来都被人低估了：2020年，有人在缅因州的湖里发现了一只潜鸟幼雏的尸体，旁边漂着一只死去的白头海雕，尸检后发现，这只猛禽的死因正是被成年潜鸟的利嘴刺穿了心脏。要知道白头海雕也算是北美的一方霸主，爪坚喙利，体格庞大，翼展超过两米，远比潜鸟个头大得多。但成年潜鸟护雏极为勇猛，常常奋不顾身地保卫自己的小鸟。根据鸟类专家还原的命案现场，这只白头海雕很可能是想对雏鸟图谋不轨，成鸟虽然成功反杀，却还是没保住小鸟的性命[①]。

在潜鸟案件中不幸丧生的白头海雕（bald eagle），在《愤怒的小鸟》影片中也扮演了重要角色，过气巨星"无敌神鹰"就是它了。白头海雕是美国的国鸟，经常被简单粗暴地翻译成"秃鹰"，其实人家根本不秃，反而有一头时下最流行的银白秀发，完全没有动画片里丑化形象的一撮呆毛。影片中无敌神鹰住的是"智慧之湖"畔的山顶豪宅，现实中的白头海雕则偏爱自己动手造树屋，它们的巢是目前已知所有在树上做巢的动物之中最大最气派的。美国佛罗里达州曾经发现过一个非常壮观的白头海雕巢，深达 4 米，宽 2.5 米，估计重达 1 吨，很可能是好几代海雕祖传的豪宅，至今仍然享有全球最大鸟窝的殊荣。

▲ 常常被翻译成"秃鹰"的白头海雕其实并不秃

顺带一提，片中"智慧之湖"是无敌神鹰的专用露天厕所，实际上这片水域很可能还是它的食品仓库。白头海雕以鱼为主食，是敏捷精准的捕鱼高手，擅长从空中快速俯冲到水面，准确地抓起水中的活鱼刺身。这些强大的空中猎手也会捕食其他鸟兽，小到兔子松鼠，大到河狸小鹿，甚至赤狐和浣熊也可能沦为"雕粮"。不过白头海雕的狩猎原则是能偷懒就偷懒，并不总是自己捕猎，大部分食物不是捡来的腐肉、别人的剩饭，就是

---

① 潜鸟的形象出现在加拿大的一加元硬币上，而白头海雕是美国的标志，因此在报道这一命案时，唯恐天下不乱的英国国家广播公司（BBC）使用的标题是"加拿大 VS 美国：潜鸟刺杀白头海雕"。

从其他捕食者那里打劫来的"霸王餐"。

《愤怒的小鸟》里的无敌神鹰是个硕大无朋的胖子，为它献声的却是一位侏儒影星——"小恶魔"彼特·丁拉基。好玩的是，现实中的白头海雕虽然人设威猛霸气，一开口却十分软萌，它们的叫声唧唧喳喳如同小鸟啁啾，倘若只闻其声，一定想不到本尊是如此威武的猛禽。由于声线实在过于跳戏，白头海雕闯荡影坛时不得不经常使用声优。许多影片里白头海雕出场时的叫声，都是专属声优红尾鵟鹰负责配音的。

《愤怒的小鸟》出镜的鸟明星还有不少：蓝宝石般闪耀的山蓝鸲，宛如翡翠碧玉的绿巨嘴鸟，可可爱爱的粉红凤头鹦鹉，橘子糖果一般的牙买加拟鹂，整天假装自己有大长腿的"佩金帕法官"乌林鸮……啥？还有人问我漏掉没写的"愤怒管理学院"校长玛蒂尔达是什么鸟？

人家就是再熟悉不过的——家鸡啊！

生活在超快世界里的高能小精灵

布拉德·皮特主演的《返老还童》中有一个小小细节：带本杰明出海的船长在酒吧里跟人吹牛，讲到了蜂鸟这种神奇的小鸟："蜂鸟绝不是一般的鸟，它的心率达到每分钟 1200 下，翅膀每秒钟扇动 80 次。"不愧是走南闯北、见多识广的船长，这两个数据都比较准确。蜂鸟（humming bird）是动物界的高速小精灵，飞行时的心率可以高达每分钟 1260 次，空中悬停时翅膀扇动的速度多达每秒 88 次，对它们来说，整个世界可能都像电影中的慢速镜头一样迟缓。

蜂鸟是全世界最小的鸟类，最小的蜂鸟全长 5 厘米，体重只有 2 克，鸟蛋仅有 0.36 克，跟一粒绿豆一样重。这些超迷你的小鸟是相当厉害的飞行高手，扑扇翅膀的频率极高，飞行时像蜜蜂一样发出嗡嗡的声音，最快速度能达到每秒 15 米，相当于自身体长的数百倍，俯冲时的速度还能更高。如果按照身体比例计算，一些蜂鸟的速度比动物界飞行冠军——游隼还要快。借助快速振翅，蜂鸟能在空中悬停，还是唯一能倒退飞行的鸟。在《返老还童》这部讲述"生命倒流"的奇幻影片之中，能倒着飞的蜂鸟跟

▲ 蜂鸟的超高速振翅能力让它们可以悬停在空中进食

倒走的钟表、反向的季风一样，寓意着主角本杰明·巴顿的逆向人生。

电影中船长虽然准确描述了蜂鸟的惊人高频生活，下半句说它们"停止扇动翅膀十秒钟就会死掉"就明显是耸人听闻了：毕竟活物都是要睡觉的，蜂鸟总不能在睡梦中还持续扑扇翅膀吧？事实上，蜂鸟睡得很沉——能直接睡到晕过去的地步。这些袖珍小鸟要实现这么快的振翅速度，能量消耗显然极大，除了每分钟 1260 次的心跳，它们飞行时每分钟呼吸次数达到 250 次，肌肉耗氧量是人类顶尖运动员的十倍。为了维持这种高速的新陈代谢，它们必须不停地吃，唯一停下不吃的时候，就是夜晚睡觉的几个小时。这段时间没有"进账"还要"支出"，为了避免浪费宝贵的能量，蜂鸟在夜间休息时，会直接进入类似昏迷的深睡状态，代谢率降到正常水平的五分之一，心跳和呼吸都急剧减慢到每分钟几十次，体温也从 40 摄氏度骤降到 18 摄氏度。即使动用了这么极端的方式来节能，睡觉这件事对蜂鸟来说仍然代价高昂：它们每晚会损失体重的 10%，第二天一醒来就得赶紧去觅食。在这些小鸟超高速运转的世界里，每次入睡都是一场冒险，一不小心睡个懒觉，就有饿死的危险。

超高的能量消耗让蜂鸟选择了鸟类中罕见的食谱：除了部分昆虫，它们几乎只以高糖高热量的花蜜为食。蜂鸟通常会评估花蜜的含糖量，专挑含糖量高的花朵，它们会在自己小小的脑中绘制一份"花蜜地图"，用超

强的空间记忆记住自己采食过的花。一旦找到合适的"鲜花餐馆",蜂鸟就会悬停在花上,用细长的、像微型泵一样的舌头,快速将花蜜泵到口中。这些"采花大盗"演化出了千姿百态的嘴型,用来探入不同的花朵,有的鸟喙短而锋利,有的特别弯曲,还有的反过来朝上弯。刀嘴蜂鸟长着10厘米的细长鸟喙,比自己的身体还要长,按照身体比例来算,这可是鸟类世界最长的嘴了。

靠着花蜜这种高能"燃油",这些微型飞行机器能够飞越沧海:许多种类的蜂鸟都会从北美向南迁徙,到中南美洲过冬。它们在长途旅行之前会拼命进食,把自己吃胖整整一倍。利用囤积的脂肪,这些不及你手指长的小鸟能不间断地飞越800公里的墨西哥湾。个头只有8厘米左右的棕煌蜂鸟每年从北美阿拉斯加飞到墨西哥,单程近6300公里,是自身体长的7847万倍,堪称动物界的超级旅行家。

百变飞羽:动画短片里的鸟世界

2017年,有一只小鸟拿了奥斯卡——皮克斯工作室的短片《鹬》捧出了一只萌死人不偿命的小鹬鸟,萌倒全球观众的同时也征服了学院评委,勇夺当年奥斯卡最佳动画短片奖。导演和团队花3年时间完成了这部6分钟的短片,技术水平自然是无可挑剔,羽毛、贝壳、沙滩、海浪的质感精美细致,小毛球鹬宝宝更是让人只有大呼可爱的份。片中的小小主角是一只三趾滨鹬(sandering),现实中的它们同样小巧玲珑,常常在海岸边迈着小碎步,寻找最爱吃的海鲜。正像短片里呈现的那样,许多贝类和小螃蟹都在滩涂上打洞而居,退潮时隐没在沙子下面,涨潮时挪到上层采食海浪带来的浮游生物,一旦潮水退去,又迅速把自己埋回沙底,表面完全看不出。因此三趾滨鹬只能随机伸嘴去叨,逮着啥就是啥。片中的成

年鹬只在退潮时觅食，是因为海水退
去后沙子相对比较容易穿透，叨着省
劲儿，如果动作快、找得准，很容易
就能逮住来不及钻回沙下的贝类。

▲ 看上去总像"嘴角带笑"的鲸头鹳

　　萌力无敌的《鹬》再次验证了
"皮克斯出品，必属精品"，事实上这
并不是皮克斯第一次靠鸟儿拿到小金
人了。早在 2002 年，《献给鸟儿们》就拿到了奥斯卡最佳短片，这部仅有
3 分钟的迷你小动画情节非常简单，一群本来自己争吵不休的小鸟，看到
来了一只长得不一样的大鸟，立刻一致对外开始嘲笑、排斥、孤立和霸凌
它。欺负人的小鸟当然是没有好下场的，被欺负的大鸟却在十几年之后成
了网红，以憨实的外表、呆萌的作风火遍全球互联网，还被做成了一大堆
表情包。这只大鸟就是鲸头鹳（shoebill），直译过来可以称为"鞋子嘴"，
这两个奇怪的名字源于它们夸张的大嘴，既像荷兰人穿的木鞋，从上方俯
视又好像一头巨鲸的轮廓。

　　粗笨的大嘴，木木的表情，加上脑袋后的一撮呆毛，让网络上的鲸头
鹳被贴上了蠢萌的标签。这种大鸟的确不以机敏迅捷著称，它们是飞得最
慢的鸟类之一，或者说，它们根本就很少飞，每次顶多飞上几十米就不想
动了。野外的鲸头鹳总是一动不动地站在浅滩上，彼此保持足够的距离，
看上去就像一群轻微社恐的鸟雕塑。实际上它们是不错的猎手，站着不动
是在守株待"鱼"，静等水中的鱼儿浮上来一口叨住，狩猎成功率相当不
低。除了鱼类，鲸头鹳还捕食蛙类、水蛇，甚至幼年小鳄鱼都会成为它
们的美餐。在它们的老家非洲，安静温和的鲸头鹳是游客最喜欢的鸟类之
一，人们经常可以走近观察它们呆萌的举止。遗憾的是，这些沉默的大鸟
跟许多其他水鸟一样备受栖息地破坏的威胁，已经被列为易危物种，数量
仅存几千只。

皮克斯还有一部我特别喜欢的短片《暴力云与送子鹳》，是 2009 年大热动画《飞屋环游记》的加映短片。传说中，所有新生的小生命都是天上的云朵制作的，由白鹳快递员负责送给地球上的无数家庭。这本来是一份美好的工作，片中的主角鹳却是个不折不扣的倒霉鬼——别的白鹳都送小猫小狗小婴儿，它却总是要负责递送凶巴巴的小鳄鱼、浑身刺的小刺猬、长尖牙的小鲨鱼……故事的结局当然还是完美的，皮克斯童话厂的脑洞，真的是又温柔又可爱。

说回故事的主角白鹳（white stork），跟动画片里的形象一样，白鹳并不是浑身雪白，它们翅膀上的飞羽是黑色的，还有鲜红的喙和一双大长腿，非常漂亮。白鹳是长途迁徙的候鸟，每年秋天离开欧洲前往非洲，在洒满阳光的大草原上度过冬天，来年春天再北归繁殖。这种美丽的大鸟在欧洲非常多见，常常会在人们的屋顶做窝，巨大的鹳鸟巢往往被看作好运的象征。在许多国家的文化中，白鹳都有着仁慈、善良、孝敬父母、关爱孩子、家庭幸福的美好寓意。在欧洲，每当孩子们问起"我是从哪儿来

▲ 就像东方故事里的"送子观音"一样，在西方传说中，孩子是白鹳送来的

的"，父母常常会告诉他们"你是鹳鸟送来的"。继《暴力云与送子鹳》之后，2016 年有一部动画长片《逗鸟外传》，同样讲了一只白鹳送子员被迫踏上快递送娃之旅的故事。

除了皮克斯之外，另一家好莱坞动画巨头梦工厂也很爱做"鸟片儿"，人人爱的萌贱企鹅四人组就来自梦工厂的招牌《马达加斯加》系列。此外他们还做出了温暖治愈的《初次飞翔》，画风诡异的《鸟的报应》，以及 2018 年萌翻全球的《兔耳袋狸》——在这部生动展示"澳洲的一切都想吃了你"的短片中，一只兔耳袋狸（greater bilby/rabbit-eared bandicoot）捡到了孤零零的小白鸟，一番上天入海千难万险，只为保护这个有着水灵灵大眼睛的无辜毛球。最终，小毛球学会了飞翔，长成了一只美丽的海鸟——兔耳袋狸捡到的是一只信天翁（albatross）雏鸟，别看影片中是个毛茸茸圆滚滚的绒球，现实中的信天翁是全球最大的飞鸟之一，其最大种类的翼展达到 3.7 米，左翅尖到右翅尖的间距超过一层楼高。它们的宝宝个头也不小，大卫·爱登堡爵士有一张与信天翁幼鸟的著名合影，巢中雏鸟几乎跟蹲着的爵爷一样高，跟小猫差不多大的兔耳袋狸怕是怎么也抱不动的。个头虽大，这些"巨婴"的童年却过得有些战战兢兢：看过 BBC 纪录片《七个世界，一个星球》的人想必对片中的信天翁育儿印象深刻，灰头信天翁父母对自家的宝宝爱护备至，遮风挡雨、喂饭理毛、不辞辛劳，然而一旦小鸟从鸟窝里掉了出去，慈爱的爸妈立刻翻脸不认崽，任凭无助的宝宝在窝边百般挣扎、饿得嘤嘤哭泣也不会出手搭救。这是因为信天翁并不会通过视觉、听觉、嗅觉来辨认自己的娃，唯一的依据就是鸟巢，只有在鸟巢里的那只才是自家的亲生崽。小鸟必须靠自己的力量爬回窝里，才能重新被父母接纳，免于冻饿而死。这听起来或许非常残酷，却符合大自然的法则：信天翁幼鸟接受双亲照顾的时间特别长，一只母鸡妈妈只会照料小鸡几个礼拜，但信天翁夫妻要哺育小鸟近半年，甚至 9 个多月，在此期间父母轮流给雏鸟喂食，直到雏鸟的体重比成鸟还要重。这对成鸟来说，显然是一笔巨大的投资，如果自己千辛万苦喂养的雏鸟仍然身体虚弱、不能活下去延续基因，那么这些辛苦都等于白费，与其继续浪费时间精力，不如放弃这一个繁殖季，下次再养育健康的宝宝。

《兔耳袋狸》中的两位主角，现实中的生存现状都不太乐观。兔耳袋狸被世界自然保护联盟列为易危物种，曾经在澳大利亚分布广泛的它们，如今分布范围已经严重缩小，其近亲小兔耳袋狸（lesser bilby）已经在大约 70 年前永远告别了这个星球。雄伟美丽的信天翁也同样面临威胁：IUCN 红色名录上的 21 种信天翁有 19 种都是濒危状态，余下两种也列为近危。海洋渔业使用的延绳钓钩可能危及信天翁的性命：它们会吞下鱼饵，被钓线钩住并溺亡。被人类带到澳洲的老鼠、猫咪和牛都可能破坏它们的鸟巢、踩碎鸟蛋或捕食雏鸟。最为悲惨的是，近几十年来急剧增加的海洋污染正在直接杀死信天翁，它们会误食海洋垃圾，还可能将塑料废物当作食物喂给雏鸟。所有我们随手丢弃的塑料垃圾，都可能危及遥远海洋上的壮美巨鸟和它们可爱的绒球宝宝。尽量减少使用一次性塑料制品、支持垃圾分类回收，就是我们为这些御风而行的天空之子所做的第一件事。

企鹅篇：
可能是出镜率最高的动物明星

　　为了写这本书，我特别努力地复习了这些年看过的一大堆电影，而后惊讶地发现有一种动物的出镜率格外高，并且不同于那些作品多、戏份少的资深龙套，这种动物只要出场就是主角，哪怕原本不是主角也要抢走主角的风头。它们就是企鹅，浑身喜剧细胞、自带戏精加成的胖子界天才演员。

　　说企鹅是"一种"动物，其实不够精确。全世界大约有 17—20 种企鹅，在影坛混得最好的无疑是帝企鹅，从纪录片大拿 BBC 到探索频道和国家地理，再到以《快乐的大脚》为代表的无数动画作品，以及各种以南极为背景的影片中都少不了这些"鸟界卓别林"晃晃悠悠的肥硕身影。2019 年，迪士尼自然（Disney Nature）拍出了一部《企鹅小萌萌》，捧红了与帝企鹅为邻的阿德利企鹅。再早些年的喜剧片《波普先生的企鹅》中，一群金图企鹅住进了喜剧天王金·凯瑞的公寓，还帮他追回了旧情未了的前妻。更早的动画片《冲浪企鹅》则是另辟蹊径，主角是一只跳岩企鹅。除了喜剧片和动画片，企鹅甚至还进军了科幻动作电影：在蒂姆·波顿版的《蝙蝠侠归来》中，反派"企鹅人"组建了一支南非企鹅大军，带着自杀式炸弹袭击哥谭市。在两脚兽统治的电影世界，这些不会飞的胖鸟或许比任何一种会飞的鸟都更成功。

企鹅都住在南极？

我们总是习惯地把"企鹅"和"南极"联系在一起，一想到企鹅的形象，就会自动脑补出冰天雪地的背景板。事实上，大部分企鹅跟我们一样嫌南极太冷，它们有的选择海岛豪宅，有的住在沙漠别墅，更有鹅中开拓者直接定居在了北半球——加拉帕戈斯企鹅栖息在隶属厄瓜多尔的加拉帕戈斯群岛，地处赤道以北，几乎已经是远离冰雪的热带鹅了。

根据常住地址和衣品外貌，全世界的企鹅组成了四大帮派：我们最熟悉的"南极帮"、萌死你不偿命的"小个子帮"、全员绑头带的"带子帮"，以及造型十分非主流的"杀马特帮"。

南极帮的带头大哥就是帝企鹅（emperor penguin），它们是体形最大的企鹅。帝企鹅父母在南极的严寒中孵蛋带娃是各大纪录片厂的必备硬货，无与伦比的繁衍史诗让帝企鹅成为鹅界头号巨星，代表作包括《快乐的大脚》《帝企鹅日记》《帝企鹅宝宝的生命轮回之旅》，还参演了《王朝》《冰冻星球》等多部BBC巨制，英国国宝级主持人大卫·爱登堡爵爷为这些迷人的胖鸟贡献了多达五次解说。相比之下，小了一号的王企鹅（king penguin）曝光率就低了不少，只能不时祭出"猕猴桃"似的幼鸟来卖萌吸眼球。南极帮的其他成员还包括石头爱好者阿德利企鹅（Adelie penguin）、短腿界运动健将金图企鹅（gentoo penguin）和戴"头盔"的帽带企鹅（chinstrap penguin），这五种企鹅都生活在南极圈，但大部分都只是南极大陆的访客，并非常住居民。只有帝企鹅敢于在南极的严冬进行繁殖大业，是"南极帮"不折不扣的扛把子。

小个子帮最大的特点就是萌，激萌，超级萌。帮主小蓝企鹅（little blue penguin）只有33厘米高，差不多就是一个保龄球瓶的高度。小个子帮的成员都生活在澳大利亚和新西兰，像小精灵一样可爱的它们是当地旅游业的金字招牌，看小企鹅回巢已经成了澳大利亚、新西兰旅游必去的打卡项目。我曾在墨尔本企鹅岛围观过小蓝企鹅"下班回家",薄暮时分,一大群"保龄球瓶"排队上岸,摇摇摆摆地走向各自的小窝,那场景真的是无比治愈,宛如卡通片变成了现实。

带子帮的身份标识是一根白色的"头带",佩戴的方式还很独特,绕过耳后"绑"到下巴,绑对了才能被四位帮众接纳为自己人。"头带"的粗细宽窄是区分帮内成员的重要标志,加拉帕戈斯企鹅(Galapagos penguin)的头带窄成一线,南非企鹅(African penguin,也叫黑脚企鹅、斑嘴环企鹅)则宽及半个脑袋。带子帮的另一个共同之处是不太能接受严酷的南极,专挑暖和些的地方呆。除了上面说到的加拉帕戈斯"热带鹅"之外,麦哲伦企鹅(Magellanic penguin)和洪堡企鹅(Humboldt penguin)住在南美的智利、秘鲁和阿根廷,南非企鹅则是鹅如其名,仅分布于南非水域。

杀马特帮同样有自己的标志:两簇醒目的金黄色眉毛,有的上翘,有的下垂,还有几位索性长在了脑袋顶,比金大侠笔下的大理黄眉僧还要夸张。"编外成员"黄眼企鹅则是将眉毛简化成了一根黄色头带横贯头顶,比正式入帮的几位低调得多。不过,本帮的未成年分子并没有这些吸睛的装饰,小企鹅要长大成鹅才能拥有炫酷的黄眉。杀马特帮的成员大多居住在澳大利亚和新西兰,也有几种栖息在南美洲靠近南极圈的岛屿。在片场出镜率最高的跳岩企鹅(rockhopper penguin)适应性也最强,从南极圈边缘到大西洋和印度洋的南部群岛,都有它们在岩壁上奋力跃动的身影。

马达加斯加有企鹅吗?

历数了这么多"鹅片儿"之中,最欢乐的当属《马达加斯加》系列番外篇《马达加斯加的企鹅》了。片中的四只企鹅虽然是配角身份,却毫不客气地抢了主角的风头，斩获全球粉丝无数，以至于梦工厂专门为它们制作了衍生剧。影片里的企鹅小分队和狮子、斑马、长颈鹿、河马、黑猩猩一起来到了马达加斯加岛，但所有这些动物都不是马岛的原住民。其他动物姑且不论，现实中的马岛倒是真的有企鹅，不过，只有一只。

1956年1月，马岛的一位居民在海滩上发现了一只迷路的企鹅，并把它送到了科学家手上。科学家惊讶地发现，这是一只南部跳岩企鹅，而且很可能是一位前无古人后无来者的鹅中冒险家。因为马岛距离最近的跳岩企鹅聚居地也有2400多公里，意味着这只"独鹅"穿越了不可思议的广阔海洋，来到了所有同类都不曾见过的未知之境。1月是跳岩企鹅的繁殖季节，企鹅太太忙着孵蛋时，企鹅先生们就会长途跋涉外出觅食。因此这只企鹅可能只是为了带一份"外卖"而不小心游了太远，当然，也可能是一只看着别人成家抱娃、自己没有对象黯然神伤、独自启程寻找诗和远方的"单身鹅"。无论怎样，直到数十年后的今天，这位勇敢的旅行者仍然是唯一一只到过马岛的企鹅。

企鹅能拍彩照吗？

江湖上流传着一份"毕生心愿就是拍一张彩色照片"动物名单，总有人想把企鹅加进来，跟大熊猫、斑马、马来貘成为难兄难弟。事实上，大部分企鹅还是能拍到彩照的。帝企鹅和王企鹅都有漂亮的金耳罩，金图企鹅抹着橙红色的鲜艳唇彩，小蓝企鹅披着蓝灰外套，"带子帮"全员脸上都有一抹骚气的粉红眼影，"杀马特帮"除了标志性的金黄眉毛，还有鲜橙色的嘴巴、一双邪魅的红眼睛和满满少女心的粉红脚蹼……真正百分百黑白配色的，只有小黑脸阿德利企鹅和锅盖头帽带企鹅。

虽然戴有各色"配饰"，大体上企鹅们还是黑白配色为主，没有其他鸟类的绚丽彩衣。这身经典熊猫色是它们在海中畅游的装备之一：从上往下看，黑色的背部与海水相近，能骗过来自上空的天敌的眼睛；从下往上看，白肚皮在水中反射光线，也能让水下的捕食者不易分辨。海洋世界的顶尖杀手虎鲸也使用了同样的配色，可见这身熊猫服确实好用。

企鹅都是笨手笨脚小短腿？

摇摇摆摆的步态是企鹅的一大萌点，短得几乎看不见的腿脚勉力支撑着肥嘟嘟的身体，让企鹅们看起来总是特别笨拙。不过，倘若你有机会在博物馆看到企鹅的骨头架子，一定会惊讶于它们的腿并不像我们以为的那么短，只是大部分都隐藏在躯干之下。虽然所有的企鹅看上去都像一个暖壶下面装了两只脚，事实上这个"暖壶"有一双在鸟类中比例相当正常的腿，有完整的股骨、胫骨、腓骨、跗骨等一大套结构，甚至还有膝盖——跟所有的鸟一样，企鹅也有膝盖。只不过鸟类的膝盖并不是那个朝后弯的部位，而是藏在更靠近躯干、更高的位置。平时看到鸟类腿部往后折的关节，其实是它们的脚踝。看上去像是直立行走的企鹅们，其实始终保持着类似我们人类半蹲的姿势。

许多企鹅的运动能力都比我们以为的要好得多，尤其是那些住在南极之外的企鹅，它们能应付海岛岩礁，也能跋涉石滩沙漠。当然，企鹅健儿们的主场还是大海。数千万年前，它们的祖先用翱翔天空的翅膀换取了遨游汪洋的鳍肢，用漫长的时间练就了一身在水中飞翔的本事。鹅中最快的金图企鹅能游出 36 公里每小时的泳速，虽然在动物界不算顶尖，但轻轻松松就可以超过人类的极限速度。鹅们的潜水技能比游泳本领更高超，大个子的帝企鹅是鹅中的深潜冠军，创下过 564 米的潜水纪录，是人类的数十倍。这些看似蠢萌的胖鸟是自然界最完美的水下机器之一，拥有能储存空气、增加浮力的特殊羽毛、强大的水下视觉、可以过滤盐分的腺体，厚厚的脂肪层如同自带游泳圈，不但漂着省力，还附带保温功能，能让企鹅们在极地的冰水之中一连游上几个小时也不怕冷。

帝企鹅：最不容易的父母

2011 年 6 月，一只年轻的帝企鹅在去往南极的旅途中不知怎么迷了路，爬上了新西兰的海滩，这里距离它的目的地足足偏了 3200 公里。这只迷糊鹅被起名为"快乐的大脚"，被发现时它有严重的中暑症状，还吃下了 3 公斤的沙子、浮木和石头，为此接受了一系列手术，耽搁了不少日子才重新启程。"快乐的大脚"一度成了网红，成千上万人在网上观看了它在新西兰的生活起居，连英国老戏骨"油炸叔"斯蒂芬·弗莱都亲自前来探访了这只既倒霉又幸运的帝企鹅。一旦人们确定它的健康状况已经可以长途旅行，"快乐的大脚"就被放回了大海。倘若一路顺利，它会在海上度过一个逛吃逛吃的快乐夏天，然后在次年平安抵达南极大陆，像动画片《快乐的大脚》一样与心上鹅生儿育女，组建美满的小家庭。

帝企鹅史诗般的繁殖历程，是动物界最动人心魄的传奇之一。虽然企鹅们大多不怕冷，但南极严酷而寒冷的冬天对它们来说仍然过于难挨。帝企鹅是唯一一种选择在南极冬天完成繁殖大业的企鹅，这意味着它们必须在零下数十度的冰天雪地之中产卵孵化、忍饥挨冻、长途跋涉，接受种种自然界最为严峻的考验。这些看上去笨拙滑稽的大鸟，算得上是这个星球上最为坚忍的生物之一。

每年三四月份，在海上漫游的帝企鹅陆续回到南极大陆，迈开腿脚一步一步地走过上百公里，来到远离大海的繁殖聚居地"集体相亲"。数以万计的帝企鹅聚集在一起唱着情歌，企鹅情侣认定彼此的歌声非常重要。

《快乐的大脚》之中所有的帝企鹅都要找到自己的"心灵之歌",就是因为在一片白茫茫的雪地里,面对长相一模一样的数万只同类,除了独有的歌声,没有别的办法能帮你认出自家人。

一旦对上了歌,帝企鹅伴侣就会结为连理,至少在这一个繁殖季,它们对彼此非常忠诚——极为严酷的环境决定了夫妻俩紧密合作才能养育一个娃,实在没有出轨的余地。所有的雄性企鹅都是鸟界难得的好老公兼好爸爸,而雄性帝企鹅算得上是其中最模范的一位。帝企鹅是唯一一种由雄性全程孵蛋的企鹅,其他的企鹅都是爸妈轮番交替孵卵,只有帝企鹅妈妈产卵后先到海上觅食,留下帝企鹅爸爸在寒风中不吃不喝地坚守两个月之久。在这难熬的两个月之中,"留守老公"们只能互相挤在一起,抵御极度的寒冷和呼啸的风雪。无论多么难受,脚面上托着的宝贝蛋是万万不能掉的。在零下三四十度的环境中,企鹅蛋只要落地一两分钟,就不再有成功孵化的希望了。

几个星期之后,可爱的灰白小毛球陆续出生,雄企鹅们也迎来了痛并快乐着的奶爸生活——小企鹅出生第一眼看到的就是爸爸,第一句喊的八成是"爸我饿了"。看着可怜兮兮的新生崽,已经好几十天没吃饭的爸爸们就算自己再饿,也要努力吐出一点东西来喂给小企鹅①。经过一轮孵蛋和带娃的辛苦,雄性帝企鹅的体重往往会减少一半之多。

幸运的是,外出"采购"的老婆们也该回来了。这段时间,雌性帝企鹅过得同样不轻松。帝企鹅在陆上的步行速度顶多只有三四公里每小时,女士们在大海与自家之间往返一次,往往要走一两百公里的路。好不容易寻回大本营的她们还要面临一重挑战:成千上万只黑白胖鸟挤在一起聒噪不停,要找到自己的老公,简直比春运期间在火车站找人还要难。企鹅太

---

① 鹅爸吐给宝宝吃的流体物质近似于"奶",是体内特殊腺体分泌的,蛋白质含量极高。在整个鸟类世界,只有鸽子、火烈鸟和雄性帝企鹅有这个"产奶"的本事。

太既没有手机微信也没有广播大喇叭，唯一的办法就是扯开嗓子互相喊。这时候"心灵之歌"就派上了用场，凭借着独特的叫声，帝企鹅夫妇总能在茫茫鹅海里找到对方。

一家三口团聚的时间并不多，接下来轮到饿坏了的鹅爸们去吃饭了，刚带了"外卖"回来的帝企鹅妈妈们则留在家里，将胃里半消化的海鲜大餐吐出来喂娃。帝企鹅宝宝称得上是动物界最可爱的崽之一，鹅宝的长相也是区分帝企鹅和王企鹅最简单的方法：王企鹅身边的崽是棕褐色的大号"猕猴桃"，而帝企鹅带的宝宝是黑白灰三色的超萌小绒球。《快乐的大脚》主角波波是个长不大的少年，自己都当爹了还穿着雏鸟的外套。实际上小企鹅必须脱掉绒毛、换上成鸟的羽毛才能下水游泳。

▲ 每一只帝企鹅宝宝，可能都有着这个星球上最艰难、但也最温暖的童年

随着企鹅宝宝一天天长大，帝企鹅爸妈可以双双外出觅食，把小企鹅们留在规模庞大的"企鹅幼儿园"里。到了 11 月初，小企鹅满三四个月，开始换羽，就是告别的时刻了。现实中的帝企鹅并不像《快乐的大脚》那样总是与家庭成员守在一起，它们的家庭生活只持续大半年的时间。终会有一天，企鹅宝宝发现曾经慈爱温柔的爸爸妈妈一去不返，再也不回来给自己喂食。最终，小企鹅们循着父母走过的路走向海洋，鹅生第一次跃入水中。从此天涯陌路，茫茫大海，都要靠自己去闯了。

在这个星球上，帝企鹅或许是为了繁衍后代付出代价最大的物种，帝企鹅爸妈堪称动物界最辛苦、最不容易的父母，但它们与孩子共度的时光其实非常短暂。成年帝企鹅不会守护小企鹅初次下水，不会传授游泳和捕猎的技巧，也不会见证孩子长大成家。一旦分别，当年的夫妻、孩子很可能终生不会再见，见面也不会相识了。在环境严酷、天敌环伺的南极冰原，单是保证自己活下去已经不易，硬要谈"爱"有些过于奢侈。事实上，如果遇到风暴雪灾、食物短缺、伴侣迟迟不归等情况，成年帝企鹅也会抛弃自己的雏鸟。但每一只顺利长大的小企鹅，或许都记得自己艰难的童年，记得爸爸妈妈是如何扛过了严寒和饥饿把自己养大的。等到新一轮繁殖季，它们也会在这些记忆的指引下，尽最大努力去养育自己的后代。

阿德利企鹅：疯狂的石头

《快乐的大脚》除了主角帝企鹅一家，最抢镜的配角就是几只不着调的阿德利企鹅了。现实中这两种企鹅的确是邻居，但与动画片里其乐融融的场景不同，它们在陆地上比邻而居的时间相当有限。

平时我们总觉得帝企鹅是南极的标志，其实小黑脸阿德利企鹅跟帝企鹅住的一样南，整个南极大陆的海岸都是它们的根据地。只不过，阿德利企鹅不打算像邻居帝企鹅那样，正面硬刚南极的严冬。在漫长黑暗的南半球冬天，它们都在海上漫游，然后选择相对温和的南极春天，也就是每年十月到二月回到繁殖地"相亲"。阿德利企鹅的爱情跟我们人类颇有相似之处：小伙要想向姑娘求婚，都要献上珍贵的石头表明心迹。

当然，企鹅们不需要用钻石珠宝来赢得姑娘的芳心，在企鹅繁殖期的南极冰原上，普通石头的贵重程度就堪比钻石。雄性阿德利企鹅得先有房才能成家，它们要用石头堆出一个看似简陋、其实讲究的圆圈状小窝，造好婚房才能吸引到雌企鹅前来谈婚论嫁。当你周围数以万计的邻居都在跟你争夺石头的时候，随处可见的石头也顿时变成了身价百倍的抢手货，一块大小合适、形状得宜的石头，完全值得企鹅们彼此大打出手，甚至动用更不体面的手段。雄性阿德利企鹅为了石头可是偷抢拐骗无所不用，不少企鹅专门觊觎别人家的优质建材，邻居稍一转身，就从邻家窝上直接偷走最好的那块石头。倘若下手慢了一步、不幸被邻居逮个正着，双方免不了一顿口角，甚至升级成莱鹅互啄、翅膀互扇也是家常便饭。曾有科学家在繁殖季开头，将阿德利企鹅们造好的石头鸟窝分别染上了不同的颜色，没过几个星期，满地鸟窝都从整整齐齐的单色变成了五彩缤纷的混搭，每只鹅的窝里都放满了从别人那偷来的石头。

等到石头混战告一段落，诚心求佳偶的企鹅先生和有意配良人的企鹅小姐也双双看对了眼，准备好生蛋造小鹅了。十二月是南极最温暖的季节，条件远不像冬天那么艰苦，因此阿德利企鹅夫妇有能力养育两只小企鹅。夫妻俩会轮流当班，一只在家孵蛋，另一只出海觅食，通常一两个星期换一班，谁也不用饿太久。小企鹅出生之后，爸爸妈妈就会吐出半消化的食物来喂宝宝。

挑选暖和的夏季生娃虽然少受了不少罪，却也有代价——由于冬天迫近、漫长的极夜紧逼而来，阿德利企鹅的童年相当短暂，出生不到两个月就得告别温馨的陆上小窝，跟着爸妈下海闯荡。相比之下，帝企鹅宝宝能在陆地上度过三四个月干爽舒服的好日子。每年阿德利企鹅上岸准备建婚房时，常常还能见到在岸上赖着不走的帝企鹅雏鸟，为了独占繁殖地，成年阿德利企鹅不得不出手把这些年纪虽小、体格硕大的巨婴赶下海去。

早熟的阿德利们所面临的是危机重重的艰难鹅生。论体形不及帝、王二位大佬，论速度不及运动健将金图，阿德利企鹅在众多天敌面前，自保的手段相当有限，只能甘当"海上豹粮"——凶猛剽悍的豹形海豹最爱吃的就是阿德利企鹅。出没于南极海域的虎鲸和巨鱵也都会拿阿德利企鹅来打牙祭，以贼鸥为首的一票空中飞贼则会偷走它们的雏鸟和鸟蛋。如今，它们还要对付人类带来的麻烦：气候变化导致南极海冰减少，已经成为阿德利企鹅的首要生存危机；海洋渔业大规模捕捞磷虾，从阿德利企鹅嘴里夺走了大量口粮。在《快乐的大脚2》里出镜的磷虾个头虽小，却是整个南极食物链的基石。数以亿计的南极磷虾养育了巨鲸、大鱼和无数海鸟，也是阿德利企鹅的主食。近十年来，随着磷虾捕捞量剧增，阿德利企鹅和帽带企鹅数量锐减，大量雏鸟都因为食物短缺而活不过生命的第一年。这些看上去滑稽蠢萌、人见人爱的胖鸟其实现状堪忧，未来仍是未知数。

金图企鹅：别把我放进大冰箱！

喜剧片《波普先生的企鹅》片尾字幕中写道：本片拍摄过程中没有企鹅受到伤害，但主演金·凯瑞被咬得很惨——不过，这是他自找的。

喜剧天王金·凯瑞自己说，之所以接下这部电影，最主要的原因就是可以跟企鹅一起跳尬舞。剧中金·凯瑞饰演的波普先生莫名其妙地收到了六只活的金图企鹅，原本春风得意的小日子当场被搅得一团糟，却也因此重新找回了亲情和爱情，感悟了人生的真谛——这显然是一个相当常规的好莱坞套路，影片本身只能算是一部平庸之作，好在几只戏精企鹅贡献了各种笑点，为影片增色不少。许多影迷都是从这部电影认识了聒噪又可爱的金图企鹅，不过，无论企鹅有多萌、金·凯瑞对自家鹅宝有多好，把它们养在公寓里都不是个好主意。

金图企鹅的学名叫作巴布亚企鹅，但为它命名的博物学家搞错了它的住址——巴布亚新几内亚并没有企鹅，金图企鹅实际上分布在亚南极地带的多个岛屿上，离南极大陆尚有一点距离，气候也没有那么严酷。影片中金·凯瑞为了六只企鹅住得舒服，不惜把整个公寓都铺满了人造冰雪，连孵蛋育雏的"月子鹅"也都住在冰天雪地之中。然而金图企鹅真正的家可不是这样的，每到繁殖季，它们会选择没有冰雪的区域，在岛屿岸边的灌木草丛里筑巢安家，金·凯瑞亲手打造的大冰柜反而会把宝宝冻坏。跟酷爱收集石头的阿德利一样，金图企鹅也用石头做窝，雄企鹅会挑选最好的石头当作"定情信物"，换取企鹅姑娘的芳心。一旦认定彼此，企鹅情侣就会对彼此非常忠诚，倘若一方三心二意、用情不专，甚至可能遭到整群金图企鹅的鄙视和驱逐。

金图企鹅是鹅界头号运动健将，是所有企鹅中最出色的跑步选手兼游泳选手，陆地赛跑能轻松超过其他小短腿，水下速度更是出类拔萃，"澳洲飞鱼"菲尔普斯以最快速度游一圈的工夫，金图企鹅能游上6圈。拥有顶级速度的它们在水下灵活矫健，姿势优雅，宛如飞翔的海洋精灵。影片结尾，企鹅奶爸也最终明白，这些美丽的动物天生属于无垠的大海，不该以爱的名义为它们打造幸福的囚笼。

跳岩企鹅：非主流造型小镇运动家

不同寻常的火红双眼，胡萝卜色的鲜亮鸟喙，两撇飞扬跋扈、狂拽酷炫的黄眉毛，跳岩企鹅长着一副让人一见难忘又自带喜感的尊容，堪称鸟界最具辨识度的"明星脸"之一，在《快乐的大脚》中两度出镜的神棍大叔"Lovelace"就是它了。不过现实中跳岩企鹅并不住在南极大陆，跟南极领主帝企鹅、阿德利企鹅几乎碰不着面。它们在大西洋、印度洋南部的几个岛屿上繁殖，阿根廷、智利等南美国家都能找到它们的身影，还有一部分远赴新西兰定居。这些居住地的环境并非冰雪皑皑，而是怪石嶙峋，地形崎岖。跳岩企鹅也因此练出了一身扎实的腿脚功夫，每当南极的几种企鹅祭出标志性动作——肚子滑雪，跳岩企鹅可以站着前进，姿态体面得多。

BBC"间谍式纪录片"《企鹅群里有特务》里最让人印象深刻的镜头之一，就是一群住在福克兰群岛的跳岩企鹅，像一窝欢快的大兔子一样，连蹦带跳地跑过起伏的草坡。别看身矮腿短，这些"鹅中之兔"的弹跳力相当不凡，能跃上三倍于自己身高的惊人高度。它们名字中的"跳岩"二字得来不虚，凭借着有力的双腿，这些功夫高强的"黄眉僧"们不但能蹦跶过平地缓坡，也能跃上崎岖的崖壁，必要时还会用嘴巴当作登山杖来帮忙，堪称鹅界头号攀岩高手。

2007年老动画《冲浪企鹅》的主角科迪就是一只跳岩企鹅，这位来自小镇的运动员怀揣着世界冠军的梦想，心心念念的就是要征服最大最猛的海浪。笨笨的企鹅立志要当顶尖运动选手，看起来是剧组玩的反差萌，放到跳岩企鹅身上却还真有现实基础：对住在海

▲ 相貌格外非主流的跳岩企鹅

岸边的跳岩企鹅来说，"冲浪"就是它们的日常。海水撞击岸边的陡峭岩壁，掀起滔天巨浪，声势格外吓人。而跳岩企鹅们要想下海觅食，就必须勇敢地从岸上跃入浪里。这可绝对是一个既考验勇气、也需要技巧的任务，不少年轻企鹅好不容易壮起胆子跳下了海，反倒被一个大浪直接拍了回来。

另外，顶着一副色彩斑斓小丑脸、长得有点不靠谱的跳岩企鹅，其实是鹅界优质伴侣。跳岩企鹅跟其他企鹅一样，平时在海上各自漂泊，繁殖季回到固定的繁殖地点成家繁衍；不同的是，绝大部分跳岩企鹅都会等待自己去年牵手的那一位伴侣，即使双方已经大半年没有见过面了，仍然此情不渝，情比金坚。相比之下，一起用生命养娃的帝企鹅夫妻往往是"年抛式婚姻"，当年携手生儿育女的夫妇俩，次年有85%的概率另换新鹅。这倒也不能责怪帝企鹅不够长情，实在是生存环境过于艰险，每只鹅都无法保证自己下一年还能平安归来与爱侣相会，传递基因毕竟比为爱守节更要紧。

企鹅的邻居们

　　全世界的大部分企鹅都生活在南极圈周围，这里常常被认为是寒冷荒芜的不毛之地，难得见到其他鸟兽的踪影。其实企鹅们并没有我们以为的那般寂寞，只不过，大部分邻居都不那么温柔，手无寸铁的企鹅们恐怕宁可自己住得孤独一点，少几个泼皮恶邻才好。

　　南极地区已被记录的鸟类已经超过 60 种，其中绝大部分都是海鸟。在海上讨生活的大多不是良善之辈，以贼鸥为首的一大批海盗鸟成天对好欺负的企鹅们虎视眈眈。倘若企鹅社区有公安局，肯定会把南极贼鸥（south polar skua）的画像挂在大厅正门口，警告所有居民小心提防。南极贼鸥是当地一霸，整天在企鹅繁殖地周围游荡，寻找岸上的动物尸体，鹅蛋和小鹅更是它们时刻惦记着的美味大餐。贼鸥这个名字源于这些大鸟的流氓习性：它们经常不自己捕食，而是对海鸥、燕鸥等弱小鸟类穷追不舍，仗着高超的飞行本领，在空中上演一场拦路打劫的戏码，直到受害者筋疲力尽、不堪其扰、把自己嘴里的鱼拱手让给贼鸥为止。有时被打劫的海鸟并不是叼着刚捕的鱼，而是在一番上下翻飞的追逐之后，当场把胃里已经半消化的鱼吐了出来，贼鸥一样照单全收，照吃不误。不过恶人自有恶人磨，当惯路霸的贼鸥经常会遇到体型更大、更不讲理的巨鹱，被迫让出自己的战利品。就算老实头企鹅也并非总是任人鱼肉，暴脾气的阿德利企鹅会与来犯的贼鸥正面硬刚，跳岩企鹅则会集群作战、保护雏鸟。喜欢住地洞的洪堡企鹅更是练出了一手绝活：如果哪只贼鸥在洞口探头探脑、打算偷袭，就会看到洞中的洪堡企鹅屁股朝后瞄准敌人，喷出一股新鲜热乎的屎流。面对这种毫无底线的防御手段，再流氓的贼鸥也会选择走为上计。

　　《快乐的大脚 2》里有一只"会飞的企鹅"，一度被企鹅群视为偶像，直到影片最后才揭晓，这只长着彩色大嘴的飞鸟并不是企鹅。这个包袱实在抖得有点太晚，熟悉动物的影迷从看见它的第一眼就会认出，"飞鹅"斯文是一只北极海鹦（Atlantic puffin），它们不但不是企鹅，而且也不住在南极。大西洋海鹦的老家远在地球另一极，主要生活在北欧，一辈子也见不着一只企鹅。不过剧组对斯文外形的描绘还是很准确的，北极海鹦长着一张看上去丧萌丧萌、格外喜感的小丑

▲ 长相格外独特、充满丧萌气质的北极海鹦，色彩鲜明的大嘴在繁殖期会变得更为艳丽

脸，五颜六色的大嘴是它们最明显的标志，尺寸直逼巨嘴鸟、犀鸟这些鸟中头号大嘴。《狮子王》里丁满第一次见到犀鸟沙祖，就叫了它一声"海鹦"，可见两者至少从嘴上看还是挺相似的。这张大嘴不仅抢眼，还很实用，片中斯文为困在冰川之间的企鹅群"送外卖"，一口叼了一大串小鱼，这确实是海鹦的独门绝技：它们的喙自带铰链状的特殊结构，边缘还有锯齿防滑，可以同时叼住好几条鱼也不会滑脱。

在南极大陆和南极圈内的岛屿，并没有本地原生的陆生哺乳动物居住，环抱陆地的南冰洋却是许多海中巨兽的家园。在这片冰冷的海洋之中，游弋着大约 10 种鲸豚和 6 种海豹。对企鹅来说，最可怕的邻居莫过于虎鲸（orca）和豹形海豹（leopard seal）。前者号称"海中之狼"，擅长集群捕猎，虎鲸群体能猎杀抹香鲸和蓝鲸的幼仔，是南极乃至全球海域的顶级捕食者，也是这个星球上最聪明的动物之一。每当一只"狙击手"虎鲸发现浮冰上的企鹅，整群虎鲸就会在冰下掀起浪头，齐心协力把冰上的倒霉鬼冲下来。而豹形海豹虽然没有这般强悍体魄和聪明大脑，却也身怀利器：强壮有力的下颚和锋锐如刀的门牙，吃起企鹅来一口一个，是令整个"南极帮"闻风丧胆的超级猎手。

曾在《快乐的大脚 2》里客串的南象海豹（southern elephant seal）虽然不吃企鹅，也算不上什么模范友邻。这些巨兽在陆地上宛如一座肉山，

雄性体重可达4吨，足足抵得上一百只帝企鹅。要命的是这些大块头还很爱打架，每年春天，雄性象海豹上岸准备开打，争夺最有利的地盘迎娶妻妾。这是真正的"肉搏"——巨兽们抬起身体用胸部和牙齿撞向对方，两座肉山轰然相撞，气势惊人。一场战斗结束时，往往双方身上都挂了彩。等到雌性象海豹姗姗来迟，最勇猛的雄性已经划好了领地，准备建立"后宫"。最为强壮的雄性经常能坐拥数十房妻妾，但也需要时刻提防逡巡在侧的"隔壁老王"。整个繁殖季，海滩上都挤满了脾气暴躁、一点就着的庞然大物，这对企鹅来说可不是多么愉快的事情。纪录片里经常能看到企鹅与象海豹同框出镜，企鹅不得不从象海豹的缝隙之中小心翼翼地穿过去，倘若身边的巨兽突然爆发"泰坦之战"，那可就殃及池鱼、分分钟有被碾成鹅饼的危险。

逝去的"北极企鹅"

现在我们知道，不是所有的企鹅都住在南极，但没有哪一种企鹅住在北极。为什么北极没有企鹅呢？

事实上，北极曾经有企鹅，而且论起渊源，"北极企鹅"才是正牌企鹅。

早在16世纪，水手们就在大西洋北部发现了一种奇特的大鸟，它们背面黑、腹面白、个头约有半人高，翅膀却极为短小，不能飞行。人们给这种大鸟取名叫企鹅（penguin），一个多世纪之后，人们又在南半球发现了一批与它们极为相似、黑白配色、不会飞翔的胖鸟，顺理成章地也管这些胖鸟叫"企鹅"。给动物起名这件事，有时候不怎么讲究先来后到。后来者居上的南半球企鹅占据了"企鹅"的招牌，生活在北美和北欧的"北方企鹅"有了另一个名字：大海雀（great auk）。这个名字可能有些陌生，如今也没有人见过它们的样子，因为大海雀已经从这个星球上消失100多年了。

历史上，北方海岸一度居住过数以百万计的大海雀。它们曾经与人类比邻而居，10多万年前的尼安德特人就曾以大海雀为食，欧洲一些可追溯到数万年前的洞穴壁画上也绘有它们的身影。北美发现过一处约2000年前的墓葬，遗体身边有200多个大海雀的喙，推测这位逝者很可能是穿着大海雀皮制成的披风下葬的。原住民对大海雀的捕杀数量有限，并没有危及这个物种的生存。直到欧洲探险家前往美洲，才给它们带来了灭顶之灾。海员们发现这些既不会飞、又不怕人的笨鸟特别容易捕捉、而且肉质鲜美，过往船队都会猎取大海雀作为航程中难得的鲜肉补给，一条过路商船就可能带走数百只大海雀的尸体，除了直接食用，也会用来制作钓饵，或是取脂炼油。它们身上厚密的绒羽在欧洲也能卖出好价钱，大海雀羽绒做成的枕头一度备受追捧。许多商船特意前往它们的栖息地，大量捕捉大海雀收集羽毛。曾有水手描述说，当时人们甚至不会费心杀死这些鸟，只消抓到一只，活拔羽毛，然后用大海雀自己充满油脂的身体点起火来烤熟鸟肉。

在无节制的猎杀之下，大海雀开始变得日益稀少，而逐渐成为珍禽的它们又成了博物馆和收藏家的心头好，许多人愿意出高价购买大海雀标本和鸟蛋作为私人收藏。彼时一些国家已经出台法律禁止捕杀大海雀贩卖羽绒，刚刚脱离羽毛商人之手的它们，转眼又成了标本收集者和鸟蛋猎人的目标，因为日益珍稀而加速走向灭绝。

1844年7月3日，三名猎人登上了大海雀最后的栖息地——一处三面悬崖、很难攀登的小岛。他们手握一位商人的订单，这位贵客想要一对大海雀的标本。其中一名猎人后来描述说，当天他追捕的大海雀"退到了悬崖边，它走起路来就像一个人……我抓住了它的脖子，它拍打着翅膀，却没有发出任何叫声。我勒死了它"。

这是全世界最后一对大海雀中的一只。另一名猎人勒死了它的伴侣，第三名猎人用沉重的靴子踩碎了它们巢中正在孵育的珍贵鸟蛋。一个多世纪以来，它们的遗体始终下落不明。

其实大海雀与企鹅并无密切的亲缘关系，但这些"北方企鹅"与南极企鹅惊人相似，同样摇摇摆摆地走路，同样擅长游泳和潜水，同样爱吃鱼、喜欢群居、成群结队地住在海边的石崖上，同样与一位伴侣相守终生、轮流孵蛋、一起抚育雏鸟。如今，南极还生活着大约60万只帝企鹅，70多万只金图企鹅，400多万只王企鹅，750万只阿德利企鹅，800万只帽带企鹅。而苍茫的北方海岸，再也找不到一只大海雀了。

纪录片里经常拍到数以万计的壮观企鹅群，密密麻麻一眼望不到边。地球上还有很多企鹅，不是吗？

是的，我们还拥有很多企鹅。

但是，大海雀、旅鸽、渡渡鸟的数量，也曾经很多。

海洋动物篇：
熟悉又陌生的水世界居民

　　尽管人们已经在海上航行了好几个世纪，迄今为止，我们仅仅探索了地球海洋的 5%。目前已经记录到的海洋生物超过 20 万，而尚不曾为我们所知的物种数目可能十倍于此。这些奇特而迷人的海洋生物是无数科幻片的灵感源泉，为大银幕创造了无限瑰丽的想象空间。而我们这些陆生两脚兽却极少走进它们真正的世界。现实中的它们有时比我们脑补出来的更加奇葩另类没底线，有时却又背负了太多的误解、歪曲与想当然。

污名化、背黑锅、演烂片：鲨鱼的好莱坞辛酸史

　　1975 年，好莱坞名导斯皮尔伯格用一条动不动就出故障的道具鲨鱼，给全球影迷带来了经久不息的战栗和尖叫。《大白鲨》中那条身形庞大、神出鬼没的杀人狂魔实在太可怕，以至于现实中的大白鲨也成了恐怖的化身。电影上映 40 多年来，鲨鱼成了好莱坞恐怖片最爱的主角之一。在互联网电影资料库 IMDb 上搜索"鲨鱼"，能匹配到一千多个结果，只可惜绝大部分都是口碑票房双扑街，连带着一代惊悚巨星鲨鱼也坏了名头。

　　大概没有哪位动物明星像鲨鱼这样，闯荡影坛数十年，始终在层出

不穷的烂片里花样翻新地吓唬人，比《怪兽电力公司》里专职吓人的社畜还敬业。大部分鲨鱼恐怖片都偏爱"美女与野兽"经典模式，《鲨滩》《鲨海》《鲨海逃生》里的鲨鱼专门负责尖叫输出，全程对女主角紧追不放；《鲨鱼惊魂夜》则嫌大白鲨一个演员不够惊悚，祭出了公牛鲨、沙虎鲨、双髻鲨、达摩鲨等一整套华丽阵容，无论这些鲨鱼在真实世界里以何为生，到了片场统统都要变身杀人机器；到后来现实中的鲨鱼都不够用了，《巨齿鲨》索性将数百万年前灭绝的远古巨鲨从化石中拖了出来，穿越到2018年的太平洋里追杀大美人李冰冰，免不了最后又灭绝一次。

好莱坞折腾起鲨鱼戏来，实在让人无法不佩服各路编剧狂野的想象力。海中遇险看多了难免单调，《大海啸之鲨口逃生》就借着一场海啸让鲨鱼上了岸，在超市停车场里兴风作浪；连拍6部的知名烂片《鲨卷风》直接让鲨鱼上了天，成百上千条鲨鱼在龙卷风里满天飞，无暇自救反而忙着吃人，用生命诠释了一群吃货的自我修养；"夺命X头鲨"系列干脆让鲨鱼长出了若干个脑袋，每出一部新作就多长一个，头部挤不下就长在尾巴上，至于变异鲨鱼吃完之后怎么拉的问题，显然不在导演和编剧的考虑范围之内。幸好大海里没有电影院，否则鲨鱼们看了闹不好要气到爆炸：你们人类成天变着花样地黑我们，还有完没完了？

频频登上大银幕，却又总是以离谱的形象示人，鲨鱼绝对堪称整个动物界最倒霉的影星。每一部劣质恐怖片的走红，都在鲨鱼"冷血杀手"的刻板印象上又多盖了一个戳，这可真是太不公平了。从统计数字来看，鲨鱼根本就挤不进"全世界最致命动物排行榜"。每年因蚊虫叮咬传播疾病致死的人数高达70多万，使得小小的蚊子高居这一死亡名单的榜首；每年约有5万人死于毒蛇之口，2.5万人因狂犬病丧命，遭遇鳄鱼和河马袭击的死亡人数则分别是1000人和500人。而数十年来全世界遭鲨鱼袭击致死的人数加在一起，还不及河马一年杀的人多。2019年全球范围内仅仅发生了64起鲨鱼袭击人类事件，其中只有5例导致受害者死亡。佛罗里达自然史博物馆的研究数据显示，在美国，倘若你前往海滩游玩，遇到鲨鱼袭击的几率将是 1150 万分之一，不幸死于鲨口的几率则是 2.641 亿分之一，比遭闪电劈中的概率还低 400 多倍。

现实中的小概率事件在电影中显然被成倍夸大了，《大白鲨》中的疯狂食人鲨在一部电影中就咬死了 5 个人，其他影片动辄让鲨鱼顷刻间夺走数条性命，实在是严重夸张了这些大鱼的胃口和战斗力。事实上，绝大部分鲨鱼物种毕生都不曾沾过人类的鲜血。全球数百种鲨鱼之中，目前仅有 4 种有杀人记录，除了大白鲨之外，还包括在电影里给大白鲨当过一次替罪羊的虎鲨，以及公牛鲨和远洋白鳍鲨。这几种鲨鱼体格庞大，性情凶猛，经常捕猎海洋哺乳动物。它们会主动攻击人类，很可能是因为人类在水中的动作在它们看来相当笨拙而不协调，酷似受伤的海豹，似乎是一顿不费吹灰之力的美餐。一些攻击行为也可能仅仅出于好奇心，对没有手指胳膊的鱼类而言，"咬一口"就像我们的"戳一下"，只是为了弄清"面前这东西到底是什么"。

即便是这 4 种鲨鱼，袭击人类也仅仅是在极少数情况下发生的偶然事件，而且它们也不会像电影里那样，对受害者穷追不舍、死磕到底。绝大多数鲨鱼都是谨慎的捕食者，倘若猎物拼死抵抗，与其冒着自己受伤的风险、浪费大量宝贵的能量来换这一口吃的，不如直接放弃，另寻容易到口的美食。更何况比起肥美多脂的海豹、金枪鱼，人类的脂肪含量太低，并不是鲨鱼偏爱的猎物。此外，鲨鱼的消化速度相当缓慢，进食一次往往需要相当长的时间才能完成消化。对吃一顿管饱好几天的鲨鱼来说，实在没有动机一而再，再而三地追着人咬。

人类总是谈鲨色变，其实鲨鱼更有理由害怕人类。每年遭鲨鱼杀害的人数一只手就数得过来，而每年被人类捕杀的鲨鱼却超过一亿，其中绝大多数都是鱼翅贸易的牺牲品。许多地方的渔民仍然保留着活鱼取翅的做法，将捕捞上来的鲨鱼割下鱼鳍后扔回海里等死，鱼翅干制后在黑市上高价出售。由于大多数鲨鱼生长缓慢、繁殖周期长，这种竭泽而渔的做法严重影响了种群数量，部分物种在半个世纪之内减少了 80% 之多。而作为顶级捕食者的鲨鱼数量锐减，会进一步导致食物链自上而下崩塌，海洋生态系统出现紊乱。

消费鱼翅不仅威胁全球鲨鱼种群，也危及人类自己的健康。没有科学证据表明鱼翅含有任何特殊营养成分，或对任何疾病显示出疗效。相反，鱼翅中含有高浓度的神经毒素 BMAA，食用鱼翅极可能导致阿兹海默症、帕金森症等疾病的患病风险增加。另外，鲨鱼肉的汞含量也高于其他鱼类，食用可能引起重金属中毒。2006 年，篮球巨星姚明带头倡议公众不吃鱼翅，在小巨人的号召之下，中国的鱼翅消费量已经出现了大幅下降，不少其他国家也相继出台了法律措施，禁止活体割鳍和鱼翅销售。

近年来，越来越多的生物学家、动物保护者为鲨鱼正名，许多人指责媒体过分耸人听闻，在报道鲨鱼袭击事件时有所歪曲，而好莱坞也难辞其咎，过度渲染恐怖气氛的影片导致了人们对鲨鱼的无端仇恨和大规模捕杀。电影《大白鲨》上映之初一度引起了民众恐慌，多地发生"假警报"，佛罗里达州甚至有一头搁浅的幼年侏抹香鲸被人们当成鲨鱼活活打死。导演斯皮尔伯格本人多次发声，强调电影只是虚构，并未准确描述真实世界的鲨鱼。《大白鲨》原著作者则在了解了鲨鱼的习性后坦承，倘若自己早就知道这一切，当初根本就不会写那本小说。鲨鱼不是残忍嗜血的杀人狂魔，也不是价格高昂的鱼翅靓汤，它们跟所有其他动物一样，是与我们共享这个星球的邻居。最古老的鲨鱼早在 4.2 亿年前就已经出现在地球上了，它们曾经与鱼龙、蛇颈龙一同游过亘古波涛，也曾目睹年轻的人类文明扬帆驶向茫茫大海。面对这个古老而坚韧的种族，我们无需过分恐惧，只需多一分了解与尊重。

清洁鱼：兢兢业业，偶尔鸡贼

大白鲨的形象在各路惊悚片里极尽恐怖，到了动画世界却摇身一变，尽显反差萌。《海底总动员》里有一条立志不吃鱼的大白鲨，比《海底总动员》早一年的《鲨鱼黑帮》则带来了一整个大白鲨家族，小儿子坚持素食主义，为此放弃继承家业也在所不惜；老戏骨罗伯特·德尼罗亲自献声的鲨鱼老爸是范儿十足的黑帮老大，最终却为了儿子跟区区一条小鱼握手言和。这条小鱼就是威尔·史密斯配音的清洁鱼奥斯卡，《鲨鱼黑帮》真正的主角。

影片中的奥斯卡是个在鲸鱼清洗店打工的底层草根，每天刷着鲸鱼舌头梦想一夜暴富，再也不用被鲸鱼吐一身。看看奥斯卡墨镜、棒球帽、大金链子的打扮，加上史皇本色出演、特色鲜明的黑人口音，就能猜到这个角色显然指向典型的美国非裔社区，代表着无数想过好日子、成为"人上人"的黑皮肤年轻人。真实海洋世界中的奥斯卡们有着完全不同的社会地位，它们是不可或缺的"鱼医生"，备受珊瑚礁居民看重。

通常说的清洁鱼包括好几种，影片中的奥斯卡是一条蓝带裂唇鱼（bluestreak cleaner wrasse），看似浮夸的蓝黄配色正是它们挂出的诊所招牌，告诉别人这里提供优质的全身清洗服务。现实中的清洁鱼并不会游到鲸鱼嘴里清洗舌苔，它们的"客户"主要是各种珊瑚礁鱼类。这些鱼会定期造访珊瑚礁上的清洁站，跟清洁鱼互相打个招呼，然后摆出特定的姿势躺平待洗，清洁鱼就会仔细清除鱼皮肤和鳃盖内的死皮、寄生虫和受感染的组织。这一工作对客户鱼的健康大有好处，而清洁鱼也借此得到了食物，互惠互利、合作双赢。因此无论多大多凶的鱼，一旦来到清洁站，就会与清洁鱼和平共处，乖乖配合，决不"医闹"，有些大鱼还会主动保护这些小医生。清洁鱼也十分信任自己的客户，甚至敢游进鲨鱼的死亡之口。

大部分清洁鱼都是兢兢业业的好大夫，最勤奋的每天能提供两千多次清洁服务。而它们的客户可能一天之内就拜访诊所一百多次，并不是身上真有那么脏，只是为了享受放松一刻。有时为了换取好评、赚来回头客，清洁鱼会为客户"做按摩"，特意去触碰一些没有死皮和寄生虫可吃的部位。不过，它们偶尔也会有欺诈行为，偷吃客户鱼体表的黏液或鱼鳞，这些东西比寄生虫和海藻更好吃，但客人显然不乐意被占这种小便宜。客户鱼生起气来，可能会当场游走，也可能甩动身体、强烈抗议，其他客户看到这种表现，意识到这家诊所不讲诚信，这条清洁鱼此后的生意就会大受影响。因此，鸡贼的清洁鱼在顾客稀少时更可能耍手段、占便宜，在面对众多顾客排队围观时，则会老老实实地奉上优质服务，免得影响自己的口碑和声誉。

曾有科学家做了一个实验，在动物面前放上两盘食物，如果先吃蓝盘子里的食物，红盘子就会被拿走；先吃红盘子里的，蓝盘子还在原地，就可以吃到双份。参加实验的 6 条裂唇鱼全都学会了先吃红盘子里的食物，而其他实验对象，包括卷尾猴、猩猩、黑猩猩，以及一位科研人员 4 岁的女儿，都没能在 100 次尝试内学会这一点。这很可能是裂唇鱼作为清洁鱼的宝贵生存经验：在野外，每天都有成百上千条客户鱼经过清洁鱼的珊瑚礁诊所，其中有些是住在本地的常客，有些是恰好经过的路人。清洁鱼能够准确分辨老熟人和新面孔，并且优先为路人顾客服务，因为这些客人倘若不及时招呼，马上就会另寻别家诊所，而本地回头客一直都在，稍微等等也没关系。它们的"数据库"里能存放数百位不同物种的顾客，不但有客户画像，还有每个客户的服务次数和时长，如果哪位熟客有一阵子没来了，清洁鱼也会优先为它清理，因为这位客户身上攒的寄生虫可能更多，为它服务更划算。

小小的清洁鱼拥有如此出色的商业头脑，让科研人员深感惊讶。大自然赐予的才智和天赋是多种多样的，任何一个成功存活至今的物种，都有着自己独特的生存智慧。事实上，清洁鱼们混得实在太成功，以至于出现了假冒伪劣的"江湖郎中"：一些小鱼的外貌酷似清洁鱼，也会模仿清洁鱼接待顾客时打招呼的动作，欺骗客户上门。这些冒牌货根本不会提供清洁服务，只会借机偷吃客户鱼身上的黏液，顺便打着诊所的旗号自我保护，减少被捕食者袭击的风险。海洋世界既有"鱼医生"，也有"莆田系"，这个社会的复杂（和险恶）或许远超我们的想象。

箱水母：帮你死没问题，我自己可不想死啊……

"史皇"威尔·史密斯已经在这本书里出现好几次了，这位影星跟动物似乎总有特别的缘分，上天演过鸽子，下海当过小鱼，《阿拉丁》抱过猴儿，《我是传奇》带着狗子，《重返地球》忙着打怪兽，《黑衣人》对付外星大虫子……2008 年的《七磅》按说是一部既没动画也不科幻的现实题材影片，但史皇出演的剧情片注定不走寻常路。在影片结尾，男主角采取了一种极其独特的死亡方式：跟剧毒的箱型水母一起泡了个澡。

影片中箱型水母（box jellyfish）被称为全世界最毒的生物，一只水母的毒素仅在 3—5 分钟内就可致人死亡，而且过程非常痛苦。事实上，箱型水母有 50 多种，其中只有几种含有致人死命的剧毒。箱型水母属于古老的刺胞动物，跟珊瑚和海葵是亲戚。刺胞动物柔软的触手之中藏着数以百万计的刺细胞，一秒钟内就能释放出毒素。箱水母的毒素仿佛一连串"暴雨梨花针"，进入其他动物体内时，会刺破红细胞，导致细胞当场"爆浆"，释放出原本封在里面的大量钾元素。血钾水平急剧升高，就会引发心血管衰竭，确实是一招毒辣的"攻心计"。不过，认证箱型水母是"世界毒王"还为时过早，所谓抛开剂量谈毒性都是耍流氓，没人能确定箱型水母一次出击会释放多少毒素。而且，这些看上去软绵绵的动物自带一整个武器库，如同金庸武侠里的西毒欧阳锋一般，兜里揣着各种不同的奇毒行走江湖，很难测试究竟哪一种毒素的多大剂量导致了死亡。此外，毒素进入血液的方式、受害者的体重和物种差异等都会使结果千差万别，比如箱型水母能轻松毒死小鱼小虾，但海龟就完全不怕这些"毒手药王"，反而将它们当作美食大快朵颐。

剧中男主角选择这种特殊的死法可谓煞费苦心，由于曾在一次车祸事故中害死了七个无辜者，男主决定捐赠自己的器官救活七条人命，因而必须采取不会破坏器官的方式结束自己的生命。虽然理论上箱水母毒素能导致心脏衰竭，但它只破坏了红细胞，过量的钾浓度可以通过透析手段恢复，因此男主的心脏仍然可用。问题在于，男主为了给自己"保鲜"，避免死后器官迅速失活，特意爬进了一缸冰水之中接受水母的死亡之吻。但箱型水母生活在热带和亚热带的海洋，跟威尔·史密斯一起泡在冰块里的它，就像原本好好地穿着比基尼在海岛上晒着日光浴，突然一秒穿越到了南极，别说蜇人，保命都难。真要这么操作，箱型水母很可能根本没法完成编剧交托的重要使命，在男主悲壮献身之前，凶器自己就先冻死了。

龙虾：我们的爱情，你们人类学不来

文艺爱情片《龙虾》有一个对单身狗极不友好的设定：剧中人必须在45天之内成功找到伴侣，否则就会被变成动物，至于变什么物种倒是任君选择。科林·法瑞尔饰演的男主角表示，若是脱单失败，自己想当一只龙虾，因为"龙虾能活100多年，它们有贵族的蓝血，而且终生都能繁殖"。不得不说，这位男主虽然全剧都很表，但生物学知识相当丰富，这三点理由讲得非常准确。电影看到这里，总是忍不住为科林叔扼腕叹息：水平这么高的博物学家随便在动物园、博物馆转一圈秀一秀，就能收获无数妹子钦佩爱慕的眼神，何至于到那么变态的地方去找对象嘛！

龙虾（lobster）在海洋动物中算是长寿之星，大部分物种的平均寿命都有五六十年，美洲螯龙虾（American lobster，也就是俗称的"波龙"）能轻松活过一个世纪，甚至被认为能在 DNA 层面延缓衰老[①]；与我们富含铁质的血红蛋白不同，龙虾的血液中有含铜离子的血蓝蛋白，因此血液呈现蓝色，这在英语中是贵族血统的象征；研究证明，它们的确不会随着年龄增长而丧失生育能力，甚至"老司机虾"比"毛头小虾"的生育力更强。事实上，不光是在繁殖这件事上宝刀不老，龙虾一生都在不停地生长，每隔一段时间都因为体形增大，而不得不脱掉甲壳，换上一副全新盔甲。龙虾换壳并不像我们换衣服那么简单，而是一个相当费力、还可能带来危险的过程，因此，龙虾能活多久实际上取决于个头大小的限制，长得越大，脱壳需要的能量越多，不少龙虾都是在蜕皮过程中精疲力竭、体力不支而亡的。年纪更大的龙虾还可能因为长出一副新铠甲耗能太多、自己实在负担不起，而旧铠甲年深日久、支离破碎甚至开始感染，最终走到漫长虾生的终点。

《龙虾》里的科林叔脱单不易，倘若真的变成龙虾，倒是很可能省心不少。龙虾的恋爱模式是女追男，由姑娘主动向心动男士释放爱的信号，鉴于海里没有玫瑰花巧克力可送，龙虾姑娘采取的表白方式有些诡异：向对方脸上滋尿。

通常情况下，动物放水的管道都会尽量安排在离脑袋比较远的那一端，而美洲螯龙虾的膀胱长在大脑下面，每只眼睛下方各有一个储液囊，贮存着满满的"自制香水"，随时用脸上的两个喷嘴散播独特的芬芳。喷

[①] 细胞染色体末端特殊的小尖尖称为"端粒"，每当细胞分裂、染色体复制时，端粒就会"磨损"变短一点点，直到端粒短到没法用了，这个细胞也就开始衰老和死亡。美国龙虾能用一种生长酶"黑科技"不断加长端粒，保持年轻的 DNA。不过这并不意味着龙虾获得了永生，毕竟，在基因水平上永葆青春无法保证肉体永不消亡。

嘴的射程还相当远，能滋出自己身长的七倍，相当于一个身高 1.7 米的人类从 12 米大巴士的最后一排直接滋到挡风玻璃……

仗着这两把特制水枪，龙虾先生整天在社区里溜达，看谁不服就上去滋谁，常常会由水枪互射的小冲突升级到大打出手。打赢的一方会在自己的尿液香氛里添加特殊的成分，成为胜利者的专属标记。而龙虾姑娘则会循着这股代表力量与地位的尿香，找到白马王子的住处，一打照面就朝着对方喷出自己的"黄金雨"，给"心上虾"来一场爱的淋浴。这种变态行为对被滋的一方来说显然不是那么好接受，一开始龙虾姑娘很可能被当成臭流氓暴打驱逐，但只要成功地滋上那么几次，龙虾先生就会像中了魔法一样交出自己的芳心，接纳这位勇敢的姑娘成为自己的新娘。一旦龙虾姑娘顺利住进爱人的巢穴，这对爱侣的"私香"混合在一起，成了宣示主权的最佳方式，四邻八舍全都能收到这份用气味书写的喜帖：本虾已婚，旁人勿扰。

身为一只龙虾，虽然有活得长、老得慢、被姑娘倒追等种种好处，也需要接受"先被滋一脸尿才能洞房春宵"的奇特风俗。不知道科林叔倘若晓得这一点，还想不想当一只龙虾呢？

藤壶：想把我从脸上掰下来，哪儿有那么容易

《加勒比海盗》第五部结尾彩蛋为续集埋下了一个重要线索：被困在"飞翔的荷兰人号"上的威尔·特纳在影片结尾重获自由，与伊丽莎白过上了无人打扰的平静生活。在一个风雨交加的深夜，荷兰人号船长戴维·琼斯的身影突然出现在两人的卧室门口。被惊醒的威尔四顾无人，还以为是南柯一梦，而床下滴着水的藤壶却明白宣告：戴维·琼斯真的来过，旧三部曲中的反派即将在第六部中华丽回归。

加勒比海盗的影迷必定不会忘记戴维·琼斯的尊容，这位挣扎在人形与头足目之间的大反派其实是个情深一往的伤心人，与海中女神卡莉普索坠入爱河又无辜被甩，虽然狠狠报复了负心女，代价却是自己整个人成了微型水族馆，章鱼须、龙虾钳、螃蟹腿、外加三角帽上密密麻麻的藤壶。连带着荷兰人号的水手也跟着倒了霉，一个个奇形怪状、满脸藤壶，不说好不好看的问题，主要是，很疼啊！

藤壶（barnacle）看上去像一个小小的螺壳，其实跟各类螺贝蚌蛤都没有什么关系，反而跟螃蟹、龙虾等甲壳动物亲缘更近。贝类属于软体动物，而藤壶隶属节肢动物门，二者不但不是亲戚，还经常是你死我活的仇敌。部分肉食性的螺贝类把藤壶当作美餐，而固着在岩石表面的藤壶会与同样营固着生活的贝类争夺地盘。藤壶堪称动物界最坚韧不拔的钉子户，小时候在海里飘来飘去，满世界浪，成年后就会选择一个地方落脚，在此地终老一生，什么样的拆迁队都没法让它们搬家。大部分藤壶都会分泌一种极其强大的"强力胶"，把自己黏在岩石上，一日三餐就靠海水里的浮游生物渣渣果腹。还有一部分志向远大的藤壶梦想着诗和远方，又不乐意自己辛辛苦苦到处漂泊，于是选择挂在鲸鱼身上，搭便车去看世界。然而再黏的胶也粘不住皮肉，鲸藤壶的办法就有点不厚道了：它们直接"扎根"在鲸鱼体表，就像植物生根一样，将自己的甲壳长到鲸鱼的皮肤里，把自己牢牢固定住。幸好鲸皮相当厚实，表面长几个藤壶也不觉得疼，像座头鲸这样的糙汉子索性把鳍上的藤壶当作武器，就像戴上了一大串铜指虎，一巴掌扇上去连虎鲸都扛不住。换成人皮可就没有这么抗造了，荷兰人号上那些倒霉的水手，包括男主角威尔·特纳他爸，脸上嵌着这些玩意儿想必是疼得不轻，若要硬掰下来，难免掉一块肉。

2023 年，社交网络上出现了不少"帮鲸 / 海龟去掉藤壶"的视频，看起来是帮助海洋生物清除了体表异物，其实清理的手段非常粗暴，会对动物造成伤害，可能带来严重的疼痛和感染风险。事实上，海龟和鲸身上多少都会附着一些藤壶，二三十吨重的座头鲸可能携带有多达 450 公斤的藤壶"乘客"，并不影响自身活动，但如果身上的藤壶过多，可能代表着动物身体状况出现了问题，行动迟缓，导致体表有更多的藤壶寄生。这种情况就需要专业人员用科学的方法进行处理，找到根本的病因进行治疗，而不是简单粗暴地把藤壶掰下来就可以了。专业的事还是交给专业的人去做，为了博眼球、赚流量而贩卖的善意，其实是在伤害野生动物，更不用说那些给健康个体粘一身藤壶、再在镜头前除掉，甚至用淡水龟冒充海龟、鲸虱硬指成藤壶的造假行为了。

藤壶的繁殖方式也很有个性。无论住在岩石上还是鲸身上，反正它们一旦扎下根来就绝不会挪窝了，这就遇到了一个很现实的问题：大家都死宅，找对象咋办？

雄性藤壶的对策非常简单粗暴：人不出门，"丁丁"可以出门嘛。它们长出了动物界（按身体比例来算）最长的"丁丁"，长达自己身体的 8 倍。有了这么一把超远射程大枪，雄性藤壶可以省下大量恋爱成本，不约会、不送花、连面都用不着见，就让邻家美女生下自己的娃。除此之外，它们还能采用更没底线的操作：曾有一类藤壶一度被科学家认为是雌雄同体、不分彼此，直到科学家们震惊地发现，它们还是分男女的，男藤壶把自己注射到女藤壶体内，退化成一个内置精子生产机，就这么过上了吃穿不愁、失去自我的生活，实在是非常豁得出去了。

莫比敌与克拉肯：巨鲸 vs 海怪

《加勒比海盗》里的戴维·琼斯虽然长得吓人，杀伤力其实有限，真正的杀招是他的超级宠物克拉肯，一只外形跟琼斯本人有几分相似的大海怪。这只形状可怖、忠于职守的海怪为戴维·琼斯收来了无数灵魂，在第二部结尾带走了杰克船长和他的"黑珍珠号"。可惜到了电影第三部，克拉肯就死于更大的反派贝克特勋爵之手，就此终结了纵横七海的恐怖传奇。

数百年来，克拉肯一直是斯堪的纳维亚水手的噩梦之源，这种生物最早出现在 12 世纪挪威海员的传说之中，人们说，克拉肯比十条大船头尾相接还要长，浮在海面就像一连串小岛，它轻轻松松就能将一整艘战舰拖到海底，触手上的吸盘能让你的整张脸从头骨上分离。这种高级别怪兽自然成了好莱坞编剧们的心头好，进入新时代的克拉肯发现自己突然接到了一大堆片约，不光要在加勒比海上追杀杰克·斯派洛，还要腾出档期在《众神之战》里给奥林匹斯众神打工，变装来到《海王》的亚特兰蒂斯世界看守三叉戟，甚至动画片《精灵旅社 3》都跑来请它露个脸，好不容易抽出空来，又要到霍格沃茨校园的湖水里泡着摆摆姿势，忙得彻底没空去海上吓唬人了。

《加勒比海盗》的特效师团队曾表示，他们制作这只巨型海怪的灵感来源于迪士尼经典影片《海底两万里》中的巨乌贼。巨乌贼（giant squid）平均体长达到 10—12 米，最大能到惊人的 18 米，虽然远远比不上传说中的克拉肯，但已经是海洋里数一数二的巨怪了。克拉肯原型的另一位有力竞争者是大王酸浆鱿（colossal squid），论极限体长比大王乌贼略逊一筹，但胜在体重，最大的标本重达 495 公斤，比一头成年公北极熊还重。此外大王酸浆鱿还拥有动物界第一大眼，眼球直径达到 40 厘米，勉勉强强可以塞得进一个标准篮筐。

凭借着如此巨大的体形，无论巨乌贼还是大王酸浆鱿都应该是海中霸主，跟真正的克拉肯一样所向披靡，让各路水族闻风丧胆才对。遗憾的是，这些超级大乌贼并不能在大洋中叱咤四方，只因强中更有强中手，看似形状可怖的它们，在深海之王抹香鲸面前就是一盘新鲜刺身。

我最早认识抹香鲸（sperm whale）是在美国作家麦尔维尔的巨著《白鲸记》，书中的主角是一条名叫"莫比敌"的白色抹香鲸，硕大无朋，聪明诡诈，宛如自然无穷伟力的化身，没有哪条捕鲸船是它的对手。现实中的抹香鲸同样是海洋中的王者，它们是体形最大的齿鲸，身长可达20米，巨大的头颅占据体长的三分之一，形似一把无坚不摧的攻城锤。这颗头颅之中有着整个星球上最大的大脑，比人脑重5倍多，其中深藏的智慧至今仍然不曾被人类完全了解。这些巨兽基本上是靠吃乌贼长这么大的——抹香鲸最爱的食物就是乌贼和鱿鱼，平时常以半斤八两的小海鲜打牙祭，若是碰上巨型乌贼和大王酸浆鱿，妥妥的就是一顿饕餮盛宴。这两款特大号刺身通常栖息在深海，而抹香鲸恰好是动物界名列前茅的优秀潜水员，惯于在几百米的深度觅食，最高纪录能潜到2250米，差不多是人类深潜纪录的七倍。从深渊中返回时，它们只需要浮上水面呼吸8分钟，喷出数十股两米高的水柱，就可以反身回到深海，再战两个小时。

　　抹香鲸与头足类这对冤家由来已久，"卷西"杰西·艾森伯格曾经演过一部电影就叫《鱿鱼和鲸》，一对海中怪兽在暗潮汹涌之下的殊死搏斗，隐喻着一个悲剧家庭潜藏于日常生活之中的激烈冲突和尖锐对抗。无数想象力丰富的作品描摹过巨鲸与海怪之间的战斗，不过迄今为止，一切都只是陆生两脚兽的想象，没有任何人见过抹香鲸与巨乌贼的生死搏。许多抹香鲸身上都带有乌贼吸盘留下的圆形伤疤，证明那些发生在深渊中的战役真实存在，而战役的结局很可能大同小异：巨乌贼是抹香鲸的猎物而非对手。人们在抹香鲸胃里发现过很多乌贼的角质喙，最多从一头鲸胃里剖出过1万8千多个。很长一段时间里，科学家对深海乌贼的全部了解都来自抹香鲸的胃。无法被消化的角质喙有时会卡在抹香鲸300米长的肠道之中，被分泌物包裹，形成龙涎香。这些珍贵的制香原料，连同用于照明的鲸油，一度让抹香鲸陷入灭顶之灾。出版于1851年的《白鲸记》是基于真实故事写成，在那时，捕鲸还是一个极为危险的行当，受伤的狂暴巨鲸拖着绳索拼死挣扎，手持标枪的水手为几桶油赌上自己的性命；仅仅数十年之后，蒸汽船取代了帆船，电鱼叉取代了标枪，人类的捕鲸业进一步发展，对巨鲸开展了大规模屠杀。据估计，18世纪早期商业捕鲸开始之前，有超过110万头抹香鲸在大洋中漫游；二战之后，这个数字减少到了原本的三分之一。2022年大片《阿凡达：水之道》中天军猎杀图鲲获取不老神药的残忍行为，就明显在指代捕杀抹香鲸获取龙涎香。

幸运的是，我们早已不再依赖这些宏伟的巨兽为人间带来光明，大规模的商业捕鲸也已经成为过去时。如今大部分国家都出台了保护法律，抹香鲸种群正在从持续几个世纪的屠杀中缓慢恢复。或许终有一天，人类能亲眼目睹巨鲸与海怪的"泰坦之战"。

海象、海豹、象海豹……海里的家伙到底怎么分？

浪漫轻喜剧《初恋50次》经常被各路电影榜单誉为"恋爱必看"，甜姐德鲁·巴里摩尔饰演的女主角患有短期失忆症，每天早上醒来就会把前一天的事情忘个一干二净，渣男变情圣的男主为了追求这位真爱，不得不一次又一次变着法让她重新爱上自己。亚当·桑德勒饰演的男主角是夏威夷水族馆的一名兽医，为了爱情不惜"公器私用"，动用水族馆的常驻明星出场卖萌帮他追姑娘。这位懂事又好用的神助攻究竟是谁呢？《初恋50次》的影迷虽多，却并不是所有人都能一眼认对，不少影评提到这头萌萌的大海兽时，"海象""海豹""象海豹"傻傻分不清楚。这也难怪，这帮海里的大家伙长得确实相像，一个个都是肉山般的肥大身体搭配鳍状四肢，的确很容易触发脸盲症。

《初恋50次》中的这个角色就是一头海象，长着连鬓胡子、龇着两根长牙，还是比较好认的。虽然影片中它跟桑德勒一副哥俩好的样子，看似被照顾得很好，但是剧组故意忽略了一个问题：这头海象根本就不应该出现在这里。这些海中巨胖是北极圈的原住民，生活在西伯利亚、阿拉斯加

表 2　海洋里的"大家伙"们

动物名称	头部特征	四肢特征	体形
海豹 （seal）	光脑袋，没有耳壳，约等于没脖子	前脚有爪爪，后腿不能向前弯	最小的环海豹只有一个小只萌妹子那么重，而最大的就是象海豹
象海豹 （elephant seal）	能充气的大鼻子	前脚有爪爪，后腿不能向前弯	雄性能达到 3—4 吨，是本表中的头号巨胖
海狮 （sea lion）	有小耳朵，脸长脖子长，雄性有帅气的鬃毛	前脚没爪爪，后腿能向前弯折	最大的海狮长 3 米、重 1 吨，不过大多数都没有这么大
海狗 （fur seal）	有小耳朵，脸比较短，毛茸茸	前脚没爪爪，后腿能向前弯折	最大的海狗比"大鲨鱼"奥尼尔重一点，不过比他矮多了
海象 （walrus）	小胡子，大长牙，没耳壳	前脚没爪爪，后腿能向前弯折	最大能长到 2 吨的超级胖子
海牛 （manatee）	吸尘器似的柔软厚嘴唇	后腿变成半圆形"尾鳍"	4 米长、半吨重的大块头
儒艮 （dugong）	有点外翻的褶皱大嘴唇	后腿变成月牙形"尾鳍"	2—3 米长，400 公斤

上岸吗	吃什么	住在哪	代表作
在陆地上只能笨拙地扭动前进	食肉动物，好几种海豹都以爱吃企鹅著称	全球有近20种海豹，分布在各个大洋	经典海洋纪录片少不了的主角
在陆地上费力地拖着庞大的身躯扭来扭去	食肉动物，主食鱼类和乌贼，善于潜水抓鱼	东太平洋，南大西洋	《快乐的大脚2》《冰河世纪4》
上岸能"走路"	食肉动物，吃各种鱼和头足类	6种海狮广泛分布于全球各大洋	《海底总动员2：寻找多莉》
上岸能"走路"	食肉动物，吃鱼、乌贼、磷虾和企鹅	9种海狗中只有1种生活在北半球，其余都是南方狗	《冰冻星球》《地球脉动》
上岸能"走路"，只是因为太胖，没有海狮走得好	食肉动物，爱吃虾、蟹、海参、贝类	寒冷的北极海域	《初恋50次》《银河护卫队3》
不上岸	素食主义，每天能吃掉近百斤水草	中南美洲温暖的浅海，亚马孙河，以及西非	传说中的"美人鱼"就是它
不上岸	素食主义，专吃海草	太平洋沿岸的温暖海域	传说中的"美人鱼"也是它

▲ 圆圆脑袋没有外耳壳的海豹

▲ 长着"象鼻"的象海豹

▲ 在陆地上最灵活的海狮

▲ 脸蛋短短像小哈巴狗的海狗

▲ 长有"象牙"的海象

▲ 扇形大尾巴、有"海底吸尘器"之称的素
食者海牛

等北半球寒带地区，靠着一身膘为自己保暖。电影中不但把海象强行挪到炎热又暴晒的夏威夷，跟南非企鹅做邻居，还经常让它在室外的池子里泡着，连个空调制冷都没有，可见桑德勒这位兽医当得实在不怎么称职。好在这一切只是剧情安排，现实中的夏威夷海洋馆并没有饲养海象，影片中的海象演员实际上住在美国加州。

两根质地如象牙的长牙是海象的标志，脸上支棱着两根"长矛"的它们看上去相当能打，人们很容易猜想，这两根牙不是用来"恰饭"的餐具利器、就是打架斗殴的防身兵器。事实上，这副长牙的作用十分有限。若是跟同类对打，长牙很难扎穿成年海象坚韧的厚皮；要想与天敌作战，下弯指向自己胸口的长牙又很不趁手。曾有科学家猜测海象会潜入水下，用长牙扎起蛤蜊"撸串"用餐，或者用牙挖掘海底软泥，找出泥下藏着的美味海鲜。观察证明，海象并不是这样吃饭的，比起用牙来挖，它们更愿意直接用嘴来拱，或者用鳍搅水来拨开泥沙，找到贝壳后对准壳的缝隙，一口将贝肉吸进嘴里。毕竟无论上嘴还是上"手"，都比晃动脑袋操纵两根大牙要快捷省力得多了。它们的这副长牙最主要的功能，是在海象爬坡上山的时候充当"冰镐"，帮助它们把庞大的躯体拉上去。

动辄一两吨重的超级胖子，平日里靠海吃海，干嘛要折腾自己爬山呢？这可能还真不是它们自己乐意的。与爱情喜剧中的模范助攻、卖萌担当不同，现实中海象的生活远没有这么喜感。BBC 纪录片《七个世界，一个星球》拍到了海象"跳崖"的惊悚一幕：挤满大群海象的海滩过于狭窄，这些数吨重的巨兽不得不拖着不灵活的后腿，奋力爬上 80 米高的悬崖，勉强获得一些喘息的空间。然而悬崖上并不安全，天敌北极熊紧随而来，惊慌的海象本能地寻求海洋的庇护，常常因此坠崖身亡。这个触目惊心的场景，看似自然界强者生存的无情铁律，实际仍与人类影响脱不开干系：海象集体"跳崖"原本是几年发生一次的小概率事件，随着全球变暖加剧、海冰消融缩减，海象的栖息地被严重压缩，这样惨烈的悲剧会越来越频繁。

在不断堆积的证据面前，气候变化已经是不争的事实，而海洋在全球变暖的趋势下首当其冲，已经受到了极为严重的影响。海冰减少、海面上升、海水酸化、溶解氧含量降低，气候变化扰乱海洋系统，带来了种种不利因素，威胁着无数海洋居民的生存。人类还没来得及完全了解这个美丽神秘的蓝色世界，它的存亡却已系于人类之手。我们唯有赶快行动，趁一切还不算太晚。

神秘动物篇：
自传说中走出的奇幻生灵

　　龙，独角兽，美人鱼，吸血鬼……虽然没人见过它们的真容，但谁也无法抵挡这些神秘生物的巨大魅力。它们藏身亘古大地与无尽海洋，出没于月光微弱的暗夜森林，猎捕恐惧、梦境与爱情为食，散发着危险又迷人的浪漫气息。尽管好莱坞无数次把它们搬上大银幕，讲述过无数个关于它们的魔幻传说，但无法否认的是，我们依然对神秘动物知之甚少，连最基本的问题也不见得能给出确定的答案。比如说——

龙有几条腿？

　　事先说明，东方龙暂且不在讨论范围之内。毕竟老祖宗描述过，东方的龙"能幽能明，能细能巨，能短能长"，简而言之就是这种神奇生物长什么样都可以，不管大小长短、翅膀有无、有几条腿或者没有腿，都不影响龙腾九州、飞龙在天。在这里，我们先只说本事没这么大的西方龙。不比东方神龙的随心所欲，自在洒脱，绝大多数西方魔龙还是需要借助双翼才能上天。这就带来了一个问题：龙翼之下，到底应该有几条腿？

　　英语中的"龙"（dragon）是一个统称，麾下有好几种相貌不一的龙族。严格意义上说，长着双翼 + 四条腿的才是最标准的 "dragon"，只有它们具备口喷龙焰的绝技，在幽暗的龙穴中守护着价值连城的黄金宝藏，偶尔出洞劫掠少女，好让英勇的骑士有机会施展武艺。有双翼和两条腿的称为 "双足飞龙"（Wyvern），一般不会喷火，代之以毒牙、利爪和有毒的尾钩，魔力和智力都比较弱，常常代表着阴暗、邪恶和野蛮。只有翅膀没有腿的名叫 "飞龙"（Amphithere，也叫 "翼蛇"），有腿没翅膀的称作 "地龙"（Drake），翅膀和腿都不要了的——人家也还是龙族不是蛇，统称 "蛇龙"（Wyrm），最著名的就是北欧神话中环绕世界的巨蛇——尘世巨蟒约蒙甘德。

论起词源和历史，四足龙似乎算是龙族正统，但近年来好莱坞越来越青睐英武帅气、又好做 CG 的双足飞龙。双足飞龙的形象因此提升不少，拥有了经典魔龙的属性和智慧。剧迷最熟悉的当数《权力的游戏》中坦格利安家族的巨龙，无论是族徽上的三头火龙，还是 "龙妈" 丹妮莉丝亲自养育的卓耿、雷戈和韦赛利昂，脑袋数量虽然允许艺术加工，腿还是要严格保持两条。另一个奇幻大 IP《哈利·波特》系列找来了一批欧洲龙族出镜，从海格养的挪威脊背龙诺贝特，到哈利在三巫赛中拿下的匈牙利树蜂，再到古灵阁里守金库的老龙 "乌克兰铁肚皮"，也全部都是双足飞龙。《沉睡魔咒》里忠心耿耿的渡鸦小哥被安吉丽娜朱莉施魔法变身，短暂地过了一把当巨龙的瘾，而他变的龙还是两条腿；几年前的动画电影《贝奥武夫》中，朱莉自己当了一次真正的龙妈，她的子嗣是一头同样有两条腿的金色巨龙。

不过，四足巨龙仍然有市场。前几年大热的《驯龙高手》系列就不走寻常路，从专业卖萌无牙仔到一大群各种各样、大大小小的龙，全都有着四条小短腿；同样四条腿的还有《怪物史莱克》里驴子的女朋友伊丽莎白，《精灵旅社 4》里不靠谱小哥约翰尼变身后的大怪龙，还有 2020 年版《杜立德医生》里，被小罗伯特·唐尼治好了消化不良症的巨龙女士。

有趣的是，临时出场吓唬一下主角、比画两下就可以下场领盒饭的大恶龙倒往往是四肢俱全，前肢还经常是霸王龙同款小短手，比如《爱丽丝梦游仙境》里少女爱丽丝杀掉的魔龙，《魔法奇缘》中的坏王后娜丽莎，以及《雷神3：诸神黄昏》里打酱油的火龙。

《霍比特人》中的巨龙史矛革情况比较复杂：在第一部《霍比特人：意外之旅》中，史矛革有四条腿；到了续集就改成了两条腿。不过，这倒也不能怪剧组拿不定主意、随便篡改史矛革的光辉形象，这个锅要甩给扮演史矛革的本尼迪克特·"卷福"·康伯巴奇。第一部电影中，为了让巨龙显得更可怕，剧组特意给了它四条腿，好使它肆虐孤山时表现出更强大的破坏力。这也是原作者托尔金老爷子本人钦定的外观，在托尔金自己手绘的孤山地图上，史矛革就是身体细长、有四条腿的超级大爬虫。没想到这个设定在请出"卷福"的一刻遇到了麻烦：作为史矛革的配音演员，剧组本来是没打算让"卷福"做多少动作捕捉的；没想到这位脑回路非同寻常的英国绅士戏精附体，当场趴在地上扭动身体，划拉四肢，用生动的肢体语言完成了跨越物种的角色塑造。剧组大跌眼镜的同时也意识到，照"卷福"这样演，就没办法继续让史矛革既拥有翅膀还保留四条腿了，只能在续集里修改成两条后腿和一对翅膀，好让演员充分发挥双腿和胳膊的演技。

《霍比特人》剧组的难题告诉我们一条真理：不管你是风度翩翩的怪癖大侦探，还是坐拥金山的魔龙守财奴，任何地球生物都没办法做到既有翅膀又有四条腿。想要遨游长空的双翼，只能用手臂来换。

纵观脊椎动物大家族，做飞天梦的动物相当不少，实现梦想的方式也五花八门，但大体上只有两条路可走：飞行的简化版——滑翔，或是真正的动力飞行。从鱼类、两栖类、爬行类到哺乳类，各大门派都有图省事选择前者的家伙，无论是飞鱼、飞蛙、飞蜥、飞蛇，还是会"飞"的鼯鼠、鼯猴和蜜袋鼯，实际上都是把身体的某一部分变成滑翔翼，借助从高处跳下的落差，在空中短暂的体验一阵乘风飞翔的感觉。对这些偷懒的飞行者来说，只需使用扩大的胸鳍、发达的脚蹼、撑开的肋骨或是在胸腹间长出皮膜当作"翼装"，就能实现短距离滑翔，享受提高觅食效率、节省体力、躲避天敌等种种好处，而完全不必牺牲前肢作为代价。但滑翔毕竟比不上动力飞行的自由和快乐，在脊椎动物的历史上，总共有三位勇士放弃了滑翔这条捷径，选择牺牲双臂换来翅膀：翼龙，鸟类和蝙蝠，它们是仅有的三类真正征服天空的勇者①。这其中，鸟类发明了独有的羽翼，翼龙和蝙蝠使用自带的皮翼，论功能是羽翼更齐全，论外观还是皮翼更拉风。所有出现在电影中的双足飞龙都不约而同地选择了皮翼，免得沉浸在剧情中的观众眼前一花，把龙认成一只长着羽毛的大怪鸟。

　　"双翅＋双腿"只是基本配置，不少飞行者都会做出与自身相应的调整，让自己飞得更自在。在部分恐龙向鸟类演化的途中，一些先驱者不仅在前肢上长有飞羽，后腿也长着羽毛，比如小盗龙就是这样一架能展开四个翅膀的"四翼滑翔机"，翅膀面积增大，滑行距离更远。最早的鸟类始祖鸟不仅前肢后肢都有飞羽，连长长的尾巴上也长着羽毛。科学家认为，始祖鸟还不能像现在的鸟类这样振翅飞翔，但可以用四肢和尾巴来调整角度和方向，实现更自如的空中动作。

　　除了翅膀／腿的数量配置之外，几乎所有登上大银幕的龙族都面临着另一个棘手的问题：翅膀太小，或者说，身躯太大。无情的自然规律告诉我们，所有想飞的动物都必须先瘦身减重，缩小体形，加大翅膀。简单粗暴地原样放大是飞不起来的。比如希腊神话里著名的飞马柏伽索斯，如果跟一匹普通马差不多重，柏伽索斯需要长出一对比最大号双层巴士还长的巨翅才能飞翔。史上最大的飞行生物是生活在 6000 多万年前的风神翼龙，翼展超过 11 米，站立时肩高 3 米，BBC 纪录片《史前星球》还原了

---

① 　实际上，昆虫比它们仨更早学会真正的飞行，第一批冲上天的虫儿比已知最古老的鸟类至少早了 1.5 亿年。不过，在这部分讨论龙的篇章里，我们还是暂且请无脊椎动物让一让吧——虽然人类对龙族的了解极为有限，但我们至少可以从红堡里残存的龙骨判断，龙是有脊椎的。

它们颇具科幻感的奇特相貌。早期科研人员估计这架壮观的远古飞行器仅重 70 公斤，近年来的大部分研究则将它的体重上限提到了 200 多公斤。曾有人把风神翼龙比作能飞的长颈鹿，其实往重了算，它们也远比长颈鹿轻得多，大致也就是一头雄狮或雌虎的重量。科学家认为，这已经逼近了飞行生物的极限。倘若体重增加，翅膀的面积会呈指数级增长，相应的就需要更大块的胸肌来控制它们，任何动物也没法长出配套的、大得畸形的胸肌来扇动这对翅膀了。《霍比特人》系列中史矛革的设定体长是 130 米，饶是一双巨大的龙翼已经遮天蔽日、气势磅礴，要用来托起如此庞大的身体，恐怕也还是太小了。

理论上说，只有严格控制体重的双足飞龙才是遵循自然规律的"真龙"，像《驯龙高手》里那些长着四条腿外加迷你小翅膀、身宽体胖硕大无朋还动不动能骑个人的生物，都是反常识的怪咖。《冰与火之歌》作者马丁老爷子对此就非常较真，坚持认为龙必须得是两条腿。当然，龙是威力强大的神奇生物，完全可以依靠魔法的力量无视一切生物学和物理学规则。无数魔法师、屠龙勇士、神秘生物学家、瓦雷

▲ 龙究竟该有几条腿？好莱坞的四足与双足之争算得上是由来已久，至今也没有定论

利亚驭龙者、畅销书作家、导演和编剧仍在针对龙的生理特征争论不休，而安居大地之腹的上古巨龙，说不定正在为人类的愚蠢暗暗窃笑呢。

美人鱼美吗？

在人们心目中，美人鱼似乎总有美貌加持，很难想象一个不漂亮的

"美人鱼"。这些人身鱼尾、神秘莫测的海中少女就算没有海后安珀·希尔德的绝世美艳，至少也得拥有动画版《小美人鱼》红发爱丽儿的可爱阳光。2015 年的奇幻片《小飞侠》为了一个戏份并不多的美人鱼角色，甚至特意请来了国际超模卡拉·迪瓦伊。然而，也有不少大片铁了心要打破影迷的美好幻想，偏要把美人拍成妖怪。《加勒比海盗 4：惊涛怪浪》里的美人鱼虽有一张美丽清纯的少女脸庞，现身袭击船上水手时却是一口利齿，形貌可怖；《哈利·波特与火焰杯》中的人鱼更是绿发灰肤，青面獠牙，一个个犹如披头散发的女妖美杜莎，何止跟"美"不沾边，足以吓得人做噩梦。

究竟美人鱼是美是丑？很遗憾，真正的"美人鱼"长得相当丑。不过，倒也不是电影里那种妖魔鬼怪般的丑。最古老的美人鱼原型来自希腊神话，《奥德赛》中所描述的海妖塞壬能用美妙的歌声诱惑行船水手，连大英雄奥德修斯本人也不能抵挡她们歌声的魔力。这些海妖原本的形象半是女性、半是怪鸟，后来逐渐转变成了鱼尾少女的样子，出现在大量典籍文献和艺术作品之中。航海家哥伦布远征加勒比海域时，就声称自己的船队见到了美人鱼，并描述这些水生生物有着女性的上半身和鱼尾。后世通常认为，他看到的应该是西印度海牛（manatee）[1]。

钱钟书曾经在《围城》里写过一句有些政治不正确的笑话：东方人丑起来像造物者偷工减料的结果，是潦草塞责的丑；西洋人丑得像造物者恶意的表现，存心跟脸上五官开玩笑，丑得有计划、有作用。套用钱老这个比方，如果说电影里那些怪物般的"美人鱼"丑得特别嚣张、成心吓人，现实版"美人鱼"海牛的容貌就堪称丑得朴实诚恳，老老实实地展示着自己的秃脑壳、眯缝眼和大嘴唇，仔细看还能看出几分憨厚可爱。这些巨型海生哺乳动物有时会浮出水面换气，远远看去好像人的上半身。上千年来

---

[1] 海牛目的名称"Sirenia"就源于神话故事中的海怪塞壬（Siren），可见这些海洋哺乳动物与古代神话传说密切相关。《加勒比海盗》中年轻传教士给人鱼少女取名赛琳娜（Sirena），同样与这个词源有着千丝万缕的关联。

无数寂寞的水手和浪漫的诗人为它们脑补出了飘逸的长发和美妙的歌声，终于让这些五大三粗的海兽变成了貌若天仙的美人鱼。

　　海牛虽然长得不好看，性情却非常温和，是好脾气的大块头。它们终日在温暖的浅水中缓缓漂游，用柔韧有力的厚嘴唇撸海草吃。一头成年海牛每天要吃掉上百斤海草，占到自身体重的十分之一，偶尔也吃鱼和贝类换换口味。海草算不上什么稀罕物，住在大海里的海牛虽然个个都是大胃王，也不愁吃不饱饭。但住在淡水河流中可就没有这么富足了，生活在亚马逊河中的海牛每年旱季都不得不忍饥挨饿，由于水位下降、河流枯水，它们只能圈在湖泊里度日。这时候平日累积的脂肪就派上了用场，这些巨型吃货可以在几乎吃不上饭的条件下熬过七个月之久。

　　世界现存的 3 种海牛分布在中美洲、非洲西部和亚马逊河，它们还有一个近亲儒艮，生活在赤道周围的温暖海岸线，在我国也有分布。海牛和儒艮长得很像，最明显的区别是尾巴的形状，海牛长着蒲扇状的圆形尾，而儒艮的尾巴像鲸豚一样，是弯弯的月牙形。海牛和儒艮

▲ 童话故事中的美人鱼是动人的少女，现实中她的原型则很可能是五大三粗的海牛

与海狮、海豹、海象等其他"海字辈"都没有密切的亲缘关系，它们的近亲反而是陆地上的大象、蹄兔和土豚。

　　海牛家族原本还有第五个成员：斯特拉大海牛（Steller's sea cow，也叫巨儒艮）。它们曾经是海牛目体形最大的物种，身长可达 10 米，体重 6 吨，单是心脏就重 16 公斤，胃囊比得上一张双人床。现存的海牛和儒艮已经是海里的庞然大物，斯特拉大海牛比它们还要大好几倍。遗憾的是，我们再也无缘得见这些温柔巨兽在海中悠游的样子了：斯特拉大海牛于 1741 年首次命名，1768 年即宣布灭绝。在欧洲探险家发现斯特拉大海牛的短短数年

之内，大群皮毛贩子、海豹猎人涌入它们的栖息地，捕杀这些海兽以获取珍贵的毛皮和皮下脂肪。猎杀一只大海牛能获得数吨鲜肉，许多探险家和商人会带领船队特意绕道前往白令海峡，捎上几只大海牛作为途中的肉食补给。据当时的海员描述，群居的斯特拉大海牛会集整个家族之力保护幼崽。无论这些庞然大物曾经多么勇敢地试图抵抗，都没能抵挡人类的鱼叉。从人们初次结识这些海中巨兽，到将它们捕杀殆尽，仅仅间隔27年。

对现存的海牛和儒艮来说，它们成年后在自然界中几乎没有天敌，主要威胁仍然来自人类。在非洲和南美地区，海牛面临着严重的盗猎，它们的肉、皮、骨、油被认为可以入药，在黑市上高价出售。遍布海域的渔网、穿梭往来的船舶也是它们的致命威胁。由于海牛行动速度缓慢、好奇心又强，它们很容易遭遇船只撞伤，或卷入船闸和螺旋桨致残，西印度海牛有50%的死亡事件都是船只碰撞造成。此外，环境退化正在导致海牛和儒艮主食的海草不断减少，因海洋污染、水体富营养化导致的赤潮会造成这些海兽集体中毒，误食海水中的塑料垃圾也可能致命。2019年，泰国曾救助了一只8个月大的小儒艮"玛利亚姆"，依偎在救援人员怀抱中的可爱模样一度让它成了网红，遗憾的是玛利亚姆仅在人们的关爱中度过了短短几个月就死于胃部感染，人们从它的胃里取出了好几块塑料片，最大的一块足有20厘米。

倘若没有人类的干扰，海牛和儒艮本可以在大海的保护下颐养天年。它们在动物中算是相当长寿的，能活六七十年。由于寿命长、成熟晚，它们的繁殖周期极长，雌性十几岁才开始生育，一辈子只能养育几只幼崽，种群增长极为缓慢，下降的趋势却日益加快。如今海牛家的四位成员全部被IUCN红色名录列为脆弱物种，意味着它们距离濒危仅有一步之遥。好在它们分布区域内的许多国家已经立法保护这些海洋巨兽，我国也将儒艮列为国家一级保护动物。300多年前，人类永远失去了斯特拉大海牛，如今我们还来得及拯救余下的海牛和儒艮，留住这些丑萌丑萌却人畜无害的"美人鱼"。

独角兽真相

独角兽长什么样子？不同于龙族的腿数和人鱼的颜值，独角兽的标准外貌在好莱坞早有定论：一匹额上长角的白马。仙气飘飘款可以参看《哈利·波特》和《星尘》，毛茸茸萌版则能在《玩具总动员》和《神偷奶爸》中找到，气质虽有不同，模板大致不差，皎白如雪的毛色、骏马的优雅体形，再添上纤细修长、闪闪发光的独角，确实是仙界生物的完美样貌。

马头上添一根犄角这么帅，为什么现实中的马不长角呢？假如我们能和马的祖宗聊天，它们可能要反问一句：长来干什么？

作为脑袋光秃秃的两脚兽，我们可能很难意识到，犄角这个东西，其实是很昂贵的。要想往脑袋上添加这么一个零件，你得身体健康强壮，营养状况良好，遗传基因优秀，才能长出优美的角，自己肚子都吃不饱的动物肯定没有富余的能量来长这个装饰品。除此之外，选择长角的你还得时刻负

▲ 在许多艺术作品中，独角兽都被塑造为一匹额上长角的白马

担它带来的额外重量。当你在森林里夺命飞逃、屁股后面紧跟着一只猛虎的时候，这几公斤分量可能生死攸关。因此，拥有巨大的双角往往是雄性动物"炫富"的标志，代表这只雄性身强体壮，觅食和逃生能力高超，是求偶市场上绝对的优质资源。这就是为什么大部分长犄角动物的雌性相亲时，会特别青睐犄角漂亮壮观的雄性：一对奢华的双角就像豪车，它表示车主不但买得起、也养得起这种档次的奢侈品。《指环王》中精灵王骑的大角鹿，就是一位最豪奢的车主：大角鹿（Irish elk）拥有史上最大最重的鹿角，宽度超过 4 米，重达 90 公斤。现存最大的鹿——驼鹿的角最大也不过 2 米宽，大角鹿的巨角几乎是它的两倍之多。这对大到夸张的犄角并不是白

来的：鹿角的能量需求极高，对现今的鹿类来说，在鹿角生长期间，公鹿每日的能量消耗可能达到平时的两倍多。而且鹿角生长需要大量钙和磷，这两种元素是骨骼的主要成分，倘若从食物中获取得不够，就要从骨骼中抽取分流，补充给鹿角。这对骨头来说可是极大的损失，雄性大角鹿很可能需要为了这对巨角付出骨质疏松的代价。有古生物学家认为，大角鹿的灭绝至少部分归咎于它们对"豪车"的无节制消费：由于雌性偏爱巨大的鹿角，导致它们的鹿角越长越大，"养车"的代价越来越高。在粮草不愁的好时节，公鹿们或许还能支持，但稍有天灾人祸，就可能导致整个物种崩溃。研究显示，在大角鹿生存期末尾出现了一个短暂的冰期，随着气温骤降，大角鹿的生存环境突然从茂盛的森林变成了贫瘠的苔原。气候动荡、食物短缺、再加上早期人类的捕杀，豪横却脆弱的大角鹿最终没能撑过来。

马的祖先就比大角鹿聪明得多，数千万年来曾经在地球上生活过的数十种马族成员，从比兔子大不了多少的远古马，到如今的现代马、驴和斑马，都不长犄角。"长角"这件事，在马的整个进化过程中一直就没有发生过。公马从来就不需要靠华丽的犄角来吸引妹子，通常情况下，公马都是整个族群的保镖，它们宁可省下能量来长出肌肉、增强体力、用来保护马群，而不是用这部分宝贵的能量来长角。只要当好保护者，它们自然有机会把自己的基因传下去。为了做好本职工作，公马选择的武器不是角，而是蹄子和大牙，马牙比其他各种牛羊鹿的牙都要有力，足够打败捕食者和击退情敌。有了这副合用的利器，也就用不着头顶上再添一个兵器了。

退一步讲，就算马决定长犄角，也无法像独角兽那样只长一根。纵观自然界中所有长角的哺乳动物，几乎全部都是两根犄角，生活在印度的四角羚有四根角，而天生长奇数角的则是一个都没有[①]。

---

① 有时雄性长颈鹿似乎会在额头正中央长出"第三根角"，实际上那是随着年龄增加而在头骨上生出的凸起。此外，北山羊等少数动物在基因变异或病变情况下也会出现罕见的独角。

为什么牛、羊、羚、鹿统统都不能只长一根角？答案要追溯到数亿年前，自脊椎动物诞生以来，它们的设定就是左右对称的，无论是胳膊腿儿、翅膀鱼鳍、蹄爪犄角、眼耳鼻孔，都以脊柱为轴形成两侧对称，只有尾椎作为脊椎的延伸保持一线，不需要长出两根尾巴。另外，通常情况下长犄角都是打架用的，头顶双角除了推撞和刺击，还能勾住并锁死对方的角，通过纠缠角力将对手扳倒。鹿角复杂的分叉、羚羊角的扭曲螺旋，都是为这种战术而生。倘若只有独角，除了正面猛戳之外没别的招数能使，武功也就大打折扣了。

　　这个解释看上去没有问题，且慢！我们在《功夫熊猫》里认识的雷霆犀牛侠——亚洲的印度犀和它的小表弟爪哇犀就只有一根角，马可·波罗曾经描述过他所见的独角兽形象，很明显就是一头犀牛。还有生活在史前西伯利亚的板齿犀，也因为只在前额上长有一角而被认为是史前版的独角兽。它们算不算长角界的例外呢？严格意义上说，犀牛的角根本不是角——虽然名字叫"牛"，犀牛其实是马的近亲，跟马一样，它们的进化之路上也没有选择犄角这个装备。真正的角，无论是牛羊的洞角、鹿类的实心角还是长颈鹿的皮骨角，都有骨质的角心；而平时所说的犀牛角没有任何骨质成分，只是一丛特别坚实的毛发，成分跟人类的头发和指甲完全一样，全部由角蛋白组成，切掉还会再长。这种"角"并非身体部件，只是身体的从属品，跟骨骼结构并不相连，好比大块头犀牛们以独特的审美在鼻梁上编起了超结实的辫子，想编一根还是两根都无所谓，不需要遵循左右对称的法则。

　　真正的特殊案例并不是任何一种陆地动物，而是一个生活在水里、看上去跟仙马毫无相似之处的家伙：一角鲸（narwhal）。一角鲸是一种齿鲸，雄性的左上犬齿延长，笔直地伸出嘴外，看上去好像长了一根纤长的独角，最长可以达到3米。雌性偶尔也会配备这根奇特的长牙，在极少数情况下，一角鲸还会长出两根牙。这颗鲸牙的用途至今仍是动物学家不解的谜题，由于一角鲸生活在寒冷的北极水域，很多人猜测，它们可能使用这颗独牙在冰面上戳出呼吸孔；也有人观测到一角鲸用长牙打晕鳕鱼大快朵颐。研究显示，这颗牙还可能是高度灵敏的感觉器官，牙上有数百万个神经末梢，能感知海水的温度和盐度，向大脑传递外界环境的各种信息。雄性一角鲸有时会互相"摩牙"，科学家认为这可能是它们沟通交流的手段。但所有这些都无法解释，为什么雌性一角鲸很少有长牙？在一角鲸群体中，雌性的平均寿命往往稍长于雄性，说明她们没有长牙也活得很好。因此，主流理论还是将这根鲸牙的存在归于性别理论，认为它跟公鹿的角一样是雄性的标志，只是一角鲸不用牙来互相搏斗，这颗牙太过细长，容易折断，并不适合作为武器，只是顶在脑袋上比画比画，用来证明自己体格健壮、基因优良，是不可多得的老公人选。

虽然一角鲸的"角"其实是牙，也并不妨碍它们成为独角兽的替身。数百年前，一角鲸的鲸牙一度被当作独角兽的角而贵比黄金，人们认为它能够解毒和净化水源，具有非凡的疗愈作用，用它雕刻的艺术品更是价值连城。16世纪，女王伊丽莎白一世曾经收到过一根镶满珠宝、雕刻精美的一角鲸牙，价值在当时相当于一座城堡的造价。尽管长得不像骏马、无法登上陆地、更不会枕在纯洁少女的膝上安眠，或许这群长着独"角"、体色洁白、爱好和平的美丽生物才最像真正的"独角兽"呢。

吸血鬼迷情

在吸血鬼这件事上，电影业可真是害人不浅。

如果你跟我一样，好莱坞大片看太多了的话，一提到这种本该是邪恶嗜血的变态生物，你肯定满脑子都是苍白俊美的绝世容颜：30岁出头年轻帅气的阿汤哥和布拉德·皮特，20多岁头发还在的裘德洛，一切青春少女的梦中情人罗伯特·帕丁森，画着烟熏妆眼神深邃的约翰尼·德普……这群迷人的吸血鬼只会让你沉浸在美妙的战栗之中，幻想着"啊被男神咬一口好像也不错"，而绝不会使你想起恶心的蚂蟥、讨厌的蚊子还有臭虫之类的玩意儿。这就是电影的力量。

早在数百年前，吸血鬼的形象还不比蚂蟥和蚊子可爱多少。在中世纪的民间传说中，它们住在不见天日的坟墓之中，身披破破烂烂的裹尸布，躯体浮肿，面色黑红，浑身散发腐烂的气息——发现了吗，这差不多就是一具尸体的样子。在那个还没人说得清"人死之后会怎样"的年代，人们用这些恐怖而生动的想象，试图揭开当时科学尚不能解释的死亡之谜。到了 1897 年，一本名叫《德古拉》的小说横空出世，风度翩翩、魅力无限、永生不死的德古拉伯爵取代了丑陋不堪的嗜血僵尸，"吸血鬼男神"就此一举成名，并在此后的 100 多年之中长盛不衰，启迪了无数畅销书作家和恐怖片导演。层出不穷的改编电影使得德古拉伯爵成为登上大银幕次数第二多的超级大 IP，仅次于家喻户晓的大侦探福尔摩斯。不得不承认，这确实是一个看脸的世界。

现实中真正以血为食的"吸血鬼们"大多数也都遭到了颜值的暴击：在动物界，大部分吸血为生的动物都相貌猥琐，基本上以"虫子"两个字就能概括，没有哪个正常人会觉得蚊子萌。作为最著名的吸血昆虫，蚊子身上背负了最多的"血债"：它们的腹部可以容纳超过自身重量三倍的血液，是相当贪婪的大胃王①。整个节肢动物门有多达 1.4 万个物种都是吸血鬼，除了数千种蚊子之外，还包括大量其他昆虫（许多蝇类、跳蚤、虱子，甚至一些蝴蝶和蛾子都会吸血）、蜘蛛、蝎子、蜈蚣、螨虫，以及多种甲壳类。另一个公众形象不佳的类群——环节动物门也是个盛产吸血鬼的门派，最瘆人的当属各种水蛭。此外，线虫动物和扁形动物等门类中有

---

① 不过，蚊子家族其实大部分都是冤枉的：只有成年雌性蚊子会吸血，雄性只吃花蜜，生活在水中的未成年蚊子们则以微生物为食。部分蚊子物种连雌性也不吸血。

许多"肠道潜伏者"，包括臭名昭著的血吸虫，它们专门寄生在宿主体内，从毛细血管吸取鲜血为生。

一条小小的水蛭已经够吓人了，倘若把它放大数十上百倍，简直看上一眼就要让人浑身难受好半天。七鳃鳗（lamprey）是水生版的吸血鬼，它们看上去就像经过变身的超级大蚂蟥，身体细长无鳞，眼睛退化消失，整个脑袋几乎只剩一个外星怪物般的口盘，里面密密麻麻长满了牙齿。七鳃鳗用这些细密的牙齿将自己挂在猎物身上，用活塞式舌头上的角质板刮破皮肤吸血吃肉。

虽然名叫"鳗"，七鳃鳗其实不是鱼，正牌鱼界吸血鬼当属寄生鲇（candiru），这些貌不惊人的小鱼个头还没有手掌大，却是亚马逊河中令人闻风丧胆的小恶魔。它们会进入其他鱼类的鳃腔，用尖锐的牙齿咬破血管，利用宿主自身的血压将鲜血泵到自己口中，过着不劳而获的寄生生活。真正让它们恶名远扬的还不是吸血，而是"钻裆"。在南美洲流传着这样一种说法：如果你在河水里尿尿，寄生鲇会误把你的尿液当成鱼鳃排出的水，从而一路钻进你的身体。这个场景光是想想就酸爽不已，寄生鲇因此获得了比亚马逊杀手食人鱼更可怕的名声。不过此事尚无任何确凿的临床记录为证，暂时还没有寄生鲇进入人体行凶作案的铁证。

比起这些长相可怕、作风变态的家伙，另一群打着吸血鬼名号的角色就要顺眼多了。不长鹿角的小萌鹿——獐子口中有两根獠牙，在英语中被称为"吸血鬼鹿"（vampire deer）①，龇着小尖牙的模样颇有几分哥特画风的诡异萌，其实它们跟其他鹿一样是温柔害羞的素食者，并不会渴求鲜血的滋味。而有着"吸血鬼雀"（vampire finch）之称的吸血地雀恰恰相反，它们看上去只是普普通通的棕褐色小胖鸟，人畜无害的外表之下却十足心

---

① 同样有"吸血鬼鹿"之称的还有几种麝，雄麝也有醒目的尖牙，不过它们并不是真正的鹿。

狠手辣：这些小鸟会用锋利的尖嘴啄破其他大鸟的皮肤，直接凑上去吸血，喝完它们的血还会偷走它们的蛋，完全是一批不讲道义的小匪徒。

鸟类中的另一个嗜血狂魔是牛椋鸟（ox pecker），在许多拍摄非洲野生动物的纪录片里，这些小鸟经常栖息在河马、犀牛、斑马、长颈鹿等大个子们身上"搭便车"，为它们啄掉身上恼人的蜱虫，一派邻里和睦、岁月静好的温馨画面。殊不知牛椋鸟并不总是规规矩矩地助人为乐，它们会将动物体表的伤口啄得更深，从伤处吸食血液，使得创口更难愈合。倘若身下的大块头一时没受新伤，牛椋鸟会索性自己叨破它们的皮肤来吸血。巨兽与小鸟的组合看似互利互惠，其实基本上是只对牛椋鸟一方有利的寄生关系。许多没那么好欺负的动物，比如非洲象就不乐意容忍这些烦人的小小吸血鬼，一见到有牛椋鸟想落在自己身上，就会挥动尾巴和象鼻把它们轰走。

假如哪位动物学家拿着金角大王的葫芦大喝一声"吸血鬼"，被吸进葫芦的家伙们大概足够组成海陆空三军。除了上文历数的"吸血鬼鹿""吸血鬼雀""吸血鬼鱼""吸血鬼蛾子"，人们还在雨林中发现了嘴里长着两颗黑色尖牙的"吸血鬼蝌蚪"，在大洋深处找到了形状和配色都酷似德古拉披风的"吸血鬼乌贼"，甚至还有"吸血鬼松鼠"——生活在东南亚的溪松鼠（tufted ground squirrel）拥有全世界按身体比例量得最长的毛茸茸大尾，像动画片里的Q萌松鼠一样可爱，在当地人眼里却是危险的吸血恶魔。当地居民称，溪松鼠会跳到鹿背上咬破血管吸食血液，直到鹿血竭而亡，还会咬死家养的鸡，生食鸡心鸡肝。但是，这些耸人听闻的描述尚未得到科学验证，目前还没有任何证据表明溪松鼠真有这么邪恶。

在这么多被冠以恐怖名声的动物中，有的确实贪食血肉，也有不少只是外表跟吸血鬼沾边，唯有吸血蝙蝠（vampire bat）无论从外形还是食性上来说，都是最为名副其实的吸血鬼——在整个哺乳动物界，唯有它们仅以血液为食、完全不吃其他东西。这种血淋淋的食性听来简单，其实不易：大量的液体可能给肾脏和膀胱造成极大负担，纯喝血为生会带来过量蛋白质，还可能造成铁中毒，或被血液中的各种病原体感染。吸血蝙蝠不但成功改造了消化系统和生理机能来适应这份独特的食谱，还发明了一系列"黑科技"。它们的牙齿非常锋利，能利索地在动物身上切出创口，还能像剃刀一样刮掉皮毛，更好下嘴；它们的唾液中富含抗凝血剂，能抑制血液凝结、防止血管收缩，延长流血时间；鼻子上装着专门的温度感受器，能迅速定位皮下血液循环集中的温热区域；听觉也经过了特殊强化，对睡眠中的动物有规律的呼吸声特别敏感。这些经验丰富的小恶魔还自带"红外探测仪"，它们大脑中有一个跟蟒和蝮蛇的颊窝相似的小零件，能感应到红外辐射，帮助吸血蝙蝠定位猎物身上的血液循环热点。种种"超能力"将吸血蝙蝠打造成了一架超高效的"抽血机器"，一只体重40克的普通吸血蝙蝠能在20分钟里喝下自身体重一半的血液，并且迅速吸收其中的水分，两分钟以后就开始排尿，在短时间内甩掉多余的重量赶快起飞，免得因为吃"霸王餐"而被抓个现行。

现存的三种吸血蝙蝠都生活在中美洲和南美洲，通常一大家子成百上千地住在洞里。科学家发现，这些小魔怪们彼此之间非常友爱，经常彼此喂食。如果一只吸血蝙蝠找不到食物，只消向旁人开口讨食，其他吃饱的吸血蝙蝠就会吐出一点血液喂给饿肚子的同伴，而且不论亲戚朋友还是泛泛之交都一视同仁，慷慨分享。这是因为吸血蝙蝠在吃不到血的情况下只能存活两天，但凡有一个晚上外出觅食空手而回，就可能有性命之忧。谁也没法保证自己晚晚都有好运，次次吃饱回家，这次我把食物分给某位饥肠辘辘的同伴，下次换我饿得奄奄一息之际就可能靠同伴救命。大方出手帮别人一把看似无私，实则保障了自己的生存机会；只要大家都积德行善乐于助人，整个群体都能活得更好。这些在幽暗雨林中无声潜行的嗜血魅影，真面目其实更像《精灵旅社》里的吸血鬼父女，是个聪明有爱的大家庭呢。

彩蛋篇

你可能想知道的
123 条动物冷知识和片场小八卦

❶《指环王1》中甘道夫被困塔顶时，曾向一只飞蛾求助，请它帮忙去找风王格威赫。这是一只（经过CG处理的）真飞蛾，在拍摄这个场景当天的早些时候出生，拍完不久就安然逝去，完成了它演员生涯的重要使命。

❷ 莫瑞亚矿坑中为尖叫的兽人"配音"的是几只负鼠。其他场景中兽人的配音大部分是住在加州一家海洋哺乳动物救助中心的象海豹幼崽完成的。这个中心的动物同样协助完成了《驯龙高手》中无牙仔的配音。

❸ 洞穴巨怪的咆哮来自海象、老虎和马嘶声的合成。戒灵坐骑的尖啸声则是驴叫。大蜘蛛希洛布的叫声混合了一个塑料外星人玩具、一壶开水的蒸汽和一只被称为"塔斯马尼亚魔鬼"的袋獾。

❹《指环王3》的终结之战中，精灵王子莱戈拉斯放倒了一头长着四根长牙的巨象。早在中新世，地球上确有一类古象——嵌齿象长着四根象牙。

❺《霍比特人1》中精灵王瑟兰迪尔骑的大角鹿由一匹名叫"驼鹿"的马扮演。大角鹿是一类确实存在过的古鹿，《霍比特人2》中精灵王宝座两

旁摆放了一对真的大角鹿犄角。

❻ 本尼迪克特·"卷福"·康伯巴奇为了饰演《霍比特人》中的巨龙史矛革，特意在伦敦动物园的爬行动物馆研究了鬣蜥和科莫多龙，送上了出色的肢体演出。

❼ 1994 年动画版《狮子王》最早的剧本设置了完全不同的动物角色：反派不是鬣狗而是一大群狒狒；拉飞奇也不是山魈，而是猎豹。2019 年新版中沙祖做早间报告时曾说："猎豹抢了狒狒的晚餐……我就说嘛，猎豹总是发达不起来。"现实中全球猎豹的数量只有七千多只。

❽ 《神奇女侠：1984》中豹女向大反派许愿希望成为"顶级掠食者"，我们都知道，猎豹远远够不上这个级别，在非洲大草原上经常被狮子和鬣狗欺负。

❾ 2019 年 BBC 剧版《黑暗物质》和 2007 年电影版《黄金罗盘》改编自同一原著，书中库尔特夫人的守护精灵金猴在剧版中是一只美丽的川金丝猴，而电影版中更像一只放大的金狮狨。少女莱拉的精灵小潘在电影中则是一只雪貂（ferret），也就是《哈利波特与火焰杯》中，马尔福被穆迪教授变成的小动物。

❿ 《加勒比海盗》系列中扮演巴博萨船长的老戏骨杰弗里·拉什有一个理论：人们看电影时通常从左到右看屏幕，就像平时看书一样。因此他在与卷尾猴杰克或女主角凯拉奈特莉同框时，坚持出现在屏幕左方。他认为如果不是这样的话，大家都会盯着猴儿或者美女看，没人会看他了。

⓫ 《疯狂动物城》里看守实验室的狼门卫中有一只白狼，在该片的波兰版中，这只白狼的名字叫杰洛特——致敬了波兰著名奇幻作品《猎魔人》主角"白狼"杰洛特。

❷《疯狂动物城》中几乎所有的动物细节都很准确，罕见的例外是头羊市长：这个隐藏反派长着一双食肉动物的眼睛，拥有向前的视野和圆形瞳孔。而其他打手羊的眼睛都是朝向两侧的标准羊眼，瞳孔是一道长方形的窄缝。

❸ 近年来美洲豹的明星范越来越足，从冒险巨制《丛林奇航》，到歌舞动画《魔法满屋》，都少不了这些华丽大猫的矫健身影。电影里美洲豹经常是卖萌担当，时不时还要像猫咪那样咕噜几声，这显然是不小的误解。作为南美头号扛把子，美洲豹不仅身强力壮、武力值拉满，而且不会咕噜。这不仅是人设不符，生理上也做不到——大猫家族四人组：狮、虎、豹和美洲豹的喉头结构与其他猫科动物不同，能够吼出慑人的咆哮声，但无法发出咕噜声；其他小猫（包括小可怜猎豹）则是都会咕噜，但全都不能咆哮。

❹《绿里奇迹》中共有 15 只小鼠演员，分别完成不同的表演。其中一只在汤姆·汉克斯身上留下了一点"纪念品"，因此片中汉克斯掸衣服的镜头并不是假装，那时他的衬衫上真的有老鼠屎。

❺《毒液》中汤姆·哈迪被毒液附身、在餐馆爬进养龙虾的水缸这一幕，完全是他的即兴发挥，这一段因此拍摄了两次。第二次拍摄时汤姆·哈迪生吞活剥的"龙虾"是一个道具，实际上是裹着糖衣的棉花糖做成，里面填满了巧克力糖浆。

❻《哈利·波特》系列中哈利的猫头鹰海德薇是女孩子，但实际上扮演海德薇的 7 只雪鸮全部都是雄性。这是因为雌性雪鸮比雄性更大，小演员架在胳膊上比较费力。此外，雌雪鸮的羽毛上有明显的黑色斑纹，雄性雪鸮的羽色相比之下更接近纯白。

❶⓱ 现实中的猫头鹰确实能抓得起一把扫帚那么重的物品，只要魔法扫帚上没有装发动机之类特别沉的东西，海德薇将火弩箭带给哈利就不成问题。另外，不同于大多数夜行猫头鹰，雪鸮是在白天活动的。因此海德薇完全能在白天送信而不会半路睡着。

⓲ 按照官网设定，罗恩的猫头鹰"小猪"是一只普通角鸮，不过现实中的普通角鸮并没有那么迷你。全世界最小的猫头鹰是姬鸮（elf owl），这种袖珍猛禽体长只有 12—14 厘米，重 40 多克，差不多就是一个鸡蛋的分量。

⓳ 相比贫寒的韦斯莱家，马尔福家是个有钱又豪横的贵族巫师家庭，所用的欧亚雕鸮也是世界上最大的猫头鹰，翼展最大可达 1.5 米。

⓴ 扮演厄罗尔的乌林鸮体形也很大，但体重不重，甚至可能比雪鸮轻上一半之多。因此现实中的乌林鸮跟其他猫头鹰一样敏捷轻盈，并没有老厄罗尔那么笨手笨脚。虽然剧组也训练猫头鹰来假装摔倒，但电影中厄罗尔的"坠机式着陆"都是用猫头鹰玩偶完成的。

㉑ 在霍格沃茨的猫头鹰之家，大大小小的猫头鹰邮递员和平共处，并没什么争吵打架的事件发生。现实可没有这么美好：猫头鹰属于猛禽，大型猫头鹰甚至会以小型猫头鹰为食，因此野外的猫头鹰会尽量避开同类。片场使用的猫头鹰是从小一起饲养长大的，即使如此，在出镜之前也需要接受训练，避免它们打起来。

㉒《哈利·波特》系列电影的动物训练师盖瑞·吉罗对猫头鹰的评价不怎么高。他曾在采访中表示，尽管猫头鹰在许多神话传说里都是智慧的象征，但它们并不特别聪明，乌鸦或鹦鹉试验 10 次就能学会的动作，猫头鹰需要 1000 次，得花相当长的时间才能教会它们取回物品或是飞到指定

地点。而一只猫头鹰每天只进行 4 场训练，每场 15 分钟。为了教会扮演厄罗尔的猫头鹰仰面躺倒再站起来，吉罗花了"经年累月"的工夫。但隆巴顿家的邮差仓鸮是一个例外——吉罗说大部分猫头鹰学会取东西一般需要四个月，特别笨的得要一年之久，但仓鸮只要一周就学会了。

❷❸《哈利·波特与火焰杯》中穆迪教授用来演示死亡咒语的"蜘蛛"是一只无鞭蝎（tailless whip scorpion，也译为"鞭蛛"），它们既不是蜘蛛，也不是蝎子，完全没有毒性。这种动物还出现在 2005 年版《金刚》中，化身为袭击主角的恐怖巨怪。

❷❹ 黑寡妇蛛是蜘蛛界的头号大明星，备受各路电影青睐。除了漫威宇宙之外，《哈利·波特与阿兹卡班的囚徒》中，变形怪在罗恩面前变成了一只巨大的黑寡妇蜘蛛。2010 年动画片《超级大坏蛋》里麦克迈口中的"死亡蜘蛛"也是黑寡妇蛛。

❷❺《哈利·波特与阿兹卡班的囚徒》中，在海格小屋里飞来飞去的蝙蝠是真正的活蝙蝠，剧组透露它们很难训练，而且一直随地尿尿。训练师不得不一直用好吃的来贿赂这些"群演"，最管用的贿赂品是香蕉。

❷❻ 同样的难题出现在蝙蝠侠剧组：诺兰版《蝙蝠侠》三部曲中，由于蝙蝠太难控制，大群蝙蝠的镜头全部使用 CG 技术合成，但布鲁斯·韦恩宅邸中偶尔出现的一两只蝙蝠是真蝠出镜。

❷❼ 蒂姆·波顿导演的 1992 年版《蝙蝠侠归来》中，反派企鹅人跟企鹅有着千丝万缕的联系。剧组原本打算使用高大英俊的王企鹅，但他们能找到的唯一可用的企鹅生活在英国一处鸟类保护区。剧组不得不包专机将这群企鹅接到美国，不但好吃好喝招待，还为它们提供了全天候"保镖"、每日海鲜特供、恒温换气空调系统，以及每天消耗半吨新鲜冰块的超大专

属泳池。拍摄时加州正值炎炎夏日，而每当企鹅群上工时，拍摄场地必须保持在 1 摄氏度左右，据称单是这笔"制冷费"就高达 100 万美元。这群企鹅显然非常享受它们的演员生涯，其中好些都在片场谈起了恋爱，还产下了许多爱情的结晶——企鹅蛋。

❷❽ "企鹅人"招募的企鹅大军中，共有 12 只王企鹅、24 只南非企鹅，以及用 CG 制作的替身。部分真企鹅身上佩戴了道具火箭弹和弹力带头盔，由训练师拿着美食大餐诱导它们走到指定地点。它们行走的地面必须做防滑处理，以免这些宝贵的小演员们不慎滑倒摔伤。剧组还制作了一批机器企鹅，片中的 6 只帝企鹅全是由小个子工作人员戴上机械道具人工扮演。每一只机器企鹅都有 200 多个部件，用来控制头部、脖子、眼睛、鸟嘴和翅膀的运动。一次拍完收工时，工作人员发现一只真企鹅依偎着机器企鹅睡着了。

❷❾ 《寻梦环游记》中米格尔第一次走过亡灵桥时，出现了一条长羽毛的大蛇，它是中美洲阿兹特克文化中的羽蛇神（Quetzalcoatl），人们相信它掌管着雨水，还负责划定大地和天空之间的界限。这位神祇的名字也被赋予了一种像凤凰般美丽的鸟：凤尾绿咬鹃（quetzal）。

❸❿ 《飞屋环游记》中的大鸟凯文爱吃巧克力——现实中可千万别拿巧克力去喂鸟！这种人类美食对大部分鸟类都是有毒的。

❸❶ 很多人会把《欢乐好声音》中银行监管员朱迪斯小姐看成神兽羊驼（alpaca），不过从她的脸型、耳朵的形状来看，她应该是一只骆马（llama），也叫大羊驼，跟羊驼一样生活在南美洲。

❸❷ 另一个容易"撞脸"的角色是秘书克劳利小姐，从头到尾覆盖的棘刺显示她是一只绿鬣蜥（green iguana），而不是许多人以为的变色龙。影

片中克劳利小姐眼神不太好，一只眼睛还是假眼。现实中鬣蜥的视力却非常敏锐，脑后还长有"第三只眼"，可以感知光照变化。

㉝ 斯嘉丽约翰逊饰演的豪猪艾希上台时，朱迪斯小姐拉了电闸导致全场断电，画面中艾希用脚打着拍子开始了她的演唱。现实中的豪猪在焦虑或者感到威胁时也会跺脚。

㉞《欢乐好声音》里还有一位海选歌手长颈鹿，不少人以为长颈鹿是哑巴，这些优雅的高个子平时的确极为安静，但它们其实能发出很多种不同的叫声。

㉟ 动画片《极速蜗牛》中主角特布弄伤了它的壳;《欢乐好声音》中也有一只蜗牛的壳被一头美洲野牛踩了个正着。现实中它们能修复吗？事实上，蜗牛长壳的方式有点类似我们长手指甲，它们能自己慢慢修补好小裂缝，但如果破损过于严重就会丧命。

㊱《欢乐好声音2》里引入了几个新角色，街头舞王努西是一只长着耳毛的加拿大猞猁（Canadian lynx），这些帅气大猫无论男女都长有一脸大胡子，现实中它们也像影片里那样有四条大长腿，脚穿宽大的"雪鞋"，能在北美洲的冰天雪地之中奔跑如飞，教黑猩猩约翰尼跳街舞也是易如反掌。

㊲ 约翰尼的另一位舞蹈老师克劳斯是一只长鼻猴（proboscis monkey），来自东南亚，最明显的特征就是脸上晃荡着一只超大的鼻子。这个醒目的大鼻子是雄性专属，对找对象很有帮助：雌猴喜欢声音洪亮的男子汉，而大鼻子可以增大音量，更有利于展示男性气概。

㊳ 可爱的音乐片《蜜熊的音乐奇旅》让影迷们认识了长着金色毛皮、圆圆大眼的蜜熊（kinkajou），这是一种来自中南美洲热带雨林的小萌物，

是浣熊的近亲。蜜熊不是濒危物种，在美洲国家常常被养作宠物。影片中那个满口环保措施、看似不讨人喜欢的小姑娘其实说得没错：从古巴来的蜜熊维沃进入美国家庭，确实应该先经过隔离检疫，避免携带人畜共患的传染病和寄生虫。

❸❾《马达加斯加2》中斑马马蒂混在一大群斑马之中，连狮子亚历克斯都一度没能认出自己的好朋友。事实上每只斑马的斑纹都是不同的，就像人类的指纹一样。野外的斑马能够依靠条纹辨别自己的同类。

❹⓿ 亚历克斯鼓励马蒂时说，"别的斑马是黑条纹的白马，你是白条纹的黑马"。现实中所有斑马都是黑底白条纹，而不是相反。

❹❶ 2021年迪士尼公主片《寻龙传说》中，东南亚公主拉雅的宠物兼坐骑"图图"是球鼠妇、犰狳和哈巴狗的合体。前两种动物都以能卷成圆球著称。

❹❷《雪人奇缘》中邪恶女科学家肩上的小白鼠是一只跳鼠（jerboa），主要生活在阿拉伯、北非和亚洲的沙漠中，长长的后腿、小短手和长尾巴看上去有些像袋鼠，也跟袋鼠一样擅长跳远。

❹❸《机器人总动员》中蟑螂的叽喳声是经过加速处理的浣熊尖叫声。现实中有一种马岛发声蟑螂能通过呼吸孔用力排气来发出嘶嘶声，这种大蟑螂在讲述人类对战大虫子的科幻片《星河战队》里出过镜。

❹❹《虫虫危机》中的蚂蚁女王养了一只宠物蚜虫；现实中蚂蚁经常会把蚜虫当作"奶牛"来饲养，从它们身上获取蜜露。

❹❺《帕丁顿熊》中介绍帕丁顿和它的家人来自秘鲁，现实中南美洲只有一种熊——眼镜熊，长得跟帕丁顿并不相似。因此电影中给酷爱橘子酱的帕

丁顿起了一个新的拉丁文学名"*Ursa marmalada*"，翻译过来是"橘子果酱熊"。

❹❻《荒野猎人》中帮助小李拿到小金人的那只熊原本不应该出现——故事发生在冬季，这个时候灰熊本该在冬眠。《荒野猎人》的现实原型是在五月份遭遇母熊的。

❹❼《狂暴巨兽》中强调灰熊是陆地动物中最可怕的掠食者，这恐怕不是事实——北极熊比灰熊个头大，日常伙食中肉食的比例更高；灰熊不但体格略小一号，而且经常吃素或者食腐。

❹❽ 大猩猩乔治被描述为患有白化病，实际上白化病动物由于缺乏色素，眼睛应该是粉红色；乔治的眼睛仍是蓝色的，只有皮毛变白，这种情况称为"白变"。历史上确有一只患白化病的大猩猩，名叫"雪花"，曾经生活在西班牙巴塞罗那动物园。

❹❾《比得兔》中有许多场景是在澳大利亚拍摄的，但其中的兔子全部都是CG——由于历史上著名的兔灾，活兔子在澳大利亚被禁止入境。

❺⓿《守护者联盟》中杰克·弗罗斯特第一次见到复活节兔子时，他以为这只兔子是"袋鼠"并为此道歉，兔子回答："是我的口音像袋鼠，对吧？"这只"肌肉兔"由澳大利亚影星"狼叔"休·杰克曼配音，众所周知，澳大利亚是著名的"袋鼠国"。

❺❶ 刺猬索尼克无论在电影中还是在游戏里都不会游泳，现实中的刺猬其实是会游泳的。

❺❷《纳尼亚传奇》中破坏河狸房子的狼群基本都是经过训练的真狼，除了添加几个CG特效之外，视觉特效团队不得不抹掉画面中的狼尾巴，再

重新添上去。因为这群狼在拍摄这组镜头时有点兴奋，尾巴摇个不停，让它们看起来不像恶棍，倒像一群友好的大狗。

❸ 动画片也可能有即兴发挥！《驯龙高手》中小嗝嗝第一次伸手触摸无牙仔时，无牙仔犹豫的一刻实际上是个动画故障。但这个故障看起来太完美了，主创团队最终决定将它保留在正片之中。

❺❹《驯龙高手》中夜煞的模样原本比较像狼，但主创团队无意中看到了一位梦工厂员工电脑上的黑豹屏保，觉得这些黑色大猫看上去更酷，于是调整了无牙仔的形象，让它更像猫科动物。电影走红后，许多动物收容机构都报告说，有更多此前没人要的黑猫得到了领养，并被新主人起名"无牙仔"。

❺❺ 2021 年皮克斯新作《夏日友晴天》中，小海怪卢卡非常害怕长相吓人的乌戈叔叔。这是剧组特别设计的形象，参考了《海底总动员》里奇丑无比、会发光来引诱鱼类的鮟鱇鱼和一种非常奇特的深海鱼类后肛鱼，它们的整个头部都是半透明的，可以透过玻璃穹隆般的头盖骨看到脑部，这个充满未来感的设计是为更好的视觉服务的，有助于收集更多的光线。幽灵鱼巨大的眼睛好像可伸缩的望远镜，可以向前方看，这在鱼类中可是极为罕见。

❺❻《夏日友晴天》的大部分主角姓名都与"海鲜"息息相关，来源于意大利语中海洋生物的名字。主角卢卡的姓在意大利语中意为"寄居蟹"，暗示着小男孩起初生活在被严密保护的小小空间，勇敢走出去展示真实的自我，才拥有了更大的世界。

❺❼ 卢卡原本是个放羊娃，日常工作是把一群鱼当作羊来放，他放牧的这群鱼真的是"山羊鱼"（goatfish），学名叫作须鲷，颌下长着两撇像山羊

胡子一样的触须，用来在水底泥沙中探寻食物。现实中的须鲷也会成群活动，电影中卢卡总共要看管 24 条鱼，而《夏日友晴天》正是皮克斯的第 24 部长片。

❺❽《夏日友晴天》中还有另一个隐藏的《海底总动员》彩蛋：主角们生活的小镇上有一座章鱼汉克的雕塑。意大利有一个小镇流传着章鱼传说：一条巨大的章鱼深夜从大海中爬上教堂尖顶，敲钟警告居民有海盗来犯。因此在影片中，小镇上有不少章鱼形的装饰。章鱼迅速改变体色和身形的能力，也启发影片制作团队想出了小海怪们出水立刻变成人形、回到水中变成鱼形的设定。

❺❾《加勒比海盗 5》中出现了可怕的"幽灵鲨鱼"，腐坏的皮肉下露出了肋骨。但其实，作为软骨鱼，鲨鱼没有肋骨。

❻⓪ 斯皮尔伯格将《大白鲨》中的鲨鱼取名为"布鲁斯"，这是他的律师的名字。2003 年《海底总动员》中的大白鲨也叫布鲁斯，以向影史上最经典的鲨鱼形象致敬。

❻❶ 包括《大白鲨》《沙滩》在内的很多电影都让鲨鱼做了不可能的"特技"，包括发出吼声和倒退游泳。作为鱼类，既没有声带也没有肺的鲨鱼当然无法咆哮；它们也无法在撞上什么东西的时候往后退。

❻❷《巨齿鲨》中李冰冰带领的科研团队在大洋深处发现了远古遗留下来的巨齿鲨，事实上，这种史前鲨鱼并不是深海鱼，它们主要生活在亚热带、温带的浅海区域。

❻❸《海底总动员》中，玛林和多莉被一头蓝鲸吞进了嘴里，随后通过气孔被喷了出去。事实上鲸鱼的喷气孔跟口腔并不连通，玛林和多莉无法从气孔脱身。

⑥④《海底总动员》里的海龟爸爸说自己已经150岁了，"还很年轻呢"，这是编剧的小小误会。绿蠵龟在野外的寿命大约只有80年左右，由于人类干预和环境恶化，能活到这个岁数的海龟正在变得越来越稀有。

⑥⑤ 许多动画电影都有乌龟"脱掉"龟壳的画面，实际上龟类的甲壳与脊椎和肋骨融为一体，是它们骨架的一部分，不可能脱掉。

⑥⑥《冰雪奇缘》中小雪人雪宝提到"海龟能用屁股呼吸"，这事是有的，好几种龟类都具备用泄殖腔呼吸的"龟息功"。

⑥⑦《鲨鱼黑帮》中性感美貌又恶毒的拜金女萝拉是一条蓑鲉（lionfish，也叫狮子鱼），现实中是一类颜色美丽却有剧毒的海洋鱼。好姑娘安吉则是一条刺蝶鱼（marine angelfish，直译为"海洋天使鱼"）。

⑥⑧ 2023年上映的真人版《小美人鱼》中，爱丽儿的鱼类小伙伴虽然名字叫"小比目鱼"（Flounder），其实是一条七带豆娘鱼（sergent major），是大西洋珊瑚礁中的常见居民。

⑥⑨ 一直在爱丽儿身边絮絮叨叨的鸟儿斯卡托是一只塘鹅（gannet），比起1989年动画版本中的海鸥，这个"换角"事实上是更合适的。塘鹅能从数十米的空中一个猛子扎进水里，用"高空跳水"的方式潜入水中抓鱼。这种办法使得塘鹅能进入其他海鸟无法到达的深水处。因为爱丽儿被禁止到水面上去，斯卡托很可能是她见过的唯一一只鸟。

⑦⓪ 海女巫随身带着的巨型"宠物"是两条裸胸鳝（moray eel），现实中它并不具备放电的技能。真正的电鳗是淡水鱼，生活在南美的亚马逊河流域。

⑦① 由于当时的技术门槛，1989年动画版《小美人鱼》中章鱼乌苏拉的

触手少了两根，螃蟹塞巴斯蒂安的腿也少了两条，减少肢体数量可以大幅降低动画制作难度。2023 年的真人版还原了真实数目。

72 有八条触手、带吸盘、会喷墨汁，海女巫乌苏拉的真实身份是大章鱼吗？美国史密森尼自然史博物馆的头足类专家迈克认为，2023 年版乌苏拉的吸盘会发光，而发光这门特技在乌贼和鱿鱼中更为常见，只有一种章鱼拥有能发光的吸盘——烟灰蛸（Dumbo octopus），直译为"小飞象章鱼"。

73 这种可可爱爱的小章鱼也出现在《海底总动员》的动物幼儿园里。事实上，小飞象章鱼是所有已知的章鱼物种中居住在大洋最深处的，通常生活在 4000 米以下的深海。《海底总动员》中小尼莫在学校遇到了一只粉色的小飞象章鱼，这是影片的一个小小错误，这些深海软体动物不会出现在浅海珊瑚礁。

74 2022 年上映的动画片《坏蛋联盟》中，大坏狼领衔的五个坏蛋为了干一票大的，决定假装成好人。伪装大师美肚鲨此时讲了一个自家兄弟的故事："我有个兄弟就干过这事……最后有个船锚砸在了他脑袋上。"这是与 2004 年动画片《鲨鱼黑帮》的有爱互动：该片的主角鲨鱼兰尼本来是条好鱼、被迫假装坏蛋，而兰尼的哥哥、黑帮分子弗兰基的结局正是被船锚砸在了头上。

75 《坏蛋联盟》中美肚鲨假装成鲨鱼太太，扮成即将分娩的孕妇来调虎离山，性别虽然不对，当场生小鱼这个设定还真是可能的。许多鲨鱼都是卵胎生动物，鱼卵在体内孵化，成熟后直接生下鲨鱼宝宝。

76 黑客专家骇客蛛小姐姓"塔兰图拉"（Tarantula），指的是生活在美洲的捕鸟蛛科。骇客蛛毛茸茸的长相也与这些浑身长毛的骇人大蜘蛛十分相似。不过捕鸟蛛虽然能产蛛丝，却不擅长结网，并不像影片中是"网络"高手。现实中的它们捕猎主要依靠大体形和毒牙，毒杀猎物后吐出消化液，将猎物变成一碗浓汤吸食。最大个头的捕鸟蛛确实能捕鸟，也能以老鼠、蝙蝠、蜥蜴、小蛇为食。

⓱ 肌肉打手食人鱼（piranha）被安排了一个"一紧张就放屁"的设定，屁的杀伤力还不小。食人鱼放不放屁不好说，现实中确实有鱼会放屁：科学家观察到，太平洋鲱鱼和大西洋鲱鱼都会将空气吞入鱼鳔，然后从肛门排出，发出快速而反复的屁声，用于鱼群内部的沟通交流。尤其是在晚上看不到同伴的时候，用屁发出信号显然非常实用。比起鲱鱼的"屁科技"，另一种名叫灰鳉（bolson pupfish）的小鱼就很无奈了：它们食用藻类时会将水中的气泡一并吞下，导致体内囤积大量气体，最后肚子鼓得失去平衡没法游泳，只能在水里漂着。如果不及时排出气体，一条游不了泳的鱼分分钟就会成为别人的美餐。因此放屁对灰鳉来说可算是性命攸关，能否保住小命，就看肠胃功能是否给力了。

⓲ 科幻片《超能计划》中，所有人只要吃一颗药丸就会拥有某种动物的超能力，男主角的超能力类似枪虾（pistol shrimp），这种体长只有 3—5 厘米的小虾左右两边的钳子是不对称的，较大的那只在用力闭合时能在水中产生"气泡弹"将猎物击晕，甚至能打碎小玻璃瓶。如果你没有看过这部电影，你可能更熟悉东野圭吾的名作《白夜行》，其中将男女主角的关系比喻成枪虾和虾虎鱼——现实中确实有一部分枪虾与虾虎鱼形成互利共生的关系，前者建造巢穴，后者负责警戒。

⓳《黑衣人 3》中餐馆案板上躺着的"外星鱼"是一条货真价实的地球鱼，它名叫水滴鱼（blobfish），生活在澳洲水域 600—1200 米的深海。它的肌肉主要是胶状的，捕捞上岸时会因为压强骤减而变形成影片里的样

子，深海中的水滴鱼跟普通的鱼长得差不多。

❽《夺宝奇兵》中把印第安纳·琼斯吓得不轻的蛇群几乎全都不可能出现在埃及：灵魂之井中的蛇是来自亚洲的缅甸蟒、网纹蟒和孟加拉眼镜蛇。此外，电影开头的吓人大蜘蛛是墨西哥红膝狼蛛，出现在开罗的猴子是卷尾猴，两者都来自南美。

❽《神探飞机头 2》中同样有大量动物被错误地放在了非洲，包括金刚鹦鹉、巨嘴鸟、孔雀、孟加拉虎、缅甸蟒和亚洲象。此外，在故事发生的纳米比亚也没有发现过黑猩猩和大猩猩。

❽ 两个反派声称他们听到了"一只雌性银背大猩猩"的声音，这显然是扯淡——根本不存在"雌性银背大猩猩"，只有年长的雄性大猩猩会在肩背部长出银白色的毛发而得名"银背"。

❽ 小罗伯特·唐尼出演的 2020 年版《杜立德医生》中有一只怕冷的北极熊——跟"雌性银背大猩猩"一样，"怕冷的北极熊"也是一个不存在的概念。北极熊拥有完美的御寒装备，包括厚达 10 厘米的皮下脂肪、浓密的双层毛皮大衣和能吸收热量的黑色皮肤。配备这些强力保暖装的北极熊怕热不怕冷，只要温度超过 10 摄氏度就有中暑的危险。

❽ 影片结尾处将生命树的果实送到学徒小哥手上、挽救了女王性命的小可爱是一只蜜袋鼯，它是一种来自澳洲的有袋类动物，前后脚之间有皮膜"翼装"，使得它能够像鼯鼠一样在空中滑翔数十米。

❽《杜立德医生》跟许多别的影片一样，把鸵鸟（ostrich）描述成动不动就把脑袋藏起来的胆小鬼。这是一个严重的误解：现实中鸵鸟从来不干"遇到危险赶快把头埋到沙子里"这种蠢事，对这些时速 70 公里的跑步健将来说，撒开大长腿飞奔显然是更好的选择。

❽ 《勇敢者游戏1》中地图学家被一头巨大的河马（hippo）吞下肚，刚进入游戏世界就丢了一条命。动物学家解释说，河马是杂食动物。这虽然有点反直觉，但却是事实：虽然主食水草，但野外的河马被多次拍到啃食动物尸体。不过，它们食腐属于异常行为，可能只是少数个体患上的"异食癖"。

❽ 动物学家称河马在陆地上"短时速度跟一匹马一样快"略有夸张，河马虽然没有快马的脚力，奔跑速度也足以超过弱鸡人类。它们的巨口能张到几乎180度，嘴里长着近半米长的犬牙，咬合力超过老虎、狮子、北极熊等各种猛兽，不但武力值超高，脾气也绝对算不上好。尽管河马并不真的吃人，但经常被认为是非洲最危险的动物之一。

❽ 《勇敢者游戏1》的四位主角在集市上拿到了一个装着蛇的竹篮，里面有一条剧毒的黑曼巴蛇（black mamba）。动物学家对黑曼巴毒液的描述相当惊人，称只需要四分之一毫克毒素就足够毒死一个成年人。现实中黑曼巴的致死剂量没有影片里说的这么高，但发作速度很快。在抗毒血清不那么容易获得的地区，这种毒蛇往往是死神的代名词。

❽ 《勇敢者游戏2》中动物学家谈到的大部分关于鸵鸟的知识都是准确的：它们是跑得最快的鸟，有三个胃，被逼急了也很能打。唯一说错的是，鸵鸟并不总是成群结队。它们只在繁殖季节或极度干旱时结成群体，平时大多数时候都独来独往。

❾ 《杀死比尔》中"致命毒蛇"（Deadly Viper）杀手组织的五名成员全部都以蛇为代号，包括响尾蛇、食鱼蝮、铜头蝮、黑曼巴、加州山王蛇，只有前三位是真正的"Viper"，黑曼巴是一种眼镜蛇，而最后这一条，也就是片中原本打算杀害昏迷新娘的独眼女护士，是这五条"美女蛇"当中唯一的无毒蛇。但王蛇常常捕猎其他蛇类为食，也能捕食有毒的其他蛇

类，因此这个绰号也算恰如其分。

91 恐怖片《异形》的编剧称，一张蛛蜂（spider wasp）的照片让他做了不少噩梦，这种寄生蜂在蜘蛛体内产卵，幼体从猎物胸腔中破体而出，《异形》中可怕的外星生物设定就是由此而来。不过这可能是张冠李戴，蛛蜂会用自己的毒液让蜘蛛瘫痪，然后在猎物身上而不是体内产卵，挖一个洞把它封起来，幼虫出生后再以蜘蛛为食。编剧描述的"异形"蜂更可能是姬蜂（Ichneumon），这类寄生蜂会在其他昆虫幼虫体内产卵，自己的幼虫孵化后以（仍然活着的）宿主为食。

92 伊安·麦凯伦爵士出演的《福尔摩斯先生》中，一个关键线索是老福尔摩斯在黄蜂巢外发现了死去的蜜蜂——跟上一条类似，许多寄生性的黄蜂会把猎物带回自己窝里，在它们身上产卵，把它们变成自己孩子出生后的第一顿大餐。出于这个目的，它们应该不会把猎物尸体丢弃在屋外。

93 经典惊悚悬疑片《沉默的羔羊》中的蛾子是鬼脸天蛾（death's head hawkmoth），遇到危险时，它们能通过吸入和排出空气，发出尖利响亮的声音。

94 2016年版迪士尼作品《奇幻森林》的故事发生在印度，片中所有的野象都是亚洲象。在亚洲象中，只有雄性有象牙，因此前来援助莫格利的整个象群都是公象，但是，公象通常不会结成象群。

95 路易王身后的一群长臂猿采用了大猩猩和黑猩猩的走路姿势：用指关节拄地行走。现实中长臂猿才不会用这么低效的方式走路呢——它们是东南亚丛林里的"轻功大师"，靠强壮的长臂在树枝间飞荡，偶尔下树时会用后腿站着走路。顺便提一句，印度没有长臂猿，也没有猩猩。

96 黑豹巴希拉管巴鲁叫"懒熊"（sloth bear），从外形上看，体格庞大、爱吃蜂蜜的胖熊巴鲁是一只棕熊。但印度唯一的棕熊亚种——喜马拉雅棕熊分布在北部山区，并不住在丛林里。这么说来，确实是懒熊更符合常理：懒熊是印度分布最广的熊，长着毛乎乎大耳朵，披着长毛绒"披肩"，有一条吃蚂蚁用的长舌头，不会像巴鲁那样冬眠。

❾❼ 片中一只多嘴的穿山甲惹恼了棕熊巴鲁，后者威胁它说："你可从来没比现在更濒危。"穿山甲是全球遭盗猎走私最严重的野生动物，全世界 8 种穿山甲有 6 种都被列为濒危物种，亚洲有 3 种已经列入极危级。

❾❽ 2014 年版《哥斯拉》的怪兽设计来自熊和科莫多龙，运动和搏斗的方式参考了这两种巨兽用后腿站起来的样子，同时也参考了狼和狮子。头部和面部的外观加入了犬科动物和鹰的特征，好让哥斯拉看上去更为高贵威严，既不能太吓人，又不能过于可爱。

❾❾ 按照设定，2014 年版哥斯拉身高 108 米，全长 168 米，体重 9 万吨，被许多影迷嫌弃"太胖"。到了 2021 年版《哥斯拉大战金刚》，哥斯拉的身高增加到了 120 米，对手兼伙伴金刚的身高则是 102 米。

⓾⓪《哥斯拉 2：怪兽之王》的导演认为影片中两栖爬行动物和昆虫类的怪兽太多了，他想要引入一只哺乳动物到这个宇宙里来陪伴金刚。由于导演本人对冰河时期的巨兽特别着迷，他设计了一只结合猛犸象、大地懒和巨猿的怪兽贝希摩斯。

⓾❶ 尽管导演强调王者基多拉的三头龙造型应该是东方龙而不是西方龙，"不要做出一条《权力的游戏》那样的龙"，基多拉的外貌还是从《霍比特人》系列的巨龙史矛革那里借来了几个特征。

⓾❷ 表情捕捉大神安迪·瑟金斯在扮演 2005 年版"金刚"时，脸上贴了 132 个传感器，捕捉每一个细微的表情。为了演金刚，瑟金斯前往卢旺

达研究野生大猩猩，还在伦敦附近一家动物园与一只名叫扎伊尔的雌性大猩猩成了好朋友。

⓽《金刚》中的暴龙前爪有三趾，比真正的暴龙多了一根。不过考虑到恐龙灭绝后骷髅岛上的暴龙又多演化了 6600 万年，手指数量对不上也是可以接受的。

⓾《金刚：骷髅岛》中一名士兵在汲水时从湖水中看到金刚走近，被一条巨大的沼泽乌贼袭击，经过激烈搏斗，金刚将乌贼拖走吃掉。这个片段有不少问题：乌贼不会生活在人类能饮用的淡水中；大猩猩基本上是素食者，最多吃昆虫和小型动物换换口味，不会这么野蛮地吃肉。为了消化粗糙植物纤维，大猩猩们有强韧的肠道消化系统，因此野外的大猩猩总是腆着一个巨大的啤酒肚。倘若金刚也跟现实中的大猩猩一样吃素，身材想必就没有电影里这么健美了。

⓭ 骷髅岛上许多动物的体形都硕大无朋，实际上，自然界存在"岛屿矮化"现象，在岛屿生态之中，由于环境狭小、资源有限，大型动物会变得越来越小，而缺乏大个子天敌的小型动物则会变得一代比一代大。

⓰《侏罗纪公园》和《侏罗纪世界》让伶盗龙成了恐龙界的人气王，但也造成了一桩延续多年的张冠李戴事件。《侏罗纪公园》中格兰特博士在美国蒙大拿州挖掘伶盗龙化石，事实上，伶盗龙仅在亚洲发现。蒙大拿州是恐爪龙的发源地，这和其他诸多细节一起，佐证了电影中"伶盗龙"角色的真身应该是恐爪龙。事实上，原著作者迈克尔·克莱顿也意识到了他笔下的伶盗龙特征大部分都属于恐爪龙，不过他认为伶盗龙的名字更酷，因此坚持没有改正这个问题。数十年后，《侏罗纪世界 3》一度考虑让恐爪龙在影片中出现，不过剧组还是觉得恐爪龙和电影中伶盗龙的重合之处过多，最终将恐爪龙的戏份换成了蛮盗龙。

⑩ 工业光魔公司视觉特效总监大卫·维克里透露，在《侏罗纪世界3》中多次与霸王龙上演"神仙打架"的南方巨兽龙，从一开始就被设定为"大坏龙"，导演特意把这种恐龙留到三部曲的终章，作为霸王龙的最强对手。为了激起观众对它的反感，动画师特意在南方巨兽龙的面部设计了一些条纹，让它看起来令人联想到 DC 宇宙中的著名反派小丑。导演科林·特莱沃若也承认他就是想打造一个像小丑那样的恐龙角色，"它想要的就是看着整个世界被烧毁"。

⑩ 电影中的食肉恶龙总是不知疲倦地追着人类跑，这被解释为基因改造生物的坏脾气。在自然界中，这并不符合动物的习性：如果它们已经杀死了猎物，它们应该先留下来吃掉这块到手的肉，而不是继续追杀更多吃不下的活物；另外，大多数爬行动物并不会不停捕猎和持续进食，它们只要吃上一顿，就可以管饱一段时间。

⑩《侏罗纪世界3》中有不少恐龙角色都被特意放大了。袭击飞机的风神翼龙虽然被认为是史上最大的飞行动物，但现实中也只有电影里展示尺寸的一半大，翼展大约 11 米左右。追杀主角们的火盗龙在影片中看起来比"星爵"克里斯·普拉特还要高，实际上它们应该比火鸡大不了多少。

⑩《侏罗纪世界3》中身披华丽羽毛在冰湖中潜泳的火盗龙一度受到了一些质疑，但 2019 年的一项研究显示，火盗龙属于驰龙科下的半鸟亚科，古生物学家推测这一家族的成员以食鱼为生，应该具备不错的游泳技能。火盗龙名字中的"火"来自这一物种的发现经历，一场山林大火让它们的化石重见天日。

⑪《侏罗纪公园1》中狩猎队伍使用的毒镖上有芋螺毒液，片中称其为"全世界最强的神经毒素，千分之二秒生效，快过神经传导"，因此猎物还没感觉到被射中就死了。现实中芋螺确实具有致命毒性，但并没有这么

快。作为一种神经毒素，它仍然需要经由神经系统传到猎物全身，引起麻痹和瘫痪。影片中猎龙毒镖使用的是紫色芋螺，而芋螺界真正的毒王——地纹芋螺虽然杀戮速度快、致死率高，也无法在千分之二秒内杀死像恐龙这么巨大的猎物。

⑪《侏罗纪公园 2：失落的世界》的原作者用这个标题向另一本描写史前世界的科幻小说致敬，这本出版于 1912 年的《失落的世界》讲述了一支探险队在亚马逊盆地发现了恐龙和猿人，还将一只活的翼龙带回了伦敦。作者的名字是阿瑟·柯南·道尔——对，就是创造了福尔摩斯的那位柯南·道尔。

⑬《侏罗纪公园 3》中荒岛求生 8 个星期的小男孩向格兰特博士展示了一瓶绿色的霸王龙尿——我们有理由相信，霸王龙不尿尿，至少不会尿这种尿。液体尿是哺乳类动物的专属，鸟类和爬行动物既没有足够复杂的肾脏，也没有专门用来嘘嘘的通道，它们只会制造半固体的糊状，跟粪便一起从泄殖腔排出。

⑭ 皮克斯动画片《恐龙当家》中，霸王龙父亲讲述了自己跟一群鳄鱼搏斗的经历。生活在白垩纪晚期的恐鳄体长可达 12 米，拥有史前世界数一数二的强大咬合力，确实具备猎杀大型恐龙的实力。

⑮《恐龙当家》的主角迷惑龙有着相当令人迷惑的身世：1877 年，古生物学家将它命名为迷惑龙，两年后又命名为雷龙；1903 年，这两种恐龙被认为是同一个物种，雷龙的名字无效；2015 年，最新的研究又将二者区分为两个不同的物种，迷惑龙和雷龙经历了分家、合体之后又再度分开的过程。

⑯ 负责在《恐龙当家》中扮演反派的翼龙被认为是夜翼龙，它头上长着

细长天线状的巨大头冠，几乎跟身体差不多长。古生物学家推测夜翼龙的体长仅为 37 厘米，体重仅有一两公斤，比主角迷惑龙小了数百倍。

⑰ 翼龙不可能、也不会想要抓起人类飞上天。几乎所有出现翼龙的电影都有这种错误情节，事实上大部分翼龙的体重远比一个成年人轻得多。无齿翼龙翼展近 10 米，体重仅有 30 来斤。为了飞行，它们必须像鸟儿一样轻盈。研究显示翼龙主要吃鱼为生，对大型陆地动物没有兴趣，并且它们也不太可能潜水觅食，而是用喙从水面上捞起猎物。

⑱ 虽然《阿凡达》中的斑溪兽和霸王飞龙都是巨大的飞行生物，但剧组设计它们的外观时，更多地借鉴了蝠鲼、鳐鱼、大白鲨等海洋生物。这两种幻想动物的运动模式采用了翼龙和蛇颈龙的动力学特征，它们的翅膀是鸟翼和蝙蝠的结合，鲜明的配色则来自箭毒蛙、帝王蝶等地球物种。

⑲ 窃蛋龙在《恐龙》中被描述成偷吃其他恐龙蛋的小偷，这虽然符合它们的名字，却是古生物史上一桩著名的冤案：20 世纪科学家发现窃蛋龙时，经常在其他恐龙巢附近找到它们的化石，因此认为这种小恐龙以其他恐龙的蛋为食；此后，科学家又发掘出了许多处于筑巢孵卵姿势的窃蛋龙化石，证明它们并不是在窃取别人的蛋，而是在保护自己的蛋。成年窃蛋龙身边发现了幼崽，说明窃蛋龙不但不是小偷，还是好父母。

⑳ 最后一起来了解一下好莱坞的"巨兽声优"吧——给从没人见过的巨兽和巨龙配音是格外需要想象力的工作。2005 年版金刚的咆哮声是半速倒放的狮子吼声。到了 2021 年的《哥斯拉大战金刚》，金刚可怕的吼声由狮子、豹、猴、大猩猩和大象等多位"配音演员"混合而成。

㉑《侏罗纪公园 1》中霸王龙的咆哮声混合了狗、企鹅、老虎、短吻鳄和大象的声音，霸王龙杀死躲在厕所里的律师时，声音来自音效师养的小狗

嘴里叼着绳子玩具甩来甩去的动静；续作中小暴龙的叫声来自一只吵着要妈妈的小骆驼；翼龙的尖啸声是音效师从盒子里抽出牙线，再将这种摩擦声放慢速度和加大音量的效果；小暴龙的叽喳声则是一群争吵打闹的狐獴；双冠龙打开颈圈的声音来自响尾蛇的尾巴，嘶叫声是天鹅、吼猴和鹰联合"配音"；腕龙的喷嚏是鲸鱼喷气时的水声混合消防水龙的声音，叫声则是慢速播放的驴叫；《侏罗纪世界2》中暴虐迅猛龙的声音是一锅大杂烩，混合了吉娃娃犬、狮子、猪、美洲狮，以及牙科使用的钻头。

⓬ 许多海洋动物在给恐龙配音的工作上也作出了卓越贡献，比如《侏罗纪世界》中甲龙的声音由海狮提供；沧龙低沉的声音是海象和白鲸混合而成，剧组想让它听起来更有"海洋的味道"；初代伶盗龙的叫声主要来自加州的一家海洋哺乳动物救助中心，剧组在那里录下了海象、象海豹幼崽和一只年轻海豚的声音；小伶盗龙破壳出生时，蛋壳碎裂的声音是音效师捏破了一个冰淇淋蛋筒，幼龙出生后的叫声则是来自猫头鹰雏鸟；新三部曲中伶盗龙小蓝的声音则是由几只企鹅倾情录制。

⓭ 由于"侏罗纪"系列配音工作过于成功，几乎定义了人们心目中恐龙该有的声音。后来者也沿用了他们的工作成果：2009年科幻大片《阿凡达》中绝大部分娜美星动物的叫声，都是来自1993年《侏罗纪公园1》中恐龙叫声的素材，特别是霸王龙和伶盗龙的吼声。当然，也不是所有恐龙都需要如此大费周章的寻找"声优"。2000年迪斯尼大片《恐龙》中，仅仅"聘用"了一只吉娃娃就完成了一整群伶盗龙的配音。

后记

　　这本书讲了很多动物的故事，讲了它们跟电影的缘分和电影里没有说的种种幕后真相。我始终觉得，真实世界里动物们的生活，比大银幕上更为精彩。倘若借着看电影的机会，能够多了解它们一些，这本书就达到它的目的了。

　　研究黑猩猩的珍·古道尔博士有句名言：

　　没有了解，就没有关心；没有关心，何谈保护？

　　这本书里有很多现状堪忧的濒危物种，因为人类对自然环境的改变和利用，它们的生活面临严峻的危机。如果看完这本书的你，对精彩纷呈的动物世界多了一点兴趣，开始关心影片里的动物角色在现实中是什么样子、过得好不好，那么，它们的未来就多了一点光明和希望。

　　爱动物的你，也别忘了用正确的方式去爱它们：

　　"尤达大师"、金刚鹦鹉、懒猴、狐獴可爱吗？别想着养；

　　海德薇可爱吗？别去猫头鹰咖啡馆摸；

　　羊驼、黑熊、猴儿好像什么都吃？去动物园别乱投喂；

　　小熊猫"举手投降"看着好萌？它已经吓坏了，别再靠近它；

　　去大草原上旅游，就别抓鼠兔旱獭拍照了；

　　犀牛角不治病，穿山甲鳞片不通乳，这些非法野生动物制品，就别买了；

　　鲨鱼、鲸鲨、蝠鲼都很美又很少，天九翅、膨鱼鳃之类的，就别吃了；

　　近年来，很多大片儿都不再使用真动物演戏，那些训练野生动物博眼球的马戏表演，就别看了；

少制造一点塑料垃圾，少增加一点温室气体，少传播一点关于动物的错误认知，都是有用的。

野生动物与普通人的日常生活看似遥远，而你——对，就是你——拥有保护它们的力量。

你可能已经发现，我好像没怎么写到与大家朝夕相伴的喵星人和汪星人。这是因为人类对他们的了解已经太多，恐怕早就超过了他们乐意被了解的程度，至少对猫咪来说肯定如此——连激光笔这个软肋，都被两脚兽掌握了，以至于成了好莱坞的一大常用笑点，三不五时就要拎出来被人嘲笑一番，这想必是高冷的喵主子们不愿意看到的。

所以呢，我没有再喋喋不休地爆料猫咪和狗子们的"熠熠星途"，而是把绝大部分篇幅交给了大自然里的野生动物，让平时不常说话的它们多聊聊自己。为此我要特别感谢我的两只猫，豌豆黄和棉花糖。虽然书里没有写到它们，但是，从这本书还只是几个 word 文档的时候起，它们就关注着本书的成长，很可能还亲爪写下了其中的一些——假如你在本书中逮到了几个错别字的话，那一定是猫打的！

本书的部分图片来自 Pixabay.com 和 Pexel.com，部分为 AI 生成。也感谢这个神奇的科技，让我体验了一把人工智能艺术家的无限可能。还要感谢我可爱的编辑雅君和佳彦，谢谢认真对待我的每一个靠谱不靠谱的脑洞，并且给出了好多超棒的点子。

顺便还要感谢猫咪们的首席铲屎官、作者的后勤保障员嘿博士 Dr. Hey。在这本书写作期间，博士的主要任务是把作者喂饱以保证稳定输出，并担任全部章节的第一读者，完成一章就看一章，在好笑或不好笑的地方发出魔性的笑声。对于一只阅读速度和笑点高度都远低于正常人的文盲理工男，读完这本书确实不是容易的工作。在此特别致谢：没有你就没有这本书。

2023 年 7 月

图书在版编目(CIP)数据

它们超有戏!:好莱坞大片里的动物世界/安琪著.
—上海:学林出版社,2023
ISBN 978-7-5486-1960-4

Ⅰ.①它… Ⅱ.①安… Ⅲ.①动物-普及读物 Ⅳ.
①Q95-64

中国国家版本馆 CIP 数据核字(2023)第 177233 号

责任编辑 胡雅君 石佳彦
封面设计 今亮后声·赵晓冉 于 鹏

它们超有戏!

——好莱坞大片里的动物世界
安 琪 著

出 版 学林出版社
(201101 上海市闵行区号景路 159 弄 C 座)
发 行 上海人民出版社发行中心
(201101 上海市闵行区号景路 159 弄 C 座)
印 刷 上海颛辉印刷厂有限公司
开 本 720×1000 1/16
印 张 22
插 页 8
字 数 31 万
版 次 2023 年 11 月第 1 版
印 次 2023 年 11 月第 1 次印刷
ISBN 978-7-5486-1960-4/G·753
定 价 78.00 元

(如发生印刷、装订质量问题,读者可向工厂调换)